AF546086

Wolfgang J. Verwüster

P U C H . Mopeds, Roller und Kleinkrafträder

Zum Buch

Die Puch-Werke in Graz haben in ihrem 100-jährigen Bestand grandiose technische Leistungen zur Motorisierung der Bevölkerung Österreichs wie auch der übrigen Welt erbracht. Mit dem Erscheinen des ersten Einsitzer-Mopeds 1954 – in bescheidenem „Mausgrau" gehalten – begann eine einzigartige Erfolgsgeschichte. Der Beginn mit der „Styriette" reicht noch zurück in die Vorkriegszeit. Die unglaubliche Erfolgsgeschichte findet in einer schier unüberblickbaren Modellvielfalt ihre Hochblüte und das Ende durch den Verkauf an Piaggio.

Dieses Buch bemüht sich, die Modellvielfalt möglichst umfassend darzustellen. Einige Exportmodelle für Skandinavien, die Niederlande und USA würden jedoch den Rahmen dieses Buches sprengen.

Die Grafikabteilung der Puch-Werke in Graz war an Kreativität und bei der Gestaltung der bunten Prospekte unübertroffen. Diese Prospekte, die teilweise auch die technischen Daten der einzelnen Modelle wiedergeben, sollen den Puch-Freunden helfen, ihre Fahrzeuge zu identifizieren und bei der Restauration der langlebigen Begleiter behilflich sein. Die über 550 Farbabbildungen sind für Puch-Fans und Nostalgiker eine Augenweide und für viele zugleich eine Zeitreise zurück zur eigenen Jugend.

Wolfgang J. Verwüster

ISBN 978-3-7059-0254-1
5. Auflage 2024

T +43-3151-8487, F +43-3151-84874
e-mail: verlag@weishaupt.at
e-bookshop: www.weishaupt.at

Printed in Austria.

Wolfgang J. Verwüster

PUCH.

Mopeds, Roller & Kleinkrafträder

Weishaupt Verlag

Inhalt

Styriette – Der Beginn des „Mopeds“ vor dem Zweiten Weltkrieg

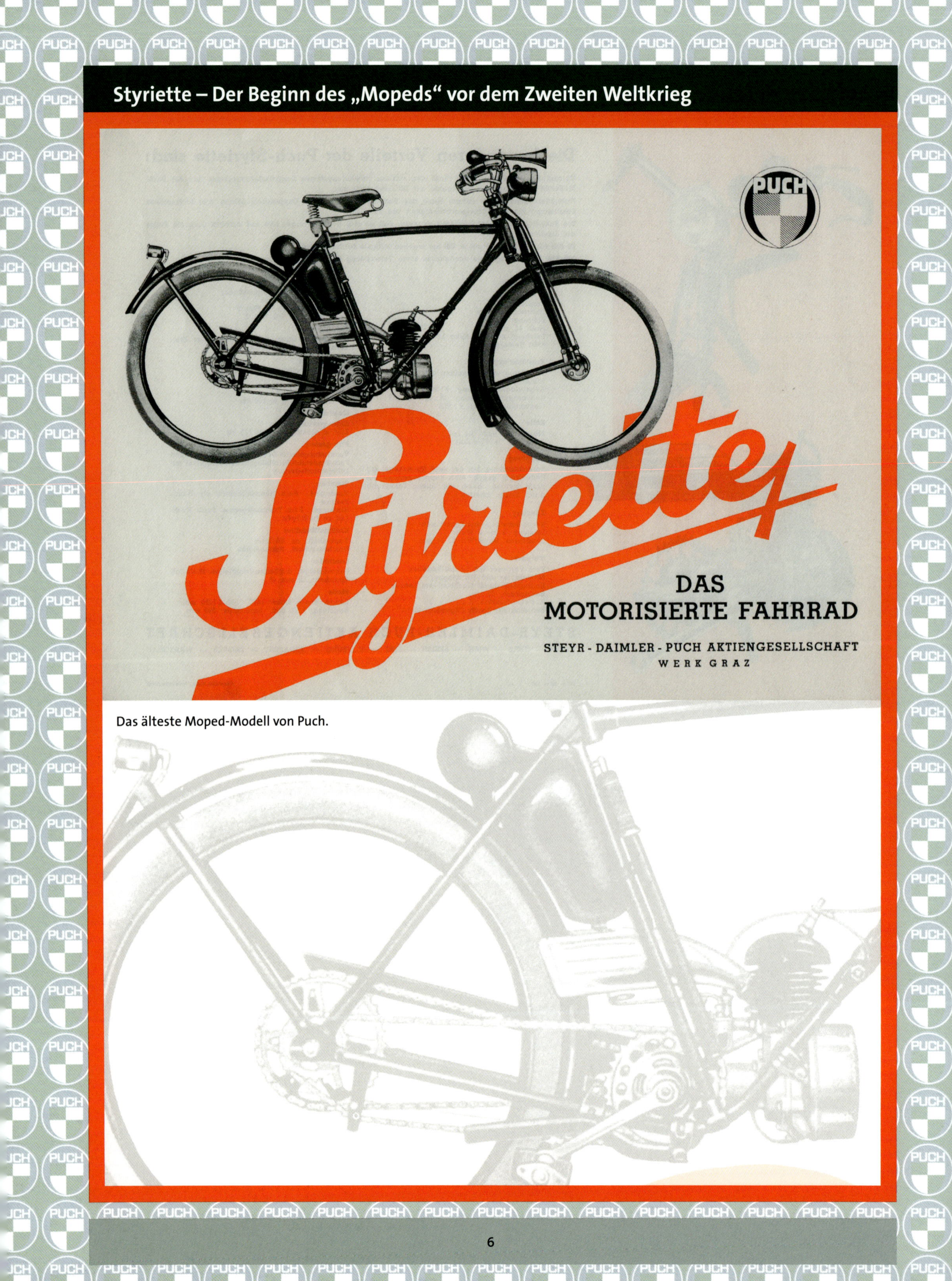

Das älteste Moped-Modell von Puch.

Die besonderen Vorteile der Puch-Styriette sind:

Vorzügliche Fahreigenschaften durch den starken, verwindungsfesten Doppelschleifenrahmen und der Puch-Preßstahl-Parallelogramm-Federgabel mit Differentialfederung.

Erschütterungsfreier und ruhiger Gang des Puch-Zweitaktmotors mit Doppelstromspülung vom langsamsten Schrittempo bis zur Höchstgeschwindigkeit von 30 st/km.

Die Puch-Styriette ist betriebsbereit so leicht, daß sie sich bequem tragen läßt und dadurch auch die Frage der Einstellung entfällt.

70 Rpf für Betriebsstoff auf je 100 km ergeben billigste Betriebskosten.

160 RM Anschaffungspreis ermöglichen seine Verwendung in weitesten Kreisen.

Einzelheiten

Motor
Fabrikat: Puch
Hubraum: 60 ccm
Bohrung: 40 mm
Hub: 48 mm
Leistung: maximal zirka 1,3 PS bei 4050 Umdr./min

Kraftübertragung
Vom Motor über Kupplung und Getriebe zum Hinterrad
Kegelräderübersetzung: 7 : 36 = 1 : 5,14
Kettenräderübersetzung: 13 : 42 = 1 : 3,23
Gesamtübersetzung: 1 : 16,6

Kette
Motorkette: 1/2 × 3/16 Zoll
Tretkette: 1/2 × 1/8 Zoll

Kupplung
Spreizkupplung, bei der zwei Spreizkegel mit Federdruck gegen eine Kupplungshülse gepreßt werden. Hebel am linken Lenkergriff durch Klinke fixierbar

Zündung
Bosch-Schwunglichtmagnetzünder
Leistung: 5 bis 6 Watt
Zündkerze: Bosch/W/145; 14 mm

Vergaser
Puch-Vergaser mit Drosselschieber, Naßluftfilter und Startklappe;
Betätigung durch Gashebel am Lenker.
Benzindüse: 60
Korrekturluftdüse: 1,4
Betriebsstoff: Benzin-Ölgemisch 25 : 1

Lichtanlage
Bosch-Schwunglichtmagnetzünder
Leistung 5 bis 6 Watt
Scheinwerferlampe: 5 W/6 V
Decklichtlampe: 0,6 W/6 V

Fahrtbeginn
Motor wird durch Antreten über das Tretkettenrad in Gang gesetzt

Fahrtleistung
Höchstgeschwindigkeit: 30 st/km
Steigung ohne Mittreten: ca. 12%

Kraftstoffverbrauch
1,5 Liter Gemisch je 100 km

Gewicht
Eigengewicht: 39 kg
Zuläss. Gesamtgewicht: 125 kg

Fahrgestell
Verwindungsfester Doppelschleifenrahmen und Puch-Preßstahl-Parallelogramm-Federgabel mit Differentialfederung

Bremsen
Vorderrad: Puch-Trommelbremse als Handbremse
Hinterrad: Puch-Trommelbremse durch Rücktritt zu betätigen

Kraftstoffbehälter
Tankinhalt: ca. 2,6 Liter
Druckverschluß, Schiebehahn

Laufräder
Fahrradfelgen mit Ballon-Drahtreifen: 26 × 2 Zoll
Speichen: 2,5 mm ⌀

Maße
Länge, Breite, Höhe: 1870 × 600 × 1050 mm
Radstand: 1171 mm, Sattelhöhe: 850 mm

STEYR-DAIMLER-PUCH AKTIENGESELLSCHAFT

STEYR — GRAZ — WIEN — BERLIN — LINZ — SALZBURG — BUDAPEST — ZAGREB — WARSCHAU

344 – 20 – 340 – T. A.

Faksimile: Verlag Verwüster, Graz

STYRIETTE

BESCHREIBUNG UND BEHANDLUNG

Titelseite des Heftes mit der technischen Beschreibung.

Moped MS 50 1954

Motor: Puch-Zweitakt-Einkolbenmotor mit Umkehrspülung und Gebläsekühlung, Dekompressor.
Bohrung: 38 mm, Hub: 43 mm, Hubvolumen: 49 cm³, Verdichtung: 1:6,5.
Vorzündung: 3,5 mm, Schmierung: Motorschmierung durch Beimischen des Öles zum Kraftstoff. Mischungsverhältnis: 1:25 (4%). Zündkerze: Bosch W 225 T 11.

Getriebe: Zweiganggetriebe mit linksseitiger Drehgriff-Lenkerschaltung und Scheibenkupplung im Ölbad laufend.

Übersetzungen: 1. Motor-Getriebe: 58:16, i = 3,63;
2. Getriebe: 1. Gang: 28:10, i = 2,8; 2. Gang: 23:16, i = 1,44;
3. Getriebe-Hinterrad-Übersetzung: Serie 34:11, i = 3,09; wahlweise 34:12, i = 2,83; Gesamtübersetzung im 1. Gang i = 31,4, im 2. Gang i = 16,1.

Vergaser: Bing-Vergaser 12 mm ø mit Nadeldüse, Betätigung durch Drehgriff (rechtsseitig). Nassluftfilter, Starthilfe.

Geschwindigkeiten: gedrosselter Motor: 1. Gang 20 km/h, 2. Gang 40 km/h;
ungedrosselter Motor: 1. Gang 25 km/h, 2. Gang 50 km/h;
gedrosselter Motor: 40 km/h Höchstgeschwindigkeit;
ungedrosselter Motor: 50 km/h Höchstgeschwindigkeit.

Startvorrichtung: Startmöglichkeiten:
1. Durch Anwerfen im Stand wie ein Motorrad.
2. Anwerfen bei am Ständer aufgebockter Maschine.
3. Anwerfen durch Anfahren mittels Pedalbetätigung wie beim Fahrrad.
Tretkurbellänge 135 mm, Dekompressorhebel rechts mit Seilzugbetätigung.

Kraftübertragung: vom Motor zum Getriebe: Schrägverzahnte Präzisionszahnräder mit Getriebe im Ölbad laufend. Vom Getriebe zum Hinterrad: Rollenkette 1/2 x 3/16˝.

Elektrische Anlage: Wechselstrom-Schwunglichtmagnetzünder 6 V, 17 W bei 3200 U/min. Scheinwerfer: Lichtaustritt 85 mm, Biluxlampe 15/15 W, Rücklicht 6 V / 2 W.

Fahrgestell, Rahmen: Aus Stahlblech gepresster Schalenrahmen mit allseits geschlossenem Profil (ähnlich 150 TL/175 SV/250 SGS). Federung: vorne Teleskopgabel mit hydraulischer Stoßdämpfung, alle Gleitflächen selbsttätig geschmiert. Hinten Schwinggabel mit wartungsfreier Lagerung und Teleskopfederbeinen. Federweg: vorne 50 mm, hinten 35 mm. Lenkungswinkel: 63°. Nachlauf: 85 mm.

Räder und Bereifung: 23 Zoll, vorne und hinten mit Innenbackenbremsen. 90 mm ø, 20 mm breit, Betätigung rechtsseitig durch Handhebel mit Seilzug, Übersetzung: i = 1:20. Hinterrad mit Innenbackenbremse 90 mm ø, 20 mm breit, Betätigung mittels Tretkurbel und Seilzug.

Übersetzung: i = 1:16,5. Steckachsen vorne und hinten. Bereifung: 23 x 2,25˝. Dynamischer ø = 584 mm. Speichen: 2,5 ø x 196 und 2,5 ø x 204. **Kraftstoffbehälter:** 4,6 l Inhalt mit Reservehahn.

Sattel: komfortabler, großflächiger Schwingsattel mit Doppelschicht-Gummidecke, in der Höhe verstellbar. Tiefste Stellung 830 mm.

Werkzeugtasche: im Kraftstoffbehälter eingebaut.

Ausrüstung: Mittelständer, Werkzeugsatz, Luftpumpe, Gepäckträger, Klingel (links).

Leistung und Verbrauch: Geschwindigkeit 50–55 km/Std., Normverbrauch 1,4 Liter/100 km bei 30 km/h; Geschwindigkeit: in Österreich laut gesetzlicher Vorschrift mit gedrosselter Leistung 40 km/h, bei Vollleistung des Motors 50 km/h. Maximale Leistung ungedrosselt 2 PS, gedrosselt 1,5 PS.

Steigfähigkeit: im 1. Gang bei max. Leistung 20%, gedrosselt 16%, im 2. Gang bei max. Leistung 9,5%, gedrosselt 7%.

Abmessungen: Gesamthöhe 990 mm, größte Breite 625 mm, Radstand 1160 mm, Gesamtlänge 1810 mm, Bodenfreiheit 140 mm.

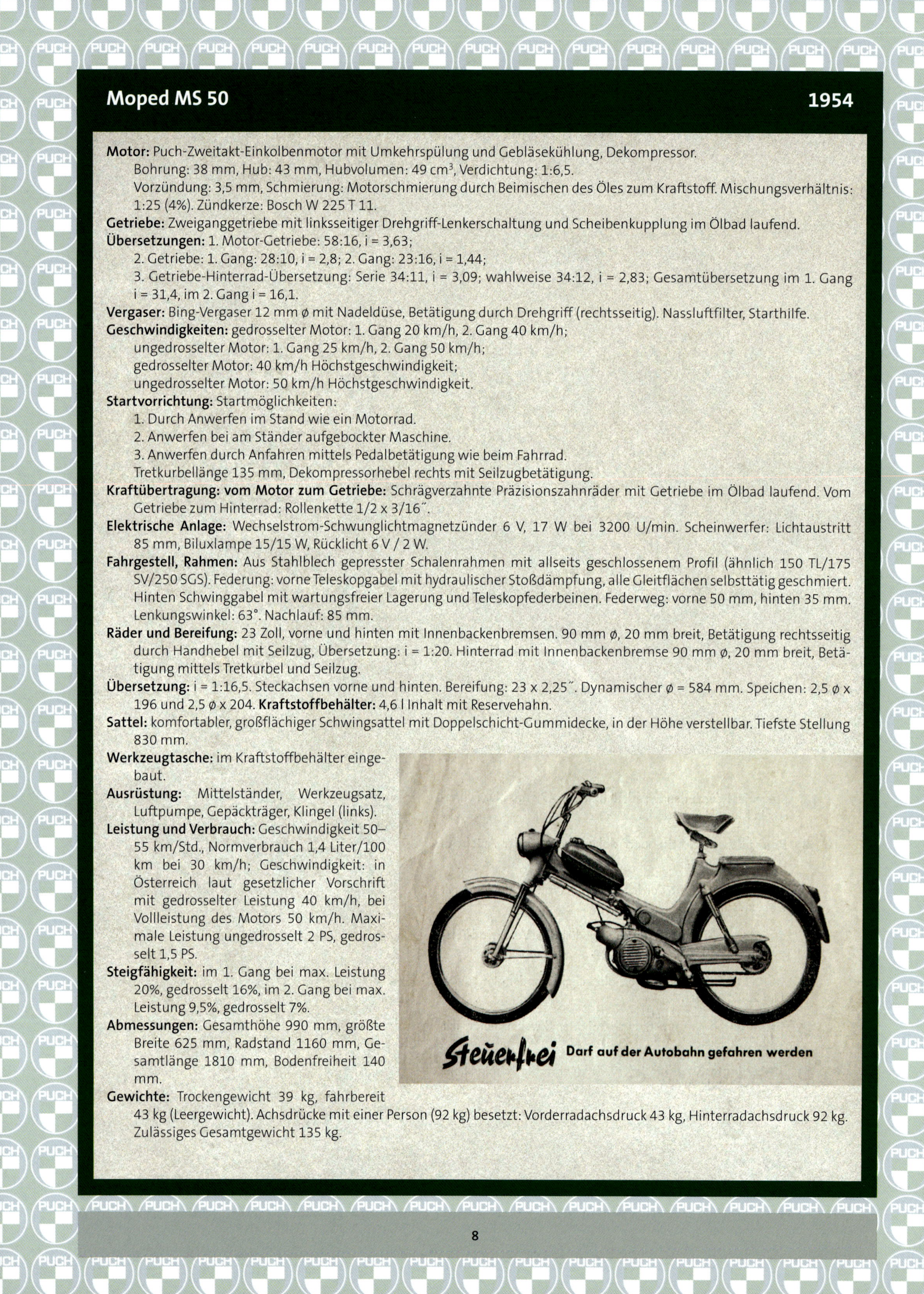

Gewichte: Trockengewicht 39 kg, fahrbereit 43 kg (Leergewicht). Achsdrücke mit einer Person (92 kg) besetzt: Vorderradachsdruck 43 kg, Hinterradachsdruck 92 kg. Zulässiges Gesamtgewicht 135 kg.

PUCH

Erhöhter Komfort

Schutz gegen Schmutz, Nässe und Wind sind die Wünsche der Interessenten, vor allem jener Kreise, die ihr Fahrzeug täglich und bei jeder Witterung benützen müssen. Mit dem neuen

PUCH-MOPED-ROLLER MSK 50

den wir hiermit vorstellen, sind alle diese Wünsche erfüllt.

Vollständiger Schutz gegen Schmutz
bequeme, sichere Sitzposition,
müheloser Start mit Kickstarter,
volle Dauerleistung durch Gebläsekühlung,
ideale Allradfederung,
sparsam im Verbrauch
daher billig im Betrieb.

Archivexemplar
Verkauf/Werbeabtg.

PUCH-MOPED-ROLLER MSK 50

das leichte, verläßliche Kleinstfahrzeug für den Werktätigen — für den Landwirt — für das Geschäft — für die Hausfrau — für den Arzt — für Ihre Freizeit!

Preis: S 4.250.— komplett Lieferzeit: prompt

Motor:
Puch-Zweitakt-Einkolbenmotor mit Umkehrspülung und Gebläsekühlung. Bohrung: 38 mm, Hub: 43 mm, Hubvolumen: 49 cm^3, Verdichtung: 1:6,5, Vorzündung: 3 mm, Schmierung: Motorschmierung durch Beimischen des Öles zum Kraftstoff. Mischungsverhältnis 1:25 (4%). Getriebeschmierung: durch Ölfüllung im Getriebegehäuse. Zündkerze: Bosch W 225 T 1.

Vergaser: 12 mm ø mit Nadeldüse, Betätigung durch Drehgriff (rechtsseitig), Nassluftfilter, Starthilfe.

Getriebe: Zweiganggetriebe mit linksseitiger Drehgriff-Lenkerschaltung und Scheibenkupplung im Ölbad laufend.

Übersetzungen:
1. Motor-Getriebe: 58:16, i = 3,63; 2. Getriebe: 1. Gang: 28:10; i = 2,8; 2. Gang: 23:16; i = 1,44; 3. Getriebe-Hinterrad-Übersetzung: Serie 34:11, i = 3,09.

Geschwindigkeiten:
1. Gang 25 km/h, 2. Gang 40 km/h.

Startvorrichtung: Anwerfkurbel.

Kraftübertragung: Vom Motor zum Getriebe: Schrägverzahnte Präzisionszahnräder mit Getriebe im Ölbad laufend. Vom Getriebe zum Hinterrad: Rollenkette 1/2 x 3/16˝.

Elektrische Anlage:
Wechselstrom-Schwunglichtmagnetzünder, 6 V / 17 W bei 3200 U/min. Scheinwerfer: Lichtaustritt 85 mm, Biluxlampe 15/15 W, Rücklicht mit Kennzeichenbeleuchtung.

Fahrgestell: Rahmen: Stahlblech gepresster Schalenrahmen mit allseits geschlossenem Profil.

Federung:
Vorne Teleskopgabel mit hydraulischer Stoßdämpfung, alle Gleitflächen selbsttätig geschmiert. Hinten Schwinggabel mit wartungsfreier Lagerung und Teleskopfederbeinen. Federweg: vorne 50 mm, hinten 35 mm. Lenkungswinkel: 63°. Nachlauf: 85 mm. Zahl der Sitzplätze: 1.

Räder: Vorderrad mit Innenbackenbremse 90 mm ø, 20 mm breit, Betätigung rechtsseitig durch Handhebel mit Seilzug, Hinterrad mit Innenbackenbremse 90 mm ø, 20 mm breit, Betätigung durch Fußhebel und Seilzug. Steckachsen vorne und hinten. Bereifung: 23 x 2,25˝. Dynamischer ø ist 584 mm. Speichen: 2,5 ø x 196, 2,5 ø x 204.

Kraftstoffbehälter: 4,6 l mit Reservehahn.

Sattel: Komfortabler, großflächiger Schwingsattel mit Doppelschicht-Gummidecke, in der Höhe verstellbar. Tiefste Stellung 830 mm.

Werkzeugtasche: im Kraftstoffbehälter eingebaut.

Ausrüstung: Beinschutzschild, Trittbretter, Mittelständer, Werkzeugsatz, Luftpumpe, Gepäckträger, Schnarre.

Leistung und Verbrauch: max. Leistung: 2,3 PS. Normverbrauch: 1,4 l/100 km bei 30 km/h. Steigfähigkeit im 1. Gang 20%, Steigfähigkeit im 2. Gang 9,5%.

Abmessungen: Gesamthöhe 990 mm, größte Breite 625 mm, Radstand 1160 mm, Gesamtlänge 1810 mm, Bodenfreiheit 140 mm.

Gewichte: Trockengewicht: 49 kg, fahrbereit: 53 kg.

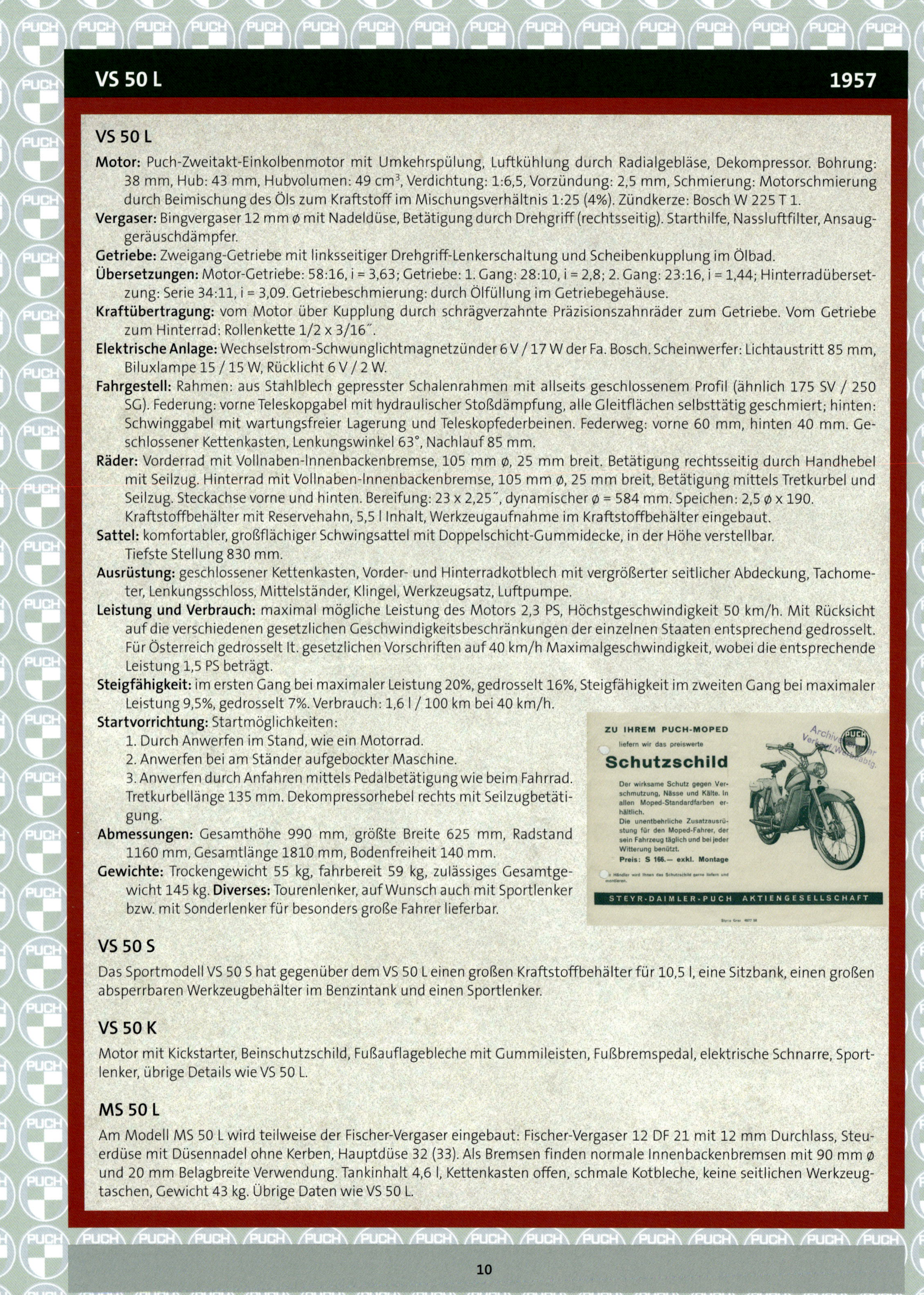

VS 50 L

Motor: Puch-Zweitakt-Einkolbenmotor mit Umkehrspülung, Luftkühlung durch Radialgebläse, Dekompressor. Bohrung: 38 mm, Hub: 43 mm, Hubvolumen: 49 cm³, Verdichtung: 1:6,5, Vorzündung: 2,5 mm, Schmierung: Motorschmierung durch Beimischung des Öls zum Kraftstoff im Mischungsverhältnis 1:25 (4%). Zündkerze: Bosch W 225 T 1.

Vergaser: Bingvergaser 12 mm ø mit Nadeldüse, Betätigung durch Drehgriff (rechtsseitig). Starthilfe, Nassluftfilter, Ansauggeräuschdämpfer.

Getriebe: Zweigang-Getriebe mit linksseitiger Drehgriff-Lenkerschaltung und Scheibenkupplung im Ölbad.

Übersetzungen: Motor-Getriebe: 58:16, i = 3,63; Getriebe: 1. Gang: 28:10, i = 2,8; 2. Gang: 23:16, i = 1,44; Hinterradübersetzung: Serie 34:11, i = 3,09. Getriebeschmierung: durch Ölfüllung im Getriebegehäuse.

Kraftübertragung: vom Motor über Kupplung durch schrägverzahnte Präzisionszahnräder zum Getriebe. Vom Getriebe zum Hinterrad: Rollenkette 1/2 x 3/16˝.

Elektrische Anlage: Wechselstrom-Schwunglichtmagnetzünder 6 V / 17 W der Fa. Bosch. Scheinwerfer: Lichtaustritt 85 mm, Biluxlampe 15 / 15 W, Rücklicht 6 V / 2 W.

Fahrgestell: Rahmen: aus Stahlblech gepresster Schalenrahmen mit allseits geschlossenem Profil (ähnlich 175 SV / 250 SG). Federung: vorne Teleskopgabel mit hydraulischer Stoßdämpfung, alle Gleitflächen selbsttätig geschmiert; hinten: Schwinggabel mit wartungsfreier Lagerung und Teleskopfederbeinen. Federweg: vorne 60 mm, hinten 40 mm. Geschlossener Kettenkasten, Lenkungswinkel 63°, Nachlauf 85 mm.

Räder: Vorderrad mit Vollnaben-Innenbackenbremse, 105 mm ø, 25 mm breit. Betätigung rechtsseitig durch Handhebel mit Seilzug. Hinterrad mit Vollnaben-Innenbackenbremse, 105 mm ø, 25 mm breit, Betätigung mittels Tretkurbel und Seilzug. Steckachse vorne und hinten. Bereifung: 23 x 2,25˝, dynamischer ø = 584 mm. Speichen: 2,5 ø x 190. Kraftstoffbehälter mit Reservehahn, 5,5 l Inhalt, Werkzeugaufnahme im Kraftstoffbehälter eingebaut.

Sattel: komfortabler, großflächiger Schwingsattel mit Doppelschicht-Gummidecke, in der Höhe verstellbar. Tiefste Stellung 830 mm.

Ausrüstung: geschlossener Kettenkasten, Vorder- und Hinterradkotblech mit vergrößerter seitlicher Abdeckung, Tachometer, Lenkungsschloss, Mittelständer, Klingel, Werkzeugsatz, Luftpumpe.

Leistung und Verbrauch: maximal mögliche Leistung des Motors 2,3 PS, Höchstgeschwindigkeit 50 km/h. Mit Rücksicht auf die verschiedenen gesetzlichen Geschwindigkeitsbeschränkungen der einzelnen Staaten entsprechend gedrosselt. Für Österreich gedrosselt lt. gesetzlichen Vorschriften auf 40 km/h Maximalgeschwindigkeit, wobei die entsprechende Leistung 1,5 PS beträgt.

Steigfähigkeit: im ersten Gang bei maximaler Leistung 20%, gedrosselt 16%, Steigfähigkeit im zweiten Gang bei maximaler Leistung 9,5%, gedrosselt 7%. Verbrauch: 1,6 l / 100 km bei 40 km/h.

Startvorrichtung: Startmöglichkeiten:

1. Durch Anwerfen im Stand, wie ein Motorrad.
2. Anwerfen bei am Ständer aufgebockter Maschine.
3. Anwerfen durch Anfahren mittels Pedalbetätigung wie beim Fahrrad.

Tretkurbellänge 135 mm. Dekompressorhebel rechts mit Seilzugbetätigung.

Abmessungen: Gesamthöhe 990 mm, größte Breite 625 mm, Radstand 1160 mm, Gesamtlänge 1810 mm, Bodenfreiheit 140 mm.

Gewichte: Trockengewicht 55 kg, fahrbereit 59 kg, zulässiges Gesamtgewicht 145 kg. **Diverses:** Tourenlenker, auf Wunsch auch mit Sportlenker bzw. mit Sonderlenker für besonders große Fahrer lieferbar.

VS 50 S

Das Sportmodell VS 50 S hat gegenüber dem VS 50 L einen großen Kraftstoffbehälter für 10,5 l, eine Sitzbank, einen großen absperrbaren Werkzeugbehälter im Benzintank und einen Sportlenker.

VS 50 K

Motor mit Kickstarter, Beinschutzschild, Fußauflagebleche mit Gummileisten, Fußbremspedal, elektrische Schnarre, Sportlenker, übrige Details wie VS 50 L.

MS 50 L

Am Modell MS 50 L wird teilweise der Fischer-Vergaser eingebaut: Fischer-Vergaser 12 DF 21 mit 12 mm Durchlass, Steuerdüse mit Düsennadel ohne Kerben, Hauptdüse 32 (33). Als Bremsen finden normale Innenbackenbremsen mit 90 mm ø und 20 mm Belagbreite Verwendung. Tankinhalt 4,6 l, Kettenkasten offen, schmale Kotbleche, keine seitlichen Werkzeugtaschen, Gewicht 43 kg. Übrige Daten wie VS 50 L.

PUCH
RUDO
Pregarten,
MS 50 L
S 3490.— (ohne Gepäckträger)
VS 50 L
S 4090.— (ohne Gepäckträger)
VS 50 K
S 4380.— (ohne Gepäckträger)
VS 50 S
S 4600.—

MS 50 V — 1959

Motor: Puch-Zweitakt-Einkolbenmotor mit Umkehrspülung und Gebläsekühlung, Dekompressor.
Bohrung: 38 mm. Hub 43 mm, Hubvolumen: 49 cm^3.
Verdichtung: 1:6,5, Vorzündung: 2,5 mm, **Schmierung:** Motorschmierung durch Beimischen des Öls zum Kraftstoff. Mischungsverhältnis: 1:25 (4%). **Getriebeschmierung:** durch Ölfüllung im Getriebegehäuse. **Zündkerze:** Bosch W 225 T 1.
Vergaser: Vergaser 12 mm ø mit Nadeldüse, Betätigung durch Drehgriff (rechtsseitig). Starthilfe, Ansauggeräuschdämpfer.
Getriebe: Zweiganggetriebe mit linksseitiger Drehgriff-Lenkerschaltung und Scheibenkupplung im Ölbad.
Übersetzungen: Motor – Getriebe: 58:16, i = 3,63; Getriebe: 1. Gang: 28:10, i = 2,8; 2. Gang: 23:16, i = 1,44; Getriebe-Hinterrad-Übersetzung: Serie 34:11, i = 3,09, wahlweise 34:12, i = 2,83 bzw. 34:10, i = 3,4, Gesamtübersetzung im 1. Gang i = 31,4, im 2. Gang i = 16,1. **Geschwindigkeiten:** Gedrosselter Motor: 1. Gang 20 km/h, 2. Gang 40 km/h. Ungedrosselter Motor: 1. Gang ca. 25 km/h, 2. Gang ca. 50 km/h. Gedrosselter Motor: 40 km/h Höchstgeschwindigkeit. Ungedrosselter Motor: ca. 50 km/h Höchstgeschwindigkeit.
Startmöglichkeiten: 1. Durch Anwerfen im Stand wie ein Motorrad. 2. Anwerfen bei am Ständer aufgebockter Maschine. 3. Anwerfen durch Anfahren mittels Pedalbetätigung wie beim Fahrrad. Tretkurbellänge 135 mm. Dekompressorhebel rechts mit Seilzugbetätigung. **Kraftübertragung:** Vom Motor zum Getriebe: schräg verzahnte Präzisionszahnräder im Ölbad des Getriebes laufend. Vom Getriebe zum Hinterrad: Rollenkette 1/2 x 3/16˝.
Elektrische Anlage: Wechselstrom-Schwunglichtmagnetzünder 6 V / 17 W bei 3200 U/min. Scheinwerfer: Lichtaustritt 85 mm. Biluxlampe 15/15 W, Rücklicht 6 V / 2 W.
Fahrgestell: Rahmen: aus Stahlblech gepresster Schalenrahmen mit allseits geschlossenem Profil (ähnlich 175 SV / 250 SGS). Federung: vorne Teleskopgabel mit hydraulischer Stoßdämpfung, alle Gleitflächen selbsttätig geschmiert. Hinten Schwinggabel mit wartungsfreier Lagerung und Teleskopfederbeinen. Federwege: vorne 50 mm, hinten 56 mm für alte Strebe, 85 mm für neue Strebe. Lenkungswinkel: 63°, Nachlauf 85 mm.
Räder: Vorderrad mit Innenbackenbremse 90 mm ø, 20 mm breit, Betätigung rechtsseitig durch Handhebel mit Seilzug, Übersetzung: i = 1,20, Hinterrad mit Innenbackenbremse 90 mm ø, 20 mm breit, Betätigung mittels Tretkurbel und Seilzug.
Übersetzung: i = 1:16,5, Steckachsen vorne und hinten. Bereifung: 23 x 2,25˝. Dynamischer ø = 584 mm, Speichen: 2,5 ø.
Kraftstoffbehälter: 4,6 l Inhalt. Mit Reservehahn.
Sattel: Komfortabler, großflächiger Schwingsattel mit Doppelschicht-Gummidecke, in der Höhe verstellbar. Tiefste Stellung 830 mm. Werkzeugtasche: Im Kraftstoffbehälter eingebaut.
Ausrüstung: Mittelständer, Werkzeugsatz, Luftpumpe, Gepäckträger, Klingel.
Leistung und Verbrauch: Geschwindigkeit: In Österreich lt. gesetzlicher Vorschrift mit gedrosselter Leistung 40 km/h. Vollleistung des Motors ca. 50 km/h. Max. Leistung ungedrosselt ca. 2,3 PS, gedrosselt 1,5 PS. Verbrauch 1,5 l/100 km bei 40 km/h. Steigfähigkeit im 1. Gang bei max. Leistung 20%. Steigfähigkeit im 2. Gang bei max. Leistung 9,5%.
Abmessungen: Gesamthöhe 990 mm, größte Breite 625 mm, Radstand 1160 mm, Gesamtlänge 1810 mm, Bodenfreiheit 140 mm. **Gewicht:** Trockengewicht 39 kg, fahrbereit 43 kg. Achsdrücke mit einer Person (92 kg) besetzt: Vorderradachsdruck 43 kg, Hinterradachsdruck 92 kg, zulässiges Gesamtgewicht 160 kg.
Diverses: Tachometer serienmäßig, Tourenlenker, auf Wunsch auch mit Sportlenker bzw. mit Sonderlenker für besonders große Fahrer lieferbar. Standardausführung: Lackierung rot. Luxusausführung: Felgen, Werkzeugdeckel und Naben verchromt, Weißwandreifen, Lackierung rot, türkis oder lindgrün.

Mofa MS 25 (Steyr-Daimler-Puch GmbH, Freilassing) 1965

Motor: Puch-Zweitakt-Einkolbenmotor mit Umkehrspülung, durch Radialgebläse gekühlt. Bohrung 38 mm, Hub 43 mm, Hubraum 48,7 cm^3, Schmierung: Gemischschmierung 1:25.

Vergaser: Bing-Vergaser 9,5 mm ø, nadellos, Betätigung durch Drehgriff rechtsseitig am Lenker, Starthilfe, Nassluftfilter und Ansauggeräuschdämpfer.

Kraftübertragung: Vom Motor über Mehrscheibenkupplung durch Zahnradvorgelege zum Getriebe. Zweigang-Wechselgetriebe, Getriebe zum Hinterrad: Rollenkette 1/2 x 3/16″.

Getriebe: Zweigang-Wechselgetriebe mit linksseitiger Drehgriff-Lenkerschaltung.

Übersetzungen:

Motor-Getriebe . . . . .72:18 . . . . . . i = 4
1. Gang . . . . .28:10 . . . . . . i = 2,8
2. Gang . . . . .23:16 . . . . . . i = 1,44
Getriebe-Hinterradübersetzung. . . . .36:10 . . . . . . i = 3,6

Fahrgestell: Aus Stahlblech gepresster Schalenrahmen mit allseits geschlossenem Profil.

Federung: vorne Teleskopgabel mit hydraulischer Stoßdämpfung, hinten Schwinggabel mit Teleskopfederbeinen.

Federweg: vorne 60 mm, hinten 85 mm.

Räder: Vorderrad mit Innenbackenbremse 90 mm ø, 20 mm breit, Betätigung der Vorderradbremse durch rechtsseitigen Handhebel mit Seilzug. Hinterrad mit Innenbackenbremse 90 mm ø, 20 mm breit. Betätigung der Hinterradbremse mittels Tretkurbel und Seilzug. Bereifung: vorne und hinten 23 x 2,00, verstärkt.

Kraftstoffbehälter: 5,5 l Inhalt, ausgestattet mit Reservehahn.

Elektrische Anlage: Schwunglichtmagnetzünder Fabrikat Bosch, Typ RBI 6 V / 17 W.

Beleuchtungseinrichtungen: Scheinwerfer mit Glühlampe 6 V / 15 W. Schlusslichtkombination mit Glühlampe 6 V / 2 W.

Sattel: Großflächiger Schwingsattel mit Doppelschicht-Gummidecke. Anlassart: Tretkurbel.

Ausrüstung: Beleuchteter Tachometer mit Kilometerzähler, Lenkerschloss, verchromter Stahlrohrgepäckträger mit Spannbügel, Mittelständer, Werkzeugsatz und Luftpumpe.

Abmessungen: Radstand 1190 mm, Gesamtlänge 1830 mm, Lenkerbreite 660 mm, Gesamthöhe 990 mm.

Gewichte und Achslasten: Leergewicht 51 kg, zul. Gesamtgewicht 140 kg, zul. Vorderachslast 60 kg, zul. Hinterachslast 80 kg, Steigfähigkeit: über 20%.

Puch-Importeur O.E. Andersen, Kopenhagen, Dänemark 1965

MS 50 V, VS 50 L, VZ 50 P, DS 50 Mini-scooter.

Der Puch-Schalenrahmen ist die Voraussetzung für eine gefällige, formschöne Linienführung.
PUCH
MS 50 L
Breiter, weicher Schwingsattel
Drehgriffschaltung mit Kupplung
15/15 W-Lichtanlage
Federbein
Gebläsekühlung
Hinterrad-Schwingfederung
Vorderrad-Teleskopgabel
Preßstahlschalenrahmen
Großvol. Auspufftopf
Motor- Getriebe-Block
„Wenn ein Fahrzeug mit nur 49 ccm Hubraum in einer Hetzjagd über 17.000 km rund um das Mittelmeer gefahren wurde, dann dürfte es nicht von schlechten Eltern sein." So lautet der Abschlußsatz des Reiseberichtes von Herrn Hosa, der einem serienmäßigen MS 50 diese Leistung abverlangte. Das sind allein die nüchternen Tatsachen. Die Voraussetzungen hiefür waren aber weit mannigfaltiger: Herr Hosa führt das Durchhalten der kleinen Maschine in erster Linie auf die Gebläsekühlung zurück, die dem Motor immer die richtige Betriebstemperatur garantiert. Und das Geheimnis der großen Tagesetappen liegt in dem soliden Schalenrahmenbau und in der weichen, gut gedämpften Vorderradteleskop- und Hinterrad-schwingfederung begründet.
Für Sie ist eines wichtig: Puch MS 50 L ist ein Fahrzeug, in welchem Erfahrungen eines halbes Jahrhunderts Verwirklichung fanden. MS 50 L bietet Ihnen deshalb ein Höchstmaß an Leistung, Sicherheit und „Fahrkomfort" bei einem unerheblichen Wartungsaufwand.
Fahrgestell: Rahmen: Aus Stahlblech gepreßter Schalenrahmen mit allseits geschlossenem Profil. Federung: Vorne Teleskop-
Leistung und Verbrauch: Geschwindigkeit: Bei Volleistung des Motors 40 km/h. Normverbrauch: 1,4 l/100 km bei 30 km/h.
Tachometer serienmäßig.
STEYR-DAIMLER-PUCH-AKTIENGESELLSCHAFT
(13b) FREILASSING, OBB.

PUCH
MS 50 L
PUCH MS 50 L

MS 50

Standard-Ausführung. Das Puch-Moped 1956 ist mit vergrößertem Kraftstoffbehälter, verstärktem Rahmen, tieferen und breiteren Kotblechen, größer dimensionierten Reifen und Felgen, verstärkter Kette sowie neuer Kettenabdeckung ausgestattet, Lackierung rot.

MS 50 L

Luxus-Ausführung, zusätzlich mit verchromten Felgen, verchromter Vorder- und Hinterradnabe, verchromtem Deckel zum Werkzeugbehälter, Bereifung in Schwarz-Weiß, Lackierung wahlweise rot, türkis oder lindgrün.

MS 50 L
MOPED MOPED MOPED MOPED MOPED MOPED
PUCH
MOPED
MS 50 L
S 3490.– (ohne Gepäckträger)
VS 50 L
S 4090.– (ohne Gepäckträger)
VS 50 K
S 4380.– (ohne Gepäckträger)
VS 50 S
S 4600.–
4 MOPEDS mit beispiellosem Komfort

PUCH
MS 50V
Verkauf/Werbeabtg.
400 000 seit 1954
PUCH
15. Oktober 1958
Pregarten, Tel. 70
MS 50 V
S 3640.– (ohne Gepäckträger)
VS 50 L
S 4180.– (ohne Gepäckträger)
VS 50 D (Dreigang)
S 4390.– (ohne Gepäckträger)
VS 50 S
S 4600.–

MS 50 1966

Motor:
Puch-Zweitakt-Einkolbenmotor mit Umkehrspülung und Gebläsekühlung, Bohrung 38 mm, Hub 43 mm, Hubvolumen 48 cm³, Verdichtung 8,5:1, Vorzündung 1,8 mm, Schmierung: Motorschmierung durch Beimischen des Öles zum Kraftstoff. Mischungsverhältnis: 1:25 (4%), Getriebeschmierung: Durch Ölfüllung im Getriebegehäuse. Zündkerze: Bosch W 225 T 1.

Vergaser: 12 mm mit Nadeldüse, Betätigung durch Drehgriff (rechtsseitig), Starthilfe, Ansauggeräuschdämpfer.

Getriebe:
Zweiganggetriebe mit linksseitiger Drehgriff-Lenkerschaltung und Scheibenkupplung, im Ölbad laufend.

Übersetzungen:
Motor – Getriebe: 69:19, i = 3,63; Getriebe: 1. Gang: 28:10, i = 2,8; 2. Gang: 23:16, i = 1,44; Getriebe-Hinterrad-Übersetzung: Serie 34:11, i = 3,09; wahlweise 34:12, i = 2,83 bzw. 34:10, i =3,4; Gesamtübersetzung im 1. Gang: i = 31,4, im 2. Gang: i =16,1.

Geschwindigkeiten:
Gedrosselter Motor: 1. Gang 20 km/h, 2. Gang 40 km/h, ungedrosselter Motor: 1. Gang ca. 25 km/h, 2. Gang ca. 50 km h, gedrosselter Motor: 40 km/h Höchstgeschwindigkeit, ungedrosselter Motor: ca. 50 km/h Höchstgeschwindigkeit.

Startmöglichkeiten:
1. Durch Anwerfen im Stand wie ein Motorrad,
2. Anwerfen bei am Ständer aufgebockter Maschine,
3. Anwerfen durch Anfahren mittels Pedalbetätigung wie beim Fahrrad.

Tretkurbellänge 135 mm.

Kraftübertragung: Vom Motor zum Getriebe: schrägverzahnte Präzisionszahnräder im Ölbad des Getriebes laufend. Vom Getriebe zum Hinterrad: Rollenkette 1/2 x 3/16˝.

Elektrische Anlage:
Wechselstrom-Schwunglichtmagnetzünder 6 V / 17 W, bei 3200 U/min. Scheinwerfer: Lichtaustritt 85 mm, Biluxlampe 15 W, Rücklicht 6 V / 2 W.

Fahrgestell:
Rahmen aus Stahlblech gepresster Schalenrahmen mit allseits geschlossenem Profil (ähnlich 175 SV, 250 SGS).

Federung: Vorne Teleskopgabel mit hydraulischer Stoßdämpfung, alle Gleitflächen selbsttätig geschmiert, hinten Schwinggabel mit wartungsfreier Lagerung und Teleskopfederbeinen. Federwege: vorne 60 mm, hinten 85 mm, Lenkungswinkel 63°, Nachlauf 85 mm.

Räder:
Vorderrad mit Innenbackenbremse 90 mm ø, 20 mm breit, Betätigung rechtsseitig durch Handhebel mit Seilzug. Übersetzung: i = 1:20. Hinterrad mit Innenbackenbremse 90 mm ø, 20 mm breit, Betätigung mittels Tretkurbel und Seilzug. Übersetzung: i = 1:16,5, Steckachse vorne und hinten, Bereifung 23 x 2,25, Speichen 2,5 ø.

Kraftstoffbehälter:
5,5 l Inhalt mit Reservehahn.

Ausrüstung:
Mittelständer, Werkzeugsatz, Luftpumpe, Klingel.

Leistung und Verbrauch:

Geschwindigkeit: In Österreich lt. gesetzlicher Vorschrift mit gedrosselter Leistung 40 km/h, ungedrosselt ca. 50 km/h. Maximale Leistung ungedrosselt ca. 2,3 PS, gedrosselt 1,7 PS.
Verbrauch: 1,6 l/100 km bei 40 km/h.
Steigfähigkeit im 1. Gang bei maximaler Leistung 20%, Steigfähigkeit im 2. Gang bei maximaler Leistung 9,5%.

Abmessungen: Gesamthöhe 990 mm, größte Breite 580 mm, Radstand 1160 mm, Gesamtlänge 1810 mm, Bodenfreiheit 140 mm.

Gewichte: Trockengewicht 43 kg, zulässiges Gesamtgewicht 140 kg.

Diverses: Tachometer serienmäßig, Tourenlenker, auf Wunsch auch mit Sportlenker bzw. mit Sonderlenker für besonders große Fahrer lieferbar. Lackierung: schwarz. Luxusausführung: Felgen, Werkzeugkastendeckel und Naben verchromt, Weißwandreifen.

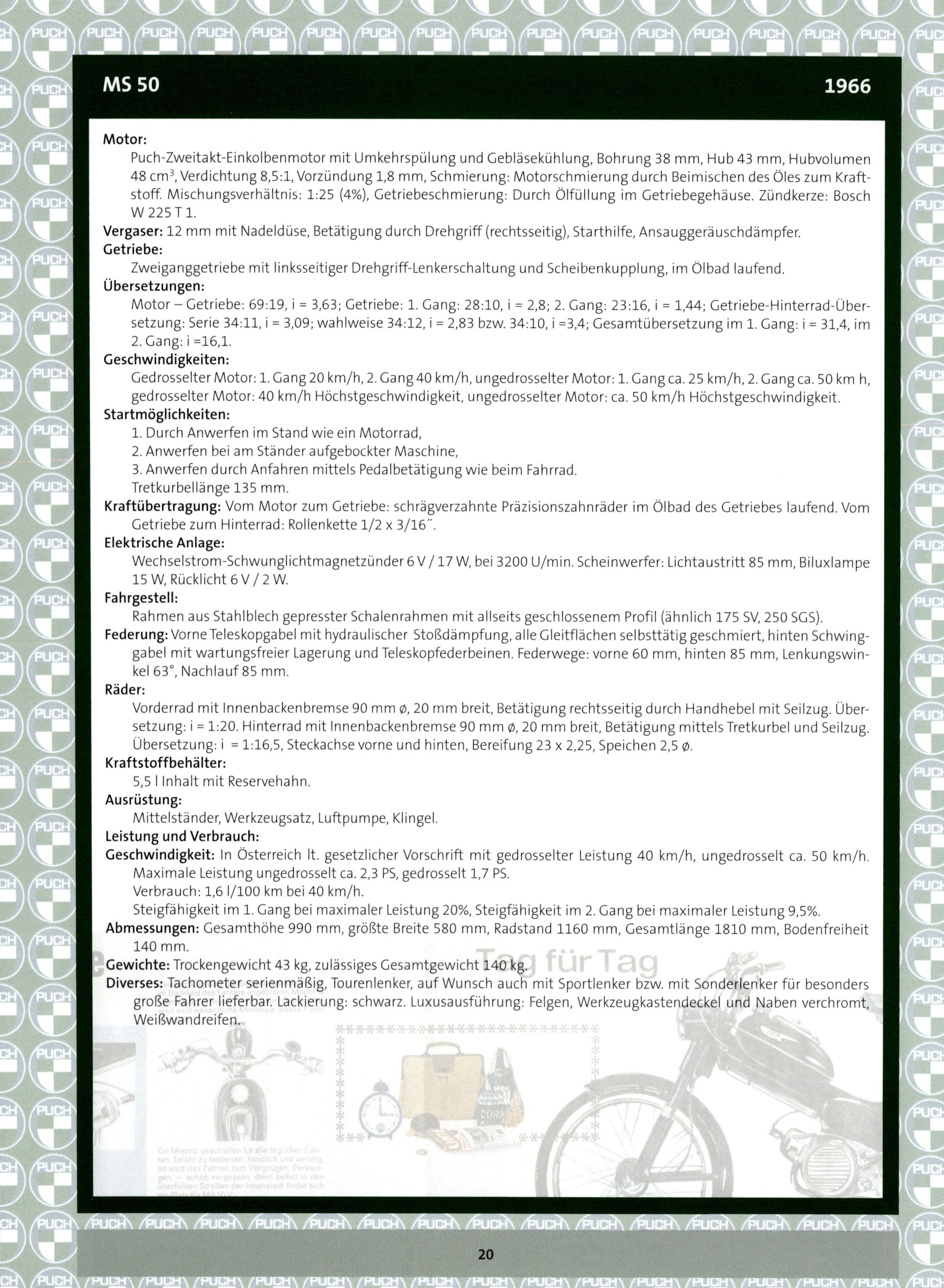

PUCH
TAG
FÜR
TAG
MS 50
Moderne
Technik
Tag für Tag
Startfreudig und
voll Temperament
zu jeder Jahreszeit.

Mofa MS 25, VZ 50 V 1969

Mofa MS 25: 2-Gang-Getriebe, Handschaltung, 50 cm³-Motor.

VZ 50 V: Motor 2,6 PS, 4-Gang-Getriebe.

MS 50

MS50

Ein Alltags-Moped? Natürlich, trotzdem kein alltägliches Moped. Einfach zu bedienen, handlich, leicht – aber überaus robust und zuverlässig. Ein braves „Arbeitstier", das keine Schwierigkeiten kennt. Das richtige Modell für jeden, der ein preiswertes Transportmittel braucht, auf das er sich immer verlassen kann. Einfach zu starten, technisch unkompliziert, sparsam und langlebig. Nur für den Solobetrieb, doch mit Gepäckträger für die Aktentasche oder sonstiges Kleingepäck ausstattbar. Millionenfach erprobt der Motor: mit seinen 1,7 PS beschleunigt er das MS 50 im Nu bis zur Höchstgeschwindigkeit von 40 km/h, und hat genug Kraft, Steigungen bis zu 20 Prozent ohne Mittreten zu überwinden; ein handgeschaltetes Zweigang-Getriebe erleichtert dem Motor die Arbeit. Serienmäßig mit Tretkurbeln ausgestattet, ist der Umbau auf Kickstarter und Fußraster auf einfache Art möglich. Hervorragende Bremsen geben Sicherheit in allen Fahrsituationen. Und trotz aller Einfachheit: Komfort wird groß geschrieben! Dafür sorgen ein bequemer, gut gefederter Sattel, eine anatomisch richtige Sitzposition und eine langhubige Federung vorne und hinten. Trotzdem wiegt das Puch MS 50 nur 43 kg – leicht genug, um es auch über Stiegen und Stufen überall hin transportieren zu können. Und PUCH steht dahinter, eines der größten und traditionsreichsten Zweiradwerke der Welt.

Gebläsekühlung, 1,7 DIN PS bei 4700 U/min, max. Drehmoment 0,28 mkp bei 3400 U/min, Verdichtung 8,5, Bing 1/12 Kolbenschiebervergaser, 2-Gang-Getriebe, Gesamtübersetzungen 31,38/16,14, Handschaltung, Tretkurbel, Pressstahlrahmen, Tankinhalt 5,5 l, Bereifung 23 x 2,25, einsitzig (Sattel), Bremstrommeldurchmesser 90 mm, Belagbreite 20 mm.

PUCH
MS
50
MS
50
for all those who are, or feel, young…
Pour les jeunes de tout âge
Para jóvenes …de toda edad!
PUCH
A trusty moped for service day in, day out, and yet, not an everyday vehicle. Simple to operate and, at the same time, exceptionally rugged and reliable. An attractively priced means of transport on which you can really depend.
Un cyclomoteur de tous les jours qui n'est pourtant pas banal. Simple à manier, mais extrêmement robuste et sûr. Un moyen de transport d'un prix compétitif sur lequel on peut toujours compter.
Un ciclomoto para todos los días y sin embargo un ciclomoto distinto de los de cada día. Sencillo y fácil de manejar, pero, sobre todo, robusto y seguro. Un valioso medio de transporte, con el que se puede contar siempre.
PUCH
612/VIII/69 Printed in Austria
STEYR – DAIMLER – PUCH AKTIENGESELLSCHAFT
All data and illustrations are given without obligation. Les descriptions et les illustrations sont données à titre indicatif. Todos los datos y grabados son sin compromiso.
Anti-theft device — handlebar lock
Dispositif antivol — verrouillage du guidon
Seguro contra robo — Bloqueo del manillar
Speedometer
Tachymètre
Tacómetro
Telescopic fork
Fourche téléscopique
Horquilla telescópica
Well-sprung pivoted saddle
Selle oscillante bien suspendue
Sillín bien amuellado
Swinging fork with telescopic struts for outstanding riding comfort
Fourche oscillante confortable avec montants à ressort téléscopiques
Confortable horquilla oscilante con tubo telescópico portarruedas con muelles
Half-shafts — wheels can be changed easily
Essieux full-floating — changement facile des roues
Semiejes — fácil cambio de ruedas
Light-weight, sturdy pressed steel frame
Cadre en acier léger et stable
Cuadro de acero a presión ligero y resistente
PUCH two-stroke engine well-proven millions of times over; available, if desired, with 2-speed automatic transmission
Moteur Puch à deux temps éprouvé des millions de fois; en option boîte automatique 2 vitesses
Siempre acreditado motor Puch de 2 marchas; a deseo: con automática de 2 marchas

Das preisgünstige Modell

Das preisgünstige Standard-Modell

Motor: Puch-Zweitakt-Einkolbenmotor mit Umkehrspülung, 50 cm^3 Hubraum und einer Leistung von 2,3 PS, gedrosselt 1,6 PS. Kühlung durch Radialgebläse. Ausgestattet mit Nassluftfilter und Ansauggeräuschdämpfer.

Getriebe: Klauengeschaltetes 2-Gang-Getriebe. Betätigung der Schaltung über Schaltdrehgriff links am Lenker. Der Antrieb des Getriebes erfolgt über eine Lamellenkupplung und schrägverzahnte Stirnräder. Primärantrieb, Kupplung und Getrieberäder laufen im gemeinsamen Ölbad, Motor und Getriebe sind in einem Block vereinigt.

Fahrgestell: Der Rahmen ist ein aus Stahlblech gepresster, verschweißter Schalenrahmen. Vorder- und Hinterradnabe sind mit Innenbackenbremsen und Steckachsen ausgestattet. Die Hinterradbremse wird über ein Klinkengesperre durch Rücktritt, die Vorderradbremse durch Handhebel am Lenker betätigt. Eine Teleskopgabel am Vorderrad und eine Hinterradschwinge mit Teleskop-Federbeinen verleihen dem Fahrzeug eine vorzügliche Federung. Reifengröße 23 x 2,25.

Ausstattung: Kraftstoffbehälter mit 5,5 l Inhalt. Schwingsattel mit Doppelschicht-Gummidecke; in der Höhe verstellbar. Scheinwerfer mit einer Lichtaustrittsöffnung von 85 mm.

Leistung und Verbrauch: Das MS 50 V entwickelt eine Maximalleistung von 2,3 PS, gedrosselt 1,6 PS, entsprechend 6700 U/min, erreicht eine Höchstgeschwindigkeit von 40 km/h und hat eine Steigfähigkeit von 22%. Der Verbrauch beträgt 1,6 l/100 km bei gedrosselter Maschine.

PUCH
MS 50V
DAS MOPED AUS GUTEM HAUS

MS 25 1972

Einzylinder-Einkolben-Zweitaktmotor, Umkehrspülung, gebläsegekühlt, Bohrung 38 mm, Hub 43 mm, Hubraum 48 cm^3, 0,84 PS bei 3500 U/min, Bing-Kolbenschieber-Vergaser, Gemischschmierung 1:25, Zweigang-Getriebe mit Handschaltung, 5,5 l Kraftstofftank, Höchstgeschwindigkeit 25 km/h, Tretkurbeln.

MS 50 V 1972

Einzylinder-, Einkolben-Zweitaktmotor mit Umkehrspülung, gebläsegekühlt, Bohrung 38 mm, Hub 43 mm, Hubraum 48 cm^3, 2,1 PS bei 5000 U/min, Bing-Kolbenschiebervergaser, Gemischschmierung 1:25.

Puch-Faltprospekt 1968

MS 50 DS 50

Puch-Faltprospekt 1968

M 125 MS 50

Puch-Faltprospekt 1970

M 125 de Luxe M 50 SE VZ 50-4 MC 50

DS 50 V „City" „Sprinter" VZ 50

DS 50 DS 50 V „City" „Sprinter" VZ 50

DS 50 V MS 50 R 50 V

Moped VS 50 D, MS 50 V

VS 50 D

MS 50 V

Moped MS 50 1969

Puch MS 50: 50 cm^3-Motor, 1,7 PS, 2-Gang-Getriebe, Bing-Vergaser, Bosch, Räder: 23 x 2,25, Verbrauch: 1,1 l / 100 km. SOCIEDADE DISTRIBUIDORA DE BICICLETAS E MOTOCICLOS, ÁGUEDA.

1959
VS 50 L
VS 50 D
VS 50 S
PUCH
VS 50 K
VS 50
Das sind die PUCH-Mopeds der VS 50-Serie. Mit dem Komfort von ausgereiften Motorrädern – sind es Mopeds mit dem „letzten Schliff". Sie gehören zu den 300.000 PUCH-Mopeds, die das Werk bereits verlassen haben und ihren Besitzern in allen Ländern der Erde nun Tag für Tag neue Freude schenken. Ob auf den Prachtstraßen der Großstädte, wo sie durch ihre Eleganz bestechen oder den Wüstenpisten, den Dschungelpfaden oder den steinigen Wegen unwirtlicher Gebirgsgegenden, wo sie sich durch Robustheit, Ausdauer, Sparsamkeit und Zuverlässigkeit auszeichnen – immer erregen sie Begeisterung und ernten höchstes Lob.
Diese PUCH-Mopeds der VS 50-Serie sind auch mit allem ausgestattet, was sich jeder Mopedfahrer wünscht und was jeder auch braucht.
Sicherheit durch Vollnabenbremsen vorn und hinten.
Komfort durch eine starke Vorderradgabel mit vergrößertem Federweg und Hinterradschwinge mit wartungsfreien Federstreben, verbreiterten Kotblechen, zwei seitlichen abschließbaren Werkzeugkästen und großen Tanks, 5 Ltr. Fassungsvermögen bei VS 50 L und VS 50 D. 10.5 Ltr. Fassungsvermögen bei VS 50 S.
Höchste technische Vollendung durch geschlossenen Kettenkasten, Dekompressor mit Abgaskanal in den Auspuff. Steckachsen vorn und hinten, Zylinder mit vergrößerten Kühlrippen, Ansauggeräuschdämpfer. Der Motor besitzt Gebläsekühlung.
Eleganz durch verchromten Auspufftopf, angepaßt der schnittigen Linie des Fahrzeuges, große Chromblenden an den Tanks bei VS 50 L und VS 50 D, verchromte Felgen und Weißwandbereifung.

VS 50 (Steyr-Daimler-Puch Aktiengesellschaft, Werk Freilassing/Bayern) 1959

VS 50 L:

Motor: Puch-Zweitakt-Einkolbenmotor mit Umkehrspülung, Luftkühlung durch Radialgebläse, Dekompressor. Bohrung 38 mm, Hub 43 mm, Hubvolumen 49 cm^3, Verdichtung 1:6,5, Vorzündung 2,5 mm, Motorschmierung durch Beimischung des Öles zum Kraftstoff 1:25, Zündkerze Bosch W 225 T 1. **Vergaser:** Bingvergaser 12 mm ø mit Nadeldüse, Betätigung durch Drehgriff (rechtsseitig), Starthilfe, Nassluftfilter, Ansauggeräuschdämpfer.

Getriebe: Zweigang-Getriebe mit linksseitiger Drehgriff-Lenkerschaltung und Scheibenkupplung im Ölbad laufend. Übersetzungen: Motor – Getriebe 58:16, i = 3,63, Getriebe: 1. Gang 28:10, i = 2,8, 2. Gang 23:16, i = 1,44, Getriebe-Hinterrad-Übersetzung: Serie 34:11, i = 3,09, wahlweise 34:12, i = 2,83 bzw. 34:10, Getriebeschmierung durch Ölfüllung im Getriebegehäuse. **Kraftübertragung:** Vom Motor über Kupplung durch schrägverzahnte Präzisionszahnräder zum Getriebe. Vom Getriebe zum Hinterrad: Rollenkette 1/2 x 3/16˝.

Elektrische Anlage: Wechselstrom Schwunglicht-Magnetzünder 6 V / 17 W von Bosch. **Scheinwerfer:** Lichtaustritt 85 mm, Biluxlampe 15/15 W, Rücklicht 6 V/2 W.

Fahrgestell: Rahmen: aus Stahlblech gepresster Schalenrahmen mit allseits geschlossenem Profil, Federung: vorne Teleskopgabel mit hydraulischer Stoßdämpfung, alle Gleitflächen selbsttätig geschmiert. Hinten: Schwinggabel mit wartungsfreier Lagerung und Teleskopfederbeinen. Federwege: vorne 60 mm, hinten 40 mm. Geschlossener Kettenkasten, Lenkungswinkel 63°, Nachlauf 85 mm.

Räder: Vorderrad mit Vollnaben-Innenbackenbremse, 105 mm ø, 25 mm breit, Betätigung rechtsseitig durch Handhebel und Seilzug, Hinterrad mit Vollnaben-Innenbackenbremse, 105 mm ø, 25 mm breit, Betätigung mit Tretkurbel und Seilzug. Steckachse vorne und hinten. Bereifung: 23 x 2,25˝, dynamischer ø = 584 mm. Speichen: 2,5 ø x 190.

Kraftstoffbehälter mit Reservehahn: 5,5 l Inhalt, Werkzeugaufnahme im Kraftstoffbehälter eingebaut.

Sattel: komfortabler, großflächiger Schwingsattel mit Doppelschicht-Gummidecke, in jeder Höhe verstellbar, tiefste Stellung 830 mm.

Ausrüstung: geschlossener Kettenkasten, Vorder- und Hinterradkotblech mit vergrößerter seitlicher Abdeckung. Tachometer, Lenkungsschloss, Mittelständer, Klingel, Werkzeugsatz, Luftpumpe, zwei seitliche Werkzeugkästen.

Leistung und Verbrauch: max. Leistung des Motors 2,3 PS, Höchstgeschwindigkeit 50 km/h, mit Rücksicht auf die verschiedenen gesetzlichen Geschwindigkeitsbeschränkungen der einzelnen Staaten entsprechend gedrosselt. Für Österreich gedrosselt lt. gesetzlichen Vorschriften auf 40 km/h Maximalgeschwindigkeit, wobei die entsprechende Leistung 1,5 PS beträgt. Steigfähigkeit im I. Gang bei max. Leistung 20%, gedrosselt 19%, Steigfähigkeit im 2. Gang bei max. Leistung 9,5%, gedrosselt 9%. **Verbrauch:** 1,6 l/100 km bei 40 km/h.

Startvorrichtung: Startmöglichkeiten: 1. durch Anwerfen im Stand wie ein Motorrad. 2. Anwerfen bei am Ständer aufgebockter Maschine. 3. Anwerfen durch Anfahren mittels Pedalbetätigung wie beim Fahrrad. Tretkurbellänge 135 mm, Dekompressorhebel rechts mit Seilzugbetätigung.

Abmessungen: Gesamthöhe 990 mm, größte Breite 625 mm, Radstand 1160 mm, Gesamtlänge 1810 mm, Bodenfreiheit 140 mm. **Gewichte:** Trockengewicht 55 kg, fahrbereit 59 kg, zulässiges Gesamtgewicht 145 kg.

Diverses: Die Modelle VS 50 L und VS 50 D sind in den Farben Beige-Rot, Beige-Schwarz und Beige-Türkis, das Modell VS 50 K nur in Beige-Rot und Beige-Türkis, das Modell VS 50 S in Rot lieferbar. Sportlenker: Spezialgepäckträger, verchromt, zusätzlich lieferbar.

VS 50 S:

Das Sportmodell VS 50 S hat gegenüber Typ VS 50 L einen großen Kraftstoffbehälter für 10,5 l, Sitzbank und Windschutz, großen absperrbaren Werkzeugbehälter im Benzintank, Sportlenker.

VS 50 D:

Wie VS 50 L, jedoch geändertes Getriebe: Dreigang-Wechselgetriebe mit linksseitiger Drehgriff-Lenkerschaltung, Getriebeschmierung durch Ölfüllung im Getriebegehäuse.

Übersetzungen: Motor – Getriebe: 72:18, i = 4.
1. Gang: 39:12, i = 3,25, iges = 41,34. 2. Gang: 34:17, i = 2, iges = 25,44. 3. Gang: 24:19, i = 1,26, iges = 16,03. Getriebe-Hinterrad-Übersetzung: 35:11, i = 3,18.

Federwege der Federung: vorne 60 mm, hinten 85 mm, Gewicht: Leergewicht 58 kg, zulässiges Gesamtgewicht 160 kg.
Steigfähigkeit im 1. Gang 24%, im 2. Gang 14%, im 3. Gang 9%.

VS 50 K:

Das Kleinkraftrad-Modell VS 50 K ist ein Kleinroller mit Kickstarter, der keiner Geschwindigkeitsbegrenzung unterliegt, der Motor ist nicht gedrosselt. Beinschutzschild, Fußauflagebleche mit Gummileisten, Fußbremspedal, elektrische Schnarre, Sportlenker.

Die Reiseroute des Weltenbummlers Stefan A. Waigand mit seinem MS 50-Moped von 1956–1960.

HERAUSGEGEBEN VON DER STEYR-DAIMLER-PUCH-AKTIENGESELLSCHAFT, WERKE GRAZ
WERK FREILASSING / BAYERN

AUF PUCH-MOPED VS 50 L

hat der Medizin-Student

HERMANN GOTZMANN

auf einer Fahrt RUND UM DIE WELT

61.500 KILOMETER

zurückgelegt und dabei 24 Staaten in Amerika, Asien, Australien und Europa durchquert

Der 20jährige, blonde Weltenbummler – ein gebürtiger Steirer aus dem Ennstal – begab sich mit einem einzigen Visum im Reisepaß, jedoch mit einem riesigen Vertrauen zu sich selbst und zu seinem PUCH-Moped auf die große Tour gemeinsam mit dem jungen Wiener Journalisten Stefan A. WAIGAND, der ebenfalls ein PUCH-Moped fuhr.

Start ab Wien: 30. August 1956

Richtung: Indien

Kassastand: ganze 500 Schilling

Begründung der Reise: er wollte nicht „versauern".

Nun lassen wir unseren jungen Freund, der in seiner netten und bescheidenen Form äußerst sympathisch ist, am besten selbst erzählen.

Durch Jugoslawien, Griechenland und Türkei ging es glatt. Im „Wilden Kurdistan" wurden die Straßen immer enger. Am Ende bestand der Weg nur noch aus Felstrümmern. Wie wir da ohne Bruch durchkamen, ist mir heute noch ein Rätsel. An der syrischen Grenze wurde die Einreise verweigert; dasselbe in den Irak. Wir mußten umkehren, allerdings auf einem anderen Wege, da der am Vortage benutzte Weg stark vermint war. Wenige Stunden zuvor waren ein Soldat und zwei Schweine in die Luft geflogen. Eine „illegale Einreise" in den Irak endete schon nach 40 Kilometern; es ging per Schub nach Syrien.

Bei Nacht schlichen wir uns über die Grenze in den Irak und fuhren in Richtung BAGDAD. Dort wurden die erforderlichen Visa erstanden. Weiter ging es durch die Salzwüste nach West-Pakistan. Es gab endlich wieder Asphalt. Seit der Ost-Türkei hatten wir nur mehr schlechteste Straßen. Motoren, Federung und Bereifung waren einer ununterbrochenen Zerreißprobe ausgesetzt, dies um so mehr, als die Mopeds durch das viele Gepäck beträcht-

Maloya, Ostküste

lich überlastet waren. Dennoch konnte nichts, weder Sandsturm, noch Steine, ihrer Leistungsfähigkeit etwas anhaben.

In Indien gab es gute Straßen. Waigand und ich trennten uns und verabredeten einen Treffpunkt in Bangkok. Ich machte einen Abstecher in die Heimat Sherpa Tensings im Himalaja-Gebiet.

Das PUCH-Moped schaffte die wunderbare Bergstraße gleich schnell wie schwere Kraftwagen.

Durch tiefen Schlamm

In den Naga Hills herrschte Kriegszustand. Ich erreichte eine Einreise-Sondergenehmigung nach Burma. Die Straße nach Rangoon war schon zehn Jahre unbenützt, der Weg fast nicht mehr erkennbar, doch beiderseits brannte der Dschungel, dazu Maschinengewehr- und Handgranatenfeuer, ich fuhr um mein Leben. Durch Zufall kam ich am selben Tage in Bangkok an, wie mein Kamerad Waigand. Doch statt der gemeinsamen Weiterreise kam es zur endgültigen Trennung, denn Waigand lernte dort eine Dänin kennen, die er sozusagen „vom Fleck weg" heiratete.

Im Süden Thailands versank das Moped im Lehmbrei. Es war Regenzeit und oft stand der Schlamm höher als der Vergaser. Als ich den Motor überholte, mußte ich aus dem Kurbelgehäuse eine ganze Menge von Lehm und Sand entfernen.

Trotzdem war der Maschine so gut wie nichts geschehen.

Moped-Motor treibt Einbaum am Amazonas

In Singapur schiffte ich mich nach Djakarta (Indonesien) ein. Ich fuhr durch Java und über Bali nach Timor. In vierstündigem Flug erreichte ich Port Darwin (Australien). In zehn Tagen durchquerte ich den ganzen Kontinent und legte dabei 2000 Meilen, davon 800 Meilen reine Wüstenpiste, zurück.

Per Schiff ging es nach Los Angeles, weiter über Texas nach Mexiko und Guatemala. In Panama mußte ich mich zwei volle Tage mit dem schwer bepackten Moped über die Schwellen einer Bahnlinie arbeiten. Noch tagelang nickte mein Kopf im Rhythmus der Schwellen.

Zwischen Mosul und Bagdad

Ekuador, 3000 m

Die höchste Straße der Welt erhebt sich in Peru 4843 Meter über dem Meeresspiegel.

Bei der Auffahrt auf diese Höhe deklassierte ich einen amerikanischen Straßenkreuzer von 160 PS, der mich wegen „Kochens" wiederholt vorfahren lassen mußte, während mich mein braves Maschinchen ohne Umstände tatsächlich vor diesem Riesen auf die Paßhöhe zog.

Am Ostrand der Anden gibt es nur mehr zwei Verkehrsmittel: Boote und Flugzeuge. Ich entschloß mich zu einer Bootsfahrt, beschaffte mir einen Einbaum, baute dem Moped-Motor eine Antriebswelle und eine Schiffsschraube an und fuhr – die meiste Zeit von Bananen lebend – in wochenlanger Fahrt gemächlich den Rio Ucayale und den Amazonas hinunter.

In Brasilien gab es wieder Straßen. Für die 3796 km lange Strecke von San Luiz bis Rio de Janeiro brauchte ich 14 Tage, was einer Tagesleistung von 270 km entspricht. In Rio hat man mir diese Leistung nicht geglaubt, weil kein Wagen die Strecke bisher schneller bewältigt hatte.

Nun war es aber für mich Zeit zur Rückkehr, denn ich muß ja auch an meiner beruflichen Weiterbildung arbeiten. Ich verdingte mich daher auf einem schwedischen Schiff mit Order nach EMDEN und fuhr von dort per MOPED nach Wien, wo ich am 1. November 1958 eintraf.

Meinen Lebensunterhalt verdiente ich mir in den verschiedensten Berufsgruppen; unter anderem war ich Sandwichman, Aufseher, Monteur, Reklamefahrer für PEPSI-Cola, Auslagen-Arrangeur, Anstreicher und zuletzt Jungboy auf dem Schiff.

Am nettesten sind mir die zu National-China gehörenden Völkergruppen entgegengekommen; die besten Straßen dürften wohl jene in Malaya sein; die hübschesten Mädchen traf ich in Rio de Janeiro.

Mein Moped hätte ich unterwegs mehrmals für gutes Geld verkaufen können; ein Polizist in Peru wollte es auf jeden Fall haben.

Jedenfalls läuft das Moped nach diesen unglaublichen Strapazen heute noch einwandfrei. Es ist meine vollste Überzeugung, daß nur diese ausgezeichnet bewährte

Gebläse-kühlung

den Motor zu solcher Gewaltleistung im Dauerbetrieb befähigt hat.

Der zweite Weltenbummler, Stefan WAIGAND und seine Frau Gerda, befinden sich nach einer Gesamtstrecke von 64.300 km zur Zeit in Panama (Amerika). Die beiden wollen ihre gemeinsame Fahrt auf einem PUCH-Moped erst im Jahre 1960 beenden und bis dahin etwa 120.000 km erreichen.

Singapur

Großartiger Start des Puch-Mopeds in Frankreich **1959**

Die Generalvertretung für STEYR-PUCH-Erzeugnisse in Frankreich, die Firma Ets. P. HUMBLOT, Paris, hat 1959 erstmalig eine Einfuhrgenehmigung für PUCH-Mopeds erhalten.

Ms. Humblot erteilte dem bekannten Wertungsfahrer Georges MONNERET den Auftrag, mit einem PUCH-Moped die Strecke der „Tour de France" von über 4700 km in 6 Tagen (Durchschnitt 800 km pro Tag!) zu fahren, um damit der französischen Öffentlichkeit die enorme Leistungsfähigkeit des PUCH-Mopeds zu beweisen.

Die Fahrt stand unter der offiziellen Kontrolle der Fédération Française de Motocyclisme und nahm folgende Route:

27. September 1959: Start: Nizza – Chambéry: 401 km.
2. Etappe: 28. September 1959 Chambéry – Reims: 825 km.
3. Etappe: 29. September 1959 Reims – Le Mans: 802 km.
4. Etappe: 30. September 1959 Le Mons – Bayonne: 794 km.
5. Etappe: 1. Oktober 1959 Bayonne – Marseille: 793 km.
6. Etappe: 2. Oktober 1959 Marseille – Bourges: 821 km.
7. Etappe: 5. Oktober 1959 Bourges – Paris, Ziel: 328 km.
Gesamtleistung in 78 Stunden 34 Minuten Fahrzeit. 4 764 km.

In Paris, wo Monneret am Samstag, den 3. Oktober, 12 Uhr mittags, auf dem Place de la Concorde einfuhr, gab es einen triumphalen Empfang durch ein zahlreiches Publikum, welches Monneret in Anwesenheit von Vertretern der französischen Regierung, der Stadtverwaltung von Paris, der Sportbehörden, des Rundfunks und zahlreicher Presseleute lebhaft feierte.
Die prominente französische Fachzeitschrift „MOTO-REVUE" schreibt darüber in ihrer Ausgabe vom 10. Oktober 1959 u.a.:

„Ein Versuch ... ein Mann ... eine Maschine!
In knapp sechs Tagen bewältigte Georges MONNERET auf seinem PUCH-Moped 4 764 km, er fuhr also eine ‚Tour de France' in denkbar kürzester Zeit. Sollten wir bei einer solchen Leistung mehr den Mann oder die Maschine bewundern? Sicherlich alle beide!

Wenden wir uns zuerst dem Mann zu: 78 Stunden und 34 Minuten saß er, ja lag er manchmal beinahe auf dem kleinen Fahrzeug. Stets bei Vollgas, stets mit ganzer Konzentration, wenig Schlaf, wenig Nahrung, kühle Temperaturen am Morgen, kurvenreiche Straßen, wo es keine Langeweile gibt, aber auch lange, gerade, endlose Straßen, die immer länger zu werden scheinen.

Monneret hat in dieser ‚Tour de France' die härteste Probe seiner Karriere bestanden. Aber auch die Maschine musste größten Anforderungen genügen, und sie hat es getan!

Was unsere große Bewunderung verdient, ist die Tatsache, dass diese PUCH 50 cm^3 auf der Strecke von ungefähr 5 000 Kilometern ständig mit Vollgas gefahren wurde, ohne dass eine Reparatur notwendig war. Dies halten wir für das überzeugendste Resultat dieser Fahrt!

Allen Widerwärtigkeiten des Verkehrs in der Stadt, auf der Landstraße und im Gebirge preisgegeben, und das stets bei Vollgas, hat der Motor ohne den geringsten Defekt durchgehalten bis zum Schluss! Was bedeutet diese Gewaltprobe? Einen großartigen Erfolg für Georges Monneret, aber auch ein ebenso glänzendes Debut des unerhört leistungsfähigen PUCH-Mopeds."

VS 50 DZ, VS 50 DZS, DZ 50 SK 2

TECHNISCHES: **Motor:** Puch-Zweitakt-Einkolbenmotor mit Umkehrspülung, Luftkühlung durch Radialgebläse, Bohrung: 38 mm, Hub 43 mm, Hubvolumen: 49 ccm, Verdichtung: 1 : 6,5, Vorzündung: 2,5 mm, Schmierung: Motorschmierung durch Beimischung des Öles zum Kraftstoff im Mischungsverhältnis 1 : 25, d. i. 4%. Zündkerze: Bosch E 225 T 1.

Vergaser: Bingvergaser 12 mm ⌀ mit Nadeldüse, Betätigung durch Drehgriff (rechtsseitig). Starthilfe, Naßluftfilter, Ansauggeräuschdämpfer.

Getriebe: Dreigang-Wechselgetriebe mit linksseitiger Drehgriff-Lenkerschaltung.
Getriebeschmierung: durch Ölfüllung im Getriebegehäuse.

Ubersetzungen: Motor-Getriebe: 66 : 22; i = 3; 1. Gang: 39 : 12; i = 3,25; iges = 41,34; 2. Gang 34 : 17; i = 2; iges = 25,44; 3. Gang: 24 : 19; i = 1,26; iges = 16,03; Getriebe-Hinterradübersetzung: 35 : 11; i = 3,18; DZ 50 SK 2 31 : 12; i = 2,58.
Getriebeschmierung: durch Ölfüllung im Getriebegehäuse.

Kraftübertragung: vom Motor über Kupplung durch schrägverzahnte Präzisionszahnräder zum Getriebe. Vom Getriebe zum Hinterrad: Rollenkette 1/2 × 3/16.

Elektrische Anlage: Wechselstrom-Schwunglichtmagnetzünder 6 V/17 W der Fa. Bosch.
Scheinwerfer: Lichtaustritt 85 mm, Dauerabblendung 15 W, Rücklicht 6 V/2 W; DZ 50 SK 2 15/15 W Bilux.

Fahrgestell: Rahmen: aus Stahlblech gepreßter Schalenrahmen mit allseits geschlossenem Profil (ähnlich 175 SV/250 SG). Federung: vorne Teleskopgabel mit hydraulischer Stoßdämpfung, alle Gleitflächen selbsttätig geschmiert. Hinten: Schwinggabel mit wartungsfreier Lagerung und Teleskopfederbeinen. Federwege: vorne 60 mm, hinten 85 mm. Geschlossener Kettenkasten; Lenkungswinkel 63°, Nachlauf 85 mm.

Räder: Vorderrad mit Vollnaben-Innenbackenbremse, 105 mm ⌀, 25 mm breit, Betätigung rechtsseitig durch Handhebel mit Seilzug. Hinterrad mit Vollnaben-Innenbackenbremse, 105 mm ⌀, 25 mm breit, Betätigung mittels Tretkurbel (DZ 50 SK 2 Fußbremshebel und Seilzug, Steckachse vorne und hinten. Bereifung: 23 × 2,25 vorn, 23 × 2,50 hinten, dynamischer ⌀ = 584 mm, Speichen: 2,5 ⌀ × 190.

Kraftstoffbehälter mit Reservehahn: 5,5 Liter Inhalt, Werkzeugaufnahme im Kraftstoffbehälter eingebaut. Die Sportmodelle DZ 50 SK 2 und VS 50 DZS besitzen einen Sporttank mit 8,5 Liter Inhalt.
Große, bequeme Doppelsitzbank bei allen drei Fahrzeugmodellen.

Ausrüstung: geschlossener Kettenkasten, Vorder- und Hinterradkotblech mit vergrößerter seitlicher Abdeckung, Tachometer, Lenkungsschloß, Mittelständer, Klingel, Werkzeugsatz, Luftpumpe.

Leistung und Verbrauch: maximal mögliche Leistung des Motors 2,3 PS (ungedrosselt), 1,6 l/100 km bei 40 km/h. DZ 50 SK 2 2,7 PS, Höchstgeschwindigkeit 60 bis 65 km/h.

Steigfähigkeit: im 1. Gang 24%, im 2. Gang 14%, im 3. Gang 9%.

Startvorrichtung: Startmöglichkeiten: 1. Durch Anwerfen im Stand, wie ein Motorrad, 2. Anwerfen bei am Ständer aufgebockter Maschine, 3. Anwerfen durch Anfahren mittels Pedalbetätigung, wie beim Fahrrad. Beim DZ 50 SK 2 wird mittels Kickstarters wie beim Motorrad gestartet.

Abmessungen: Gesamthöhe 990 mm, größte Breite 625 mm, Radstand 1160 mm, Gesamtlänge 1810 mm, Bodenfreiheit 140 mm.

Gewichte: Leergewicht 58 kg, zulässiges Gesamtgewicht 230 kg.

Diverses: Die Seilzüge beim Modell VS 50 DZ sind durch einen Blechprofillenker verkleidet. Die Modelle VS 50 DZS und DZ 50 SK 2 besitzen einen Sportlenker italienischer Formgebung. Das DZ 50 SK 2 ist ein Kleinkraftrad und hat deshalb statt der Tretkurbeln Fußrasten.

VS 50/4M, VS 50 D

1965

VS 50/4M

Motor: Puch-Motor mit 2,5 PS, 49 cm^3, Bohrung 38 mm, Hub 43 mm, Motorschmierung durch Beimischung des Öles zum Kraftstoff 1:25, Motoröl SAE 40 oder 50, Bing-Vergaser 1/12, Schwunglichtmagnetzünder der Firma Bosch 6 V, 29/5 W, Zündkerze Bosch W 225 T 1, Tankinhalt: 5,5 l.

VS 50 D

Motor: Puch-Zweitakt-Einkolbenmotor mit Umkehrspülung, 50 cm^3 Hubraum, Leistung 2,3 PS, gedrosselt auf 1,6 PS. Kühlung durch Radialgebläse, ausgestattet mit Nassluftfilter, Ansauggeräuschdämpfer und einem Dekompressor zur Starterleichterung.

Getriebe: Klauengeschaltetes 3-Gang-Getriebe. Betätigung der Schaltung über Schaltdrehgriff links am Lenker. Der Antrieb des Getriebes erfolgt über eine Mehrscheibenkupplung und schrägverzahnte Stirnräder. Primärantrieb, Kupplung und Getrieberäder laufen im gemeinsamen Ölbad. Motor und Getriebe sind in einem Block vereinigt.

Fahrgestell: Der Rahmen ist ein aus Stahlblech gepresster, verschweißter Schalenrahmen. Vorder- und Hinterradnabe sind mit Innenbackenbremsen und Steckachsen ausgestattet, die Naben als gegossene Leichtmetall-Vollnaben ausgebildet. Die Hinterradbremse wird über ein Klinkengesperre durch Rücktritt, die Vorderradbremse durch Handhebel am Lenker betätigt. Eine Teleskopgabel am Vorderrad und eine Hinterradschwinge mit Teleskop-Federbeinen verleihen dem Fahrzeug eine vorzügliche Federung. Reifengröße 23 x 2,25.

Ausstattung: Kraftstoffbehälter mit 5,5 l Inhalt, Werkzeugaufnahme im Behälter eingebaut. Geschlossener Kettenkasten, Vorder- und Hinterradkotblech mit vergrößerter seitlicher Abdeckung, Tachometer, Lenkungsschloss, Klingel, Werkzeugkasten, Luftpumpe. Scheinwerfer mit einer Lichtaustrittsöffnung von 85 mm. Schwingsattel mit Doppelschicht-Gummidecke; in der Höhe verstellbar.

Leistung und Verbrauch: Das VS 50 D entwickelt eine Maximalleistung von 2,3 PS, gedrosselt 1,6 PS, entsprechend 5 850 U/min, erreicht eine Höchstgeschwindigkeit von 50 km/h, gedrosselt 40 km/h, und hat eine Steigfähigkeit von 24%. Verbrauch: 1,6 l/100 km bei gedrosselter Maschine.

VS 50 DZ (Steyr-Daimler-Puch Aktiengesellschaft, Werk Freilassing/Bayern) 1959

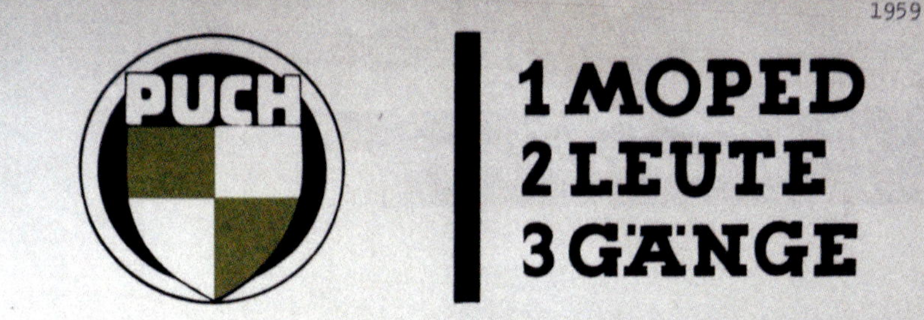

Das doppelsitzige VZ 50 DZ ist eine Weiterentwicklung des bewährten Puch-Mopeds VS 50 D mit Dreiganggetriebe, 1959.

Motor: Puch-Zweitakt-Einkolbenmotor mit Umkehrspülung vom Typ V 50 E/D, der durch ein Radialgebläse gekühlt wird. Zur Starterleichterung bzw. zum Abstellen dient ein Dekompressor. Bohrung: 38 mm, Hub: 43 mm, Hubvolumen: 49 cm^3.

Kraftstoff: Benzin-Ölgemisch im Mischungsverhältnis 1:25.

Vergaser: Bing-Vergaser mit 12 mm ø mit Nadeldüse, Betätigung durch Drehgriff rechtsseitig am Lenker. Starthilfe, Nassluftfilter, Ansauggeräuschdämpfer.

Kraftübertragung: Vom Motor über Mehrscheibenkupplung mittels Zahnrad zum Getriebe, Dreigang-Wechselgetriebe; vom Getriebe zum Hinterrad: Rollenkette 1/2 x 3/16˝.

Getriebe: Dreigang-Wechselgetriebe mit linksseitiger Drehgriff-Lenkerschaltung. Getriebeschmierung durch Ölfüllung im Getriebegehäuse.

Übersetzungen:
Motor – Getriebe: 72:18, i = 4.
1. Gang: 39:12, i = 3,25.
2. Gang: 34:17, i = 2.
3. Gang: 24:19, i = 1,26.
Getriebe-Hinterrad-Übersetzung: 35:11, i = 3,18.

Fahrgestell:

Rahmen: aus Stahlblech gepresster Schalenrahmen mit allseits geschlossenem Profil.

Federung: Vorne: Teleskopgabel mit hydraulischer Stoßdämpfung. Hinten: Schwinggabel mit wartungsfreier Lagerung und Teleskopfederbeinen. Federwege vorne 60 mm, hinten 85 mm.

Räder: Vorderrad mit Vollnaben-Innenbackenbremse 105 mm ø, 25 mm breit. Betätigung rechtsseitig durch Handhebel mit Seilzug. Bereifung: 23 x 2,25 verstärkt.
Hinterrad mit Vollnaben-Innenbackenbremse 105 mm ø, 25 mm breit, Betätigung mittels Tretkurbel und Seilzug. Bereifung: 23 x 2,50 verstärkt. Steckachse vorne und hinten.

Kraftstoffbehälter: 5,5 l Inhalt, mit Reservehahn, Werkzeugaufnahme im Kraftstoffbehälter eingebaut.

Elektrische Anlage: Wechselstrom-Schwunglicht-Magnetzünder 6 V/17 W von Bosch, Beleuchtung 15 W mit Dauerabblendung.

Ausrüstung: Komfortable Sitzbank für zwei Personen. Geschlossener Kettenkasten, Tachometer, Lenkungsschloss, Mittelständer, Werkzeugsatz, Luftpumpe.

Gewichte: 60 kg, zulässiges Gesamtgewicht 215 kg.

VS 50 D 1958

Motor: Puch-Zweitakt-Einkolbenmotor mit Umkehrspülung vom Typ V 50 E/D. Der Motor wird durch ein Radialgabläse gekühlt und ist zur Starterleichterung bzw. zum Abstellen desselben mit einem Dekompressor ausgestattet. Bohrung: 38 mm, Hub: 43 mm, Hubvolumen: 49 cm³, Leistung: 1,5 PS; Kraftstoff: Benzin-Ölgemisch im Mischungsverhältnis 1:25 (4%). **Zündkerze:** Bosch E 225 T 1.

Vergaser: Bing-Vergaser 12 mm ø mit Nadeldüse, Betätigung durch Drehgriff rechtsseitig am Lenker. Nassluftfilter, Ansauggeräuschdämpfer.

Kraftübertragung: Vom Motor über Mehrscheibenkupplung durch Zahnradvorgelege zum Getriebe. Dreigang-Wechselgetriebe; Kette; Hinterrad; vom Getriebe zum Hinterrad: Rollenkette 1/2 x 3/16˝.

Getriebe: Dreigang-Wechselgetriebe mit linksseitiger Drehgriff-Lenkerschaltung. Getriebeschmierung durch Ölfüllung im Getriebegehäuse.

Übersetzungen:

Motor – Getriebe:	72:18	i = 4	
1. Gang:	39:12	i = 3,25	iges = 41,34
2. Gang:	34:17	i = 2	iges = 25,44
3. Gang:	24:19	i = 1,26	iges = 16,03
Getriebe-Hinterradübersetzung:	35:11	i = 3,18	

Fahrgestell: Rahmen: aus Stahlblech gepresster Schalenrahmen mit allseits geschlossenem Profil.

Federung: vorne Teleskopgabel mit hydraulischer Stoßdämpfung, hinten Schwinggabel mit wartungsfreier Lagerung und Teleskopfederbeinen.

Federwege: vorne 60 mm, hinten 85 mm. Geschlossener Kettenkasten, Lenkungswinkel 63°, Nachlauf 85 mm.

Räder: Vorderrad mit Vollnaben-Innenbackenbremse 105 mm ø, 25 mm breit, Betätigung rechtsseitig durch Handhebel mit Seilzug. Hinterrad mit Vollnaben-Innenbackenbremse 105 mm ø, 25 mm breit, Betätigung mittels Tretkurbel und Seilzug. Steckachse vorne und hinten. Bereifung 23–2,25 verstärkt, dynamischer ø 584 mm, Speichen 2,5 mm ø x 190 mm.

Kraftstoffbehälter: 5,5 l Inhalt: ausgestattet mit Reservehahn, Werkzeugaufnahme im Kraftstoffbehälter eingebaut.

Elektrische Anlage: Wechselstrom-Schwunglichtmagnetzünder 6 V / 17 W. Scheinwerfer: Lichtaustritt 85 mm Biluxlampe 6 V / 15 / 15 W. Rücklicht 6 V / 2 W. **Warnvorrichtung:** Fahrradklingel.

Sattel: Großflächiger Schwingsattel mit Doppelschicht-Gummidecke oder Sitzbank, in der Höhe verstellbar; tiefste Stellung 830 mm.

Ausrüstung: Geschlossener Kettenkasten, Tachometer, Lenkungsschloss, Mittelständer, Werkzeugsatz, Luftpumpe, zwei seitliche Werkzeugtaschen.

Startmöglichkeit:

1. Anwerfen durch Anfahren mittels Pedalbetätigung wie beim Fahrrad.
2. Anwerfen bei am Ständer aufgebockter Maschine.
3. Anwerfen im Stand wie ein Motorrad.

Tretkurbellänge 135 mm.

Leistung und Verbrauch:

Maximal mögliche Leistung des Motors 2,3 PS. Höchstgeschwindigkeit 50 km/h. Mit Rücksicht auf die verschiedenen gesetzlichen Geschwindigkeitsbeschränkungen der einzelnen Staaten entsprechend gedrosselt. Für Österreich gedrosselt laut gesetzlicher Vorschriften auf 40 km/h Maximalgeschwindigkeit, wobei die entsprechende Leistung 1,5 PS beträgt. Verbrauch: 1,6 l / 100 km bei 40 km/h.

Abmessungen:

Radstand 1190 mm, größte Länge 1840 mm, Lenkerbreite 720 mm, Lenkerhöhe 1050 mm, Sattelhöhe 830 mm, Bodenfreiheit 140 mm.

Gewicht:

Leergewicht 58 kg, zulässiges Gesamtgewicht 160 kg.
Steigfähigkeit bei gedrosselter Leistung:
Im 1. Gang 24%, im 2. Gang 14%, im 3. Gang 9%.

PUCH
VS 50 D
3
mit Dreigang-Getriebe
VS 50 D
DAS ELASTISCHE MOPED
sicher
elegant
bergfreudig
komfortabel
wendig
3 Gänge = Anpassung an alle Verhältnisse
EIN MOPED MIT VORSPRUNG: 3 GÄNGE
bergfreudig
komfortabel
wendig
EIN MOPED MIT

50 cm³ V-Modelle

V-Modell

Motor, Typen V, VZ, VZK, VS: Puch-Zweitakt-Einkolbenmotor mit Umkehrspülung Typ V 50 N, Kühlung Radialgebläse, Bohrung 38 mm, Hub 43 mm, Hubraum 49 cm³, Verdichtung 1:8, Vorzündung 1,8 mm, Kraftstoff: Benzin-Ölgemisch im Mischungsverhältnis 1:25.

Motor, Typ VSR: Puch-Zweitakt-Einkolbenmotor mit Umkehrspülung vom Typ R 50 P 1. Kühlung: Radialgebläse, Bohrung 38 mm, Hub 43 mm, Hubraum 49 cm³, Nutzleistung 3,5 PS bei 7000 Umdrehungen, Kraftstoff: Benzin-Ölgemisch im Mischungsverhältnis 1:25. Verdichtung: 1:9, Vorzündung 1,8 mm.

Vergaser, Typen V, VZ, VZK, VS: Bing-Vergaser 12 ø mm mit Nadeldüse, Betätigung durch Drehgriff rechtsseitig am Lenker, Starthilfe, Nassluftfilter, Ansauggeräuschdämpfer.

Vergaser, Typ VSR: Bing-Vergaser 17 ø mm mit Nadeldüse, sonstige Angaben wie bei den Typen V, VZ, VZK, VS.

Kraftübertragung (für alle Typen): Vom Motor über Mehrscheibenkupplung durch Zahnradvorgelege zum Getriebe. Dreigang-Wechselgetriebe, Kette, Hinterrad. Vom Getriebe zum Hinterrad Rollenkette 1/2 x 3/16˝.

Getriebe (für alle Typen): Dreigang-Wechselgetriebe mit linksseitiger Drehgrifflenkerschaltung. Getriebeschmierung durch Ölfüllung im Getriebegehäuse.

Übersetzungen, Typen V, VZ, VZK, VS: Motor – Getriebe 72:18, i = 4; 1. Gang 39:12, i = 3,25; 2. Gang 34:17, i = 2; 3. Gang 24:19, i = 1,26; Getriebe – Hinterrad-Übersetzung 35:11, i = 3,18.

Übersetzungen, Typ VSR: Motor – Getriebe 69:19, i = 3,63; 1. Gang 39:12, i = 3,25; 2. Gang 34:17, i = 2; 3. Gang 24:19, i = 1,26; Getriebe – Hinterrad-Übersetzung wahlweise 31:12, i = 2,58; 34:12, i = 2,83.

Fahrgestell (für alle Typen): Rahmen: aus Stahlblech gepresster Schalenrahmen mit allseits geschlossenem Profil. Federung: vorne Teleskopgabel mit hydraulischer Stoßdämpfung, hinten Schwinggabel mit wartungsfreier Lagerung und Teleskopfederbeinen, Federwege vorne 60 mm, hinten 85 mm.

Räder, Typen VZ, VZK, VS, VSR: Vorderrad mit Vollnaben-Innenbackenbremse 105 mm ø, 25 mm breit, Betätigung der Vorderbremse rechtsseitig durch Handhebel am Lenker mittels Seilzug. Hinterrad mit Vollnaben-Innenbackenbremse 105 mm ø, 25 mm breit. Betätigung bei den Modellen V und VZ mittels Tretkurbel und Seilzug, bei den Modellen VZK, VS und VSR mittels Fußbremshebel. Bereifung: vorne 23 x 2,25 verstärkt, hinten 23 x 2,50 verstärkt. Felgengröße vorne 23 x 2,25˝, hinten 1,50 A x 19.

Räder, Modell V: vorne und hinten 23 x 2,25 verstärkt auf Felgen 23 x 2,25˝, sonst gleich wie die übrigen Modelle. Alle Modelle haben Steckachsen vorne und hinten.

50 cm³ V-Modelle, V, VS, VZ, VSR, VZK 1967

VS-Modell

VSR-Modell

VZ-Modell

VZK-Modell

Kraftstoffbehälter, Typen V, VZ, VZK: 5,5 l Inhalt, ausgestattet mit Reservehahn, Werkzeugaufnahme im Kraftstoffbehälter eingebaut. Bei den Modellen VS und VSR 8,5 l Inhalt, ausgestattet mit Reservehahn.

Elektrische Anlage, Typen V, VZ, VZK, VS: Wechselstrom-Schwunglichtmagnetzünder 6 V/17 W der Fa. Bosch, Typbezeichnung LM/UR 1/115 17 L 17 oder LM/UR B 1/116 17 L 5. Beim Modell VSR Wechselstrom-Schwunglichtmagnetzünder 6 V/17 W der Fa. Bosch, Typbezeichnung LM/UR 1/115 17 L 18 p. Warnvorrichtung bei den Modellen V, VZ, VZK, VS: Fahrradklingel. Beim Modell SVR elektrische Schnarre, welche von einer eigenen Stromspule in der Schwunglichtmagnetzündanlage über einen Gleichrichter gespeist wird.

Sattel: Beim Modell V großflächiger Schwingsattel mit Doppelschichtgummidecke. Bei den Modellen VZ, VZK, VS und VSR komfortable Sitzbank für zwei Personen.

Ausrüstung: Bei allen Modellen geschlossener Kettenkasten, Tachometer, Lenkungsschloss, Werkzeugsatz, Luftpumpe. Alle Modelle besitzen am hinteren Rahmenteil unterhalb der Sitzbank rechts und links je einen Werkzeugkasten.

Lenkung: Bei den Modellen V, VZ und VZK Schalenlenker, in den die Seilzüge eingelegt sind. Bei den Modellen VS und VSR italienischer Sportlenker.

Anlassart/Abstellen: Bei den Modellen VZK, VS und VSR Anwerfen durch Kickstarter. Bei den Modellen V und VZ gibt es drei Startmöglichkeiten, da diese Fahrzeuge mit Tretkurbeln ausgerüstet sind: 1. Anwerfen im Stand wie ein Motorrad; 2. Anwerfen bei am Ständer aufgebockter Maschine; 3. Anwerfen durch Anfahren mittels Pedalbetätigung wie beim Fahrrad. Abstellen des Motors: Bei allen Modellen mittels Kurzschlussknopf am Lenker.

Höchstgeschwindigkeit: beim Modell VSR ca. 70 km/h.

Abmessungen: bei allen Modellen Gesamtlänge 1830 mm, Radstand 1190 mm, Scheinwerferhöhe 745 mm, Höhe des Rückstrahlers 535 mm, Höhe der Schlussleuchte 550 mm. Bei den Modellen V, VZ und VZK beträgt die Gesamthöhe 1000 mm, bei den Modellen VS und VSR 925 mm. Die Lenkerbreite beträgt 620 mm für die Modelle V, VZ und VZK und 580 mm für die Modelle VS und VSR.

Gewichte: Modell V – Leergewicht 60 kg, zulässiges Gesamtgewicht 160 kg. Modelle VZ und VZK – Leergewicht 64 kg, zulässiges Gesamtgewicht 220 kg. Modelle VS und VSR – Leergewicht 71 kg, zulässiges Gesamtgewicht 230 kg.

VS 50/4M, VZ 50 V, DS 50/4M, DS 50 V (Maskinhuset A/S, Stavanger), Norwegen

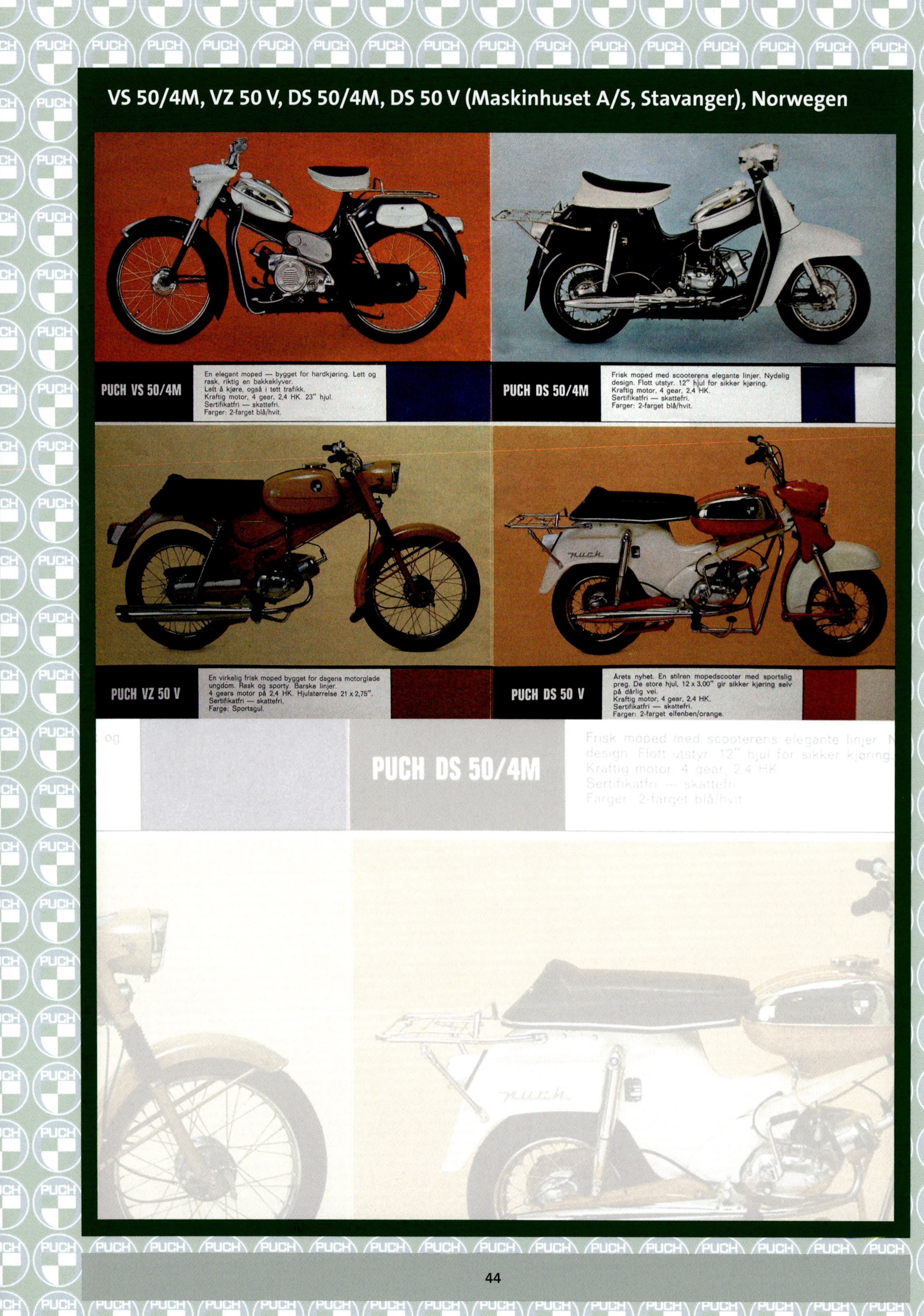

MV 50 S

Einzylinder-Zweitaktmotor, Gebläse gekühlt, maximale Leistung 1,55 kW (2,1 PS), Hubraum 48,8 cm^3, Pressstahlrahmen, Öl gedämpfte Telegabel vorne und Schwinge mit Federbeinen hinten.

PUCH

VZ 50

Für junge Leute von heute

PUCH VZ 50

Wollen Sie das Erlebnis des Zweirad-Fahrens unbeschwert genießen? Dann Puch VZ 50! Wollen Sie ein Moped (der Wirtschaftlichkeit halber oder weil Sie keinen Führerschein benötigen) mit den Vorzügen eines Motorrades (Platz für 2 Personen, überdurchschnittlicher Fahrkomfort und hervorragende Fahrleistungen)? Dann Puch VZ 50! Wollen Sie ein Fahrzeug, das jeden Morgen, wenn Sie zur Arbeit oder ins Büro fahren, verläßlich bereitsteht? Dann Puch VZ 50! **Sicher** wollen Sie am Sonntag hinaus ins Grüne und am Abend genauso flott nach Hause fahren (ohne in langen Kolonnen warten zu müssen). Dann erst recht Puch VZ 50! Wollen Sie einen Motor, der leicht zu warten ist, verläßlich ist und 100.000fach erprobt? Dann Puch VZ 50! Das Puch-Moped VZ 50 bietet alles, was Sie sich von einem Moped wünschen: Der Motor leistet gedrosselt – so will es in Österreich das Gesetz – 1,7 PS (ungedrosselt 2,7 PS). In Verbindung damit sorgt ein exakt abgestuftes Dreigang-Getriebe (wobei Sie zwischen Hand- und Fußschaltung wählen können) für überdurchschnittliche Fahrleistungen. Damit sind Sie nicht nur im dichten Stadtverkehr, sondern auch auf der Landstraße und im Gebirge Herr jeder Situation. Völlig neu ist das Fahrgestell: Schalenrahmen, vorne Teleskopgabel mit 80 mm Federweg, hinten Schwinggabel mit Federbeinen (110 mm Federweg). Als Resultat der sorgfältigen Abstimmung ergibt sich eine Straßenlage, die Sicherheit in jeder Fahrsituation bedeutet. Eben – Puch VZ 50!

Das Puch VZ 50 verfügt über überdimensionierte, wirkungsvolle Vollnaben-Innenbackenbremsen mit 106 mm Durchmesser. Sie lassen sich genau dosieren – Bremsen für jede Situation.

Formschön und elegant ist der Raum zwischen Motor-Getriebeblock und Rahmen mit einer Lupolen-Verkleidung abgedeckt. Sie ist mit zwei Drehknöpfen am Rahmen befestigt und kann bei Bedarf mühelos abgenommen werden.

Motor: Puch-Zweitakt-Einkolbenmotor mit Umkehrspülung, durch Radialgebläse gekühlt. Der Motor ist mit dem Dreiganggetriebe zu einem Block vereinigt. Die Kupplung befindet sich am rechten Kurbelwellenzapfen, während der Schwunglichtmagnetzünder mit dem Gebläselaufrad am linken Kurbelwellenzapfen sitzt.
Motordaten: Bohrung 38 mm ⌀, Hub 43 mm, Hubvolumen 48,8 cm³, Verdichtung 1:8,5, Vorzündung 1,8 mm vor O.T., Leistung 1,7 PS (gedrosselt) bei 4700 U/min, Gemischschmierung 1:25 (4%).
Vergaser: Bing-Vergaser 12 mm ⌀ mit Nassluftfilter und großem Ansauggeräuschdämpfer.
Auspuffanlage: Die Auspuffanlage ist eine Spezialanlage mit großvolumigem Auspufftopf; am Fahrzeug rechts seitlich liegend.
Kupplung: Die Kupplung ist eine Drei-Lamellenkupplung mit Motordrehzahl laufend; leichte Betätigung durch Handhebel links am Lenker.
Getriebe: Klauengeschaltetes 3-Gang-Getriebe. Betätigung der Schaltung über Schaltdrehgriff links am Lenker oder Fußschaltung.
Anwurfvorrichtung: Tretkurbel.
Übersetzungen: Primarantrieb 18:72, i = 4,00; 1. Gang 11:40, i = 3,64; 2. Gang 17:34, i = 2,00; 3. Gang 19:24, i = 1,26; Getriebe – Hinterrad 12:35, i = 2,92; ergibt ein Gesamt-Übersetzungsverhältnis von 1. Gang = 42,42; 2. Gang = 23,33; 3. Gang = 14,73.
Fahrgestell: Aus Stahlblech gepresster Schalenrahmen mit geschlossenem Profil. Federung: vorne Teleskopgabel mit hydraulischer Dämpfung (90 mm Federweg), hinten Schwinggabel mit hydraulisch gedämpften Federbeinen (105 mm Federweg). Kraftstoffbehälter mit 10,5 l Inhalt. Die Bremsen sind als reichverrippte Leichtmetall-Vollnaben-Innenbackenbremsen mit 105 mm Bremstrommeldurchmesser und 25 mm Belagbreite ausgelegt. Die Vorderradbremse wird durch einen Handhebel rechts am Lenker, die Hinterradbremse durch Fußhebel betätigt. Das Fahrgestell ist für den Betrieb mit zwei Personen geeignet.
Bereifung: Vorne und hinten 21 x 2,75.
Abmessungen und Gewichte: Radstand 1200 mm, größte Lange 1830 mm, größte Breite 640 mm, Höhe 1030 mm.
Eigengewicht (betriebsfertig): 70 kg; zulässiges Gesamtgewicht: 230 kg.
Elektrische Anlage: Schwunglichtmagnetzünder der Firma Bosch 6 V/17 W. Scheinwerfereinsatz mit 85 mm Lichtaustritt. Glühlampe vorne: Bilux 6 V 15/15 W; hinten: 6 V/2 W. Zündkerze Bosch W 225 T 1.
Fahrleistungen: Höchstgeschwindigkeit (gedrosselt) 40 km/h, größte Steigfähigkeit 25%.
Ausstattung: Sattel bzw. ein- oder zweisitzige Sitzbank, Werkzeug, Tachometer mit Kilometerzähler, Lackierung: weiß.

Mokick VZ 50 V (Deutsche Steyr-Daimler-Puch GmbH, Freilassing) 1964

Motor: Puch-Zweitakt-Einkolbenmotor mit Umkehrspülung und Gebläsekühlung. Bohrung 38 mm, Hub 44 mm, Hubraum 48,8 cm^3, Verdichtung 1:11,5, Leistung 2,6 PS (DIN), Gemischschmierung 1:25, Zündkerze Bosch W 225 T 1.

Bing-Vergaser mit Starthilfe, Nassluftfilter und Ansauggeräuschdämpfer.

Viergang-Getriebe mit linksseitigem Fußschalthebel.

Übersetzungen: Primär 4,00, Gänge 3,64/2,00/1,38/1,00; sekundär 4,00.

Kickstarter.

Bosch-Schwunglicht-Magnetzünder. Scheinwerfer mit 15 W. Hecklichtkombination.

Aus Stahlblech gepresster Schalenrahmen mit allseits geschlossenem Profil.

Vorne Teleskopgabel mit hydraulischer Dämpfung, hinten Langarmschwinge mit Teleskopfederbeinen. Federwege: vorne 85 mm, hinten 105 mm.

Vollnaben-Innenbackenbremsen, 105 mm ø, 25 mm breit, Bereifung: 21 x 2,75.

Kraftstoffbehälter mit 10,5 l Inhalt, Reservehahn.

Ausrüstung: Tachometer, Lenkungsschloss, Werkzeugsatz, Luftpumpe.

Abmessungen und Gewichte:
Radstand 1180 mm, Gesamtlänge 1830 mm, Gesamtbreite 640 mm, Gesamthöhe 970 mm, Leergewicht 75 kg, zulässiges Gesamtgewicht 240 kg, Höchstgeschwindigkeit 40 km/h.

VZ 50

Motor: Puch-Zweitakt-Einkolbenmotor mit Umkehrspülung, 50 cm^3 Hubraum und einer Leistung von 1,7 PS. Kühlung durch Radialgebläse, ausgestattet mit Nassluftfilter und Ansauggeräuschdämpfer.

Getriebe: Klauengeschaltetes 3-Gang-Getriebe mit Fußschaltung. Kraftübertragung vom Motor über eine Lamellenkupplung und schrägverzahnte Stirnräder zum Getriebe und über Kette zum Hinterrad.

Das Moped für den sportlichen Fahrer
Auf Wunsch und gegen Aufpreis auch mit Fußschaltung lieferbar

Fahrgestell: Der Rahmen ist ein aus Stahlblech gepresster, verschweißter Schalenrahmen. Scheinwerferverkleidung, vorderer Kotschutz und der geschlossene Kettenkasten sind aus Kunststoff gespritzt. Vorder- und Hinterradnaben sind mit reichlich dimensionierten Innenbackenbremsen und mit Steckachsen ausgestattet; die Naben als reichverrippte, gegossene Leichtmetall-Vollnaben ausgeführt. Die Hinterradbremse wird durch einen Fußhebel und die Vorderradbremse durch einen Handhebel betätigt. Eine hydraulisch gedämpfte Teleskopgabel am Vorderrad und eine Langarmschwinge mit Teleskop-Federbeinen am Hinterrad verleihen mit ihren 80 bzw. 110 mm Federwegen dem Fahrzeug eine vorzügliche Federung. Reifengröße 21 x 2,75. Fahrgestell für den Betrieb mit zwei Personen geeignet.

Ausstattung: Kraftstoffbehälter mit 10,5 l Inhalt. Werkzeugbehälter unter der Sitzbank; Tachometer, Lenkungsschloss, Klingel, Werkzeugsatz, Luftpumpe. Scheinwerfer mit einer Lichtaustrittsöffnung von 85 mm. Sitzbank für zwei Personen.

Leistung und Verbrauch: Das VZ 50 entwickelt eine maximale Leistung von 1,7 PS, entsprechend 5000 U/min (gedrosselt), erreicht eine Höchstgeschwindigkeit von 40 km/h und besitzt eine Steigfähigkeit von 25%. Der Verbrauch beträgt (gedrosselt) 1,6 l/100 km.

VZ 50 N

Motor: Puch-Zweitakt-Einkolbenmotor mit Umkehrspülung, 50 cm^3 Hubraum und einer Leistung von 1,7 PS. Kühlung durch Radialgebläse, ausgestattet mit Nassluftfilter und Ansauggeräuschdämpfer.

Getriebe: Klauengeschaltetes 3-Gang-Getriebe mit Fußschaltung, Kraftübertragung vom Motor über eine Lamellenkupplung und schrägverzahnte Stirnräder zum Getriebe und über Kette zum Hinterrad.

VZ 50 N

Fahrgestell: Der Rahmen ist ein aus Stahlblech gepresster, verschweißter Schalenrahmen. Vorder- und Hinterradnaben sind mit reichlich dimensionierten Innenbackenbremsen und mit Steckachsen ausgestattet, die Naben als reichverrippte, gegossene Leichtmetall-Vollnaben ausgeführt. Die Hinterradbremse wird durch einen Fußhebel und die Vorderradbremse durch einen Handhebel betätigt. Eine hydraulisch gedämpfte Teleskopgabel am Vorderrad und eine Langarmschwinge mit hydraulisch gedämpften Teleskop-Federbeinen am Hinterrad verleihen mit ihren 80 bzw. 110 mm Federwegen dem Fahrzeug eine vorzügliche Federung. Reifengröße 21 x 2,75. Fahrgestell für den Betrieb mit zwei Personen geeignet.

Ausstattung: Kraftstoffbehälter mit 10,5 l Inhalt. Werkzeugbehälter unter der Sitzbank; Tachometer, Lenkungsschloss, Klingel, Werkzeugsatz, Luftpumpe. Scheinwerfer mit einer Lichtaustrittsöffnung von 120 mm. Sitzbank für zwei Personen.

Leistung und Verbrauch: Das VZN entwickelt eine maximale Leistung von 1,7 PS, entsprechend 5000 U/min, erreicht eine Höchstgeschwindigkeit von 40 km/h und besitzt eine Steigfähigkeit von 25%. Der Verbrauch beträgt (gedrosselt) 1,6 l/100 km.

VZ 50 M/V, VZ 50 V – Klasse V (Deutsche Steyr-Daimler-Puch GmbH, Freilassing)

VZ 50 M/V

Motor: Puch-Zweitakt-Einkolbenmotor mit Umkehrspülung, durch Radialgebläse gekühlt. Bohrung: 33 mm, Hub: 44 mm, Hubraum: 49,9 cm³, Verdichtung: 1:11, Leistung: ca. 5 PS, Schmierung: Gemischschmierung 1:25.

Vergaser: Bing-Vergaser 1/17 mit Starthilfe, Nassluftfilter und Ansauggeräuschdämpfer.

Auspuffanlage: Expansionsschalldämpfer, seitlich an der rechten Fahrzeugseite angeordnet.

Kraftübertragung: Vom Motor über Mehrscheibenkupplung durch Zahnradvorgelege zum Getriebe. Viergang-Wechselgetriebe, Kette, Hinterrad, vom Getriebe zum Hinterrad, Rollenkette 12,7 x 5,21 x 8,5 mm.

Getriebe: Viergang-Wechselgetriebe mit linksseitigem Fußschalthebel.

Übersetzungen: Motor – Getriebe 76:25, i = 3,04; 1. Gang 48:13, i = 3,69; 2. Gang 41:21, i = 1,95; 3. Gang 35:27, i = 1,3; 4. Gang 31:31, i = 1; Getriebe – Hinterrad 40:12, i = 3,33.

Fahrgestell: Aus Stahlblech gepresster Schalenrahmen mit allseits geschlossenem Profil.

Federung: vorne Teleskopgabel, hinten Langarmschwinge mit hydraulisch gedämpften Teleskopfederbeinen.

Federwege: vorne 85 mm, hinten 105 mm.

Räder: Vorderrad mit Vollnaben-Innenbackenbremse 105 mm ø, 25 mm breit, Betätigung der Vorderradbremse durch rechtsseitigen Handhebel mit Seilzug. Hinterrad mit Vollnaben-Innenbackenbremse 105 mm ø, 25 mm breit. Betätigung der Hinterradbremse durch rechtsliegenden Fußbremshebel.

Bereifung: Vorne und hinten 21 x 2,75 Super (Spezial).

Kraftstoffbehälter: 10,5 l Inhalt, ausgestattet mit Reservehahn.

Elektrische Anlage: Schwunglichtmagnetzünder Bosch, Typ RC 1, 6 V, 27/5 W, Zündkerze Bosch 225 T 1. Elektrisches Wechselstromhorn.

Beleuchtungseinrichtungen: Scheinwerfer mit Glühlampe 6 V, 25/25 W, Schlusslichtkombination mit Glühlampe 6 V/2 W.

Ausrüstung: Sitzbank für zwei Personen, Tachometer, Lenkerschloss, Rückblickspiegel, geschlossener Kettenkasten, Mittelständer, Werkzeug und Luftpumpe.

Anlassart: Kickstarter.

Abmessungen: Radstand 1200 mm, Gesamtlänge 1830 mm, Lenkerbreite 640 mm, Gesamthöhe 1050 mm.

Gewichte: Leergewicht 81 kg, zulässiges Gesamtgewicht 240 kg, zulässige Vorderachslast 70 kg, zulässige Hinterachslast 170 kg.

Höchstgeschwindigkeit: über 80 km/h.

Steigfähigkeit: mit zwei Personen 24%.

VZ 50 V – Klasse V

Technische Daten wie Typ VZ 50 M, außer:

Motor: Bohrung 38 mm, Hub 43 mm, Hubraum 48,8 cm³, Verdichtung 1:11,5, Leistung 2,6 PS, Schmierung: Gemischschmierung 1:25. Bing-Vergaser 1/14 mit Starthilfe, Nassluftfilter und Ansauggeräuschdämpfer.

Übersetzungen: Motor – Getriebe 72:18, i =4.
1. Gang 40:11, i = 3,64; 2. Gang 34:17, i = 2; 3. Gang 29:21, i = 1,38; 4. Gang 22:22, i = 1; Getriebe – Hinterrad 40:10, i = 4.

Bereifung: vorne und hinten 21 x 2,75.

Elektrische Anlage: Schwunglichtmagnetzünder Bosch, Typ RB 1, 6 V/17 W.

Beleuchtungseinrichtungen: Scheinwerfer bestückt mit Glühlampe 6 V/15 W, Schlusslichtkombination mit Glühlampe 6 V/2 W.

Warnvorrichtung: Fahrradklingel (gesetzlich vorgeschrieben).

Abmessungen: Radstand 1180 mm, Gesamtlänge 1830 mm, Lenkerbreite 640 mm, Gesamthöhe 970 mm.

Gewichte: Leergewicht 75 kg.

Höchstgeschwindigkeit: 40 km/h.

VZ 50 M, VZ 50 MN, Exportmodelle

VZ 50 M

Fahrwerk mit hydraulisch gedämpfter Teleskopgabel vorne, Langarmschwinge mit hydraulisch gedämpften Federbeinen hinten. Zweisitzig, Höchstgeschwindigkeit 75 km/h, maximale Steigfähigkeit 35%, Benzinverbrauch 2,0–2,2 l/100 km.

VZ 50 MN

Motor 50 cm^3, 4,8 PS, 4-Gang-Getriebe, Bing-Vergaser, Bosch, Räder: 21 x 2,75, Verbrauch: 2,5 l / 100 km (disbimoto. Sociedade distribuidora de bicicletas e motociclos, Águeda).

VZ 50 N

Ausstattung wie VZ 50. Lackierung: rot oder racinggreen.

VZ 50 D

VZ 50 D

Motor: 1,7 PS bei 4700 U/min, Verdichtung 8,5, Bohrung 38 mm, Hub 43 mm, Hubvolumen 48,8 cm³, Radialgebläse, Magnetzündung, Gemischschmierung. Vergaser: Bing 1/12. Antrieb: primär i = 4,0; 1. Gang i = 3,63; 2. Gang i = 2,0; 3. Gang i = 1,263; Kette 12,7 x 5,21 x 8,5 mm. Schaltung: Fußschaltung. Federung: Telegabel vorne, Telefederbeine hinten. Reifen: vorne und hinten 21–2,75. Tankinhalt: 10,5 l, Verbrauch: 1,6 l/100 km. Lackierung: schwarz/silber.

VZ 50 N/67

VZ 50 N/67

Durch die Teleskopgabel mit Gummischutzhüllen, Federbeine mit freiliegenden Federn, neue, formschöne Rückleuchte mit Bremslicht, den neuen Lenker, den gut zugänglichen, offenen Kettenschutzkasten und die Zweifarben-Lackierung in Schwarz-Silber tritt die sportliche Note dieses Typs besonders in Erscheinung. Höhe 930 mm, Eigengewicht (betriebsfertig): 73 kg, zulässiges Gesamtgewicht: 240 kg. Ausstattung sonst wie VZ 50.

VZ 50, VZ 50 V, M 50 — 1968

Gemeinsame Daten:

Motor: Einzylinder-Einkolben-Zweitaktmotor mit Umkehrspülung.
Höchstgeschwindigkeit lt. Gesetz 40 km/h.
Bohrung 38 mm, Hub 43 mm, Hubraum 48,8 cm^3.
Schmierung: Gemischschmierung 1:25.

Elektrische Anlage: 6V, Warnvorrichtung: elektrisches Wechselstromhorn.

Fahrwerk: Federung vorne/hinten: Telegabel mit hydraulischer Stoßdämpfung / Schwinggabel mit hydraulisch gedämpften Federbeinen. Bereifung vorne/hinten: 21 x 2,75.

Anwerfart: Kickstarter.

Zahl der Sitzplätze: 2.

Unterschiedliche Daten:

	VZ 50	VZ 50 V	M 50
Größte Nutzleistung (DIN)	1,8 PS bei 4600 U/min	1,8 PS bei 4600 U/min	2,6 PS bei 5000 U/min
Max. Drehmoment	0,29 mkp bei 3750 U/min	0,29 mkp bei 3750 U/min	0,4 mkp bei 3500 U/min
Verdichtung	8,5	8,5	11,5
Vergaser	Bing (1/12 Kolbenschieber-vergaser)	Bing (1/12 Kolbenschieber-vergaser)	Bing (1/14 Kolbenschieber-vergaser)
Durchlass	12 mm ø	12 mm ø	14 mm ø
Rahmen	Schalenrahmen	Schalenrahmen	Rohrrahmen
Bremsen	Innenbackenbremsen	Innenbackenbremsen	Innenbackenbremsen
Bremstrommel ø	105 mm	105 mm	130 mm
Belagbreite	25 mm	25 mm	30 mm
Getriebe	3-Gang-Getriebe	4-Gang-Getriebe	4-Gang-Getriebe
Schaltungsart	Fußschaltung	Fußschaltung	Fußschaltung
Übersetzungen			
Primär	72:18, i = 4,00	72:18, i = 4,00	69:19, i = 3,63
1. Gang	40:11, i = 3,64	40:11, i = 3,64	40:11, i = 3,64
2. Gang	34:17, i = 2,00	34:17, i = 2,00	34:17, i = 2,00
3. Gang	24:19, i = 1,26	29:21, i = 1,38	29:21, i = 1,38
4. Gang	–	22:22, i = 1,00	22:22, i = 1,00
Sekundär	35:12, i = 2,92	40:11, i = 3,64	44:11, i = 4,00

Für sportlich flottes Fahren schuf Puch die heißen Modelle VZ 50 (V) und M 50 Sprinter. Nachdem die unsportlichen Tretkurbeln gefallen sind, steht dem reinrassigen Motorrad, auf Moped-Basis, wie es insbesondere das neue Sprinter darstellt, nichts mehr im Wege.

Schon auf den ersten Blick erkennt man die wesentlichen Unterschiede beider Maschinen: Modell VZ 50 besitzt den millionenfach bewährten Zentralrahmen in solide verschweißter Schalenform, wie er auch bei anderen Puch-Modellen dieser Klasse zu finden ist, während Modell Sprinter ganz wie die großen Motorräder einen Doppelschleifen-Rohrrahmen erhielt.

Aber auch technisch gibt es zwischen beiden Modellen einige Unterschiede. Modell VZ 50 ist mit 1,8 PS Leistung nicht so stark wie das Sprinter-Modell, das so wie der Moped-Roller R 50 über die hohe Leistung von 2,6 PS verfügt. Auch kann der Fahrer zwischen Dreigang- und Viergang-Getriebe wählen, jeweils sind jedoch Fußschaltung und Kickstarter vorhanden. Gemeinsam ist beiden Modellen die durch großen Tank und lange Sitzbank ermöglichte sportliche Sitzhaltung, die das echte Fahrgefühl eines Motorrades vermittelt.

VZ 50 V

Als sportliches Top-Modell präsentiert sich unser Sprinter, das mit 2,6-PS-Motor und Vierganggetriebe besonders am Berg schöne Fahrleistungen hervorzaubert. Als sportlichstes Modell des ganzen Bauprogramms besitzt es auch die größten Vollnabenbremsen, die Puch in der 50 cm^3-Klasse zu bieten hat. Mit ihnen lassen sich auch längste Talstrecken mit höchstem Tempo und voller Besetzung ausbremsen. Und volle Besatzung heißt bei beiden Modellen zwei Personen.

VZ 50 V, M 50, VZ 50 D/V 1968

Ein Moped wie wenig andere – es kann alles, was ein Moped können muß und noch mehr. Ein durch und durch sportliches Fahrzeug, geschaffen für flottes Fahren auf allen Straßen. Natürlich auch zu zweit. Eine Doppelsitzbank, auf der man nach hinten rutschen kann, wenn es wichtig erscheint. Voller Knieschluß am Tank – das ergibt den richtigen Fahrstil in jeder Kurve. Körpergerechte Fußrasten ebenso wie Brems- und Schalthebel individuell anpaßbar. Dazu der bewährte Puch-Motor, nun mit 2,6 PS. Und ein fußgeschaltetes Viergang-Getriebe. Das garantiert spurtschnelle Beschleunigung, volle Spitzengeschwindigkeit. Das Fahrwerk entspricht der Motorleistung: langhubige Telegabel vorne, Schwinge mit Federbeinen hinten, beide hervorragend stoßgedämpft. Dazu Bremsen, wie sie sonst nur ein schnelles Motorrad wirklich braucht. Schnittig die Linie des Fahrzeuges, und doch solid und robust auch härtesten Beanspruchungen gewachsen. Ein echtes Puch-Moped für hohe Ansprüche.

VZ 50 V

Gebläsekühlung, 2,6 DIN PS bei 5000 U/min, max. Drehmoment 0,385 mkp bei 3500 U/min, Verdichtung 11,5, Bing 1/14 Kolbenschiebervergaser, 4-Gang-Getriebe, Gesamtübersetzungen 51,68/28,24/20,09/14,56, Fußschaltung, Kickstarter, elektrisches Horn. Pressstahlrahmen, Tankinhalt 10,5 l, Bereifung 21 x 2,75, zweisitzig (Sitzbank), Vollnabenbremsen, Trommeldurchmesser 105 mm, Belagbreite 25 mm.

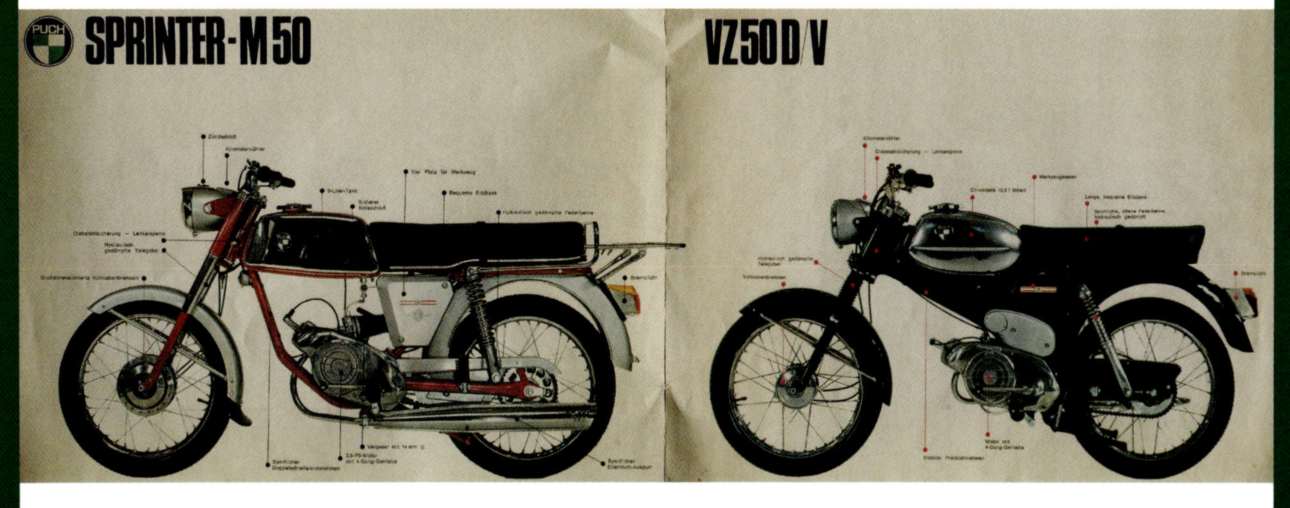

VZ 50 Mokick (Deutsche Steyr-Daimler-Puch GmbH, Freilassing) 1968

Ein Moped, wie's die Jugend will! Dieses Moped kann alles, was ein modernes Moped kennen muss – und es kann noch mehr! Puch-Mokick: Ein Hochleistungsmoped, wie's nur wenige gibt – perfekt die Straßenlage, hoch der Fahrkomfort und unvergleichlich das Fahrvergnügen!
Puch-Mokick – so heißt das Moped mit der großen Leistung! Puch-Mokick – im Alltag und im Sport zuhause!

Technische Daten:

Motor: Puch-Zweitakt-Einkolbenmotor mit Umkehrspülung und Gebläsekühlung. Bohrung: 38 mm, Hub: 43 mm, Hubraum: 48,8 cm^3, Verdichtung: 1:11,5, Leistung: 2,6 PS (DIN). Gemischschmierung: 1:25. Zündkerze: Bosch W 225 T 1. Bing-Vergaser mit Starthilfe, Nassluftfilter und Ansauggeräuschdämpfer, Viergang-Getriebe mit linksseitigem Fußschalthebel. Übersetzungen: Primär 4,00, Gänge 3,64/2,00/1,38/1,00. Sekundär 4,00.

Elektrische Anlage: Kickstarter. Bosch-Schwunglicht-Magnetzünder. Scheinwerfer mit 15 W. Hecklichtkombination.

Rahmen, Reifen: Aus Stahlblech gepresster Schalenrahmen mit allseits geschlossenem Profil. Vorne Teleskopgabel mit hydraulischer Dämpfung; hinten Langarmschwinge mit Teleskopfederbeinen. Federwege: vorne 85 mm, hinten 105 mm. Vollnaben-Innenbackenbremsen, 105 mm ø, 25 mm breit. Bereifung: 21 x 2,75.

Kraftstoffbehälter: 10,5 l Inhalt, Reservehahn.

Ausrüstung: Tachometer, Lenkungsschloss, Werkzeugsatz, Luftpumpe.

Abmessungen und Gewichte: Radstand 1180 mm, Gesamtlänge 1830 mm, Gesamtbreite 640 mm, Gesamthöhe 970 mm, Leergewicht 75 kg, zulässiges Gesamtgewicht 240 kg.

Höchstgeschwindigkeit: 40 km/h.

Moped DS 50

Motor: Puch-Zweitakt-Einkolbenmotor mit Umkehrspülung vom Typ V 50 E/D. Der Motor wird durch ein Radialgebläse gekühlt. Dekompressor entfällt. Das Abstellen des Motor erfolgt mittels Kurzschlussknopf. Bohrung: 38 mm, Hub: 43 mm, Hubvolumen: 48 cm³, Leistung: 1,14 PS bei 4800 U/min (gedrosselt), Kraftstoff: Benzin-Ölgemisch im Mischungsverhältnis 1:25.

Vergaser: Bing-Vergaser 12 mm ø mit Nadeldüse, Betätigung durch Drehgriff rechtsseitig am Lenker, Starthilfe, Nassluftfilter, Ansauggeräuschdämpfer.

Kraftübertragung: Vom Motor über Mehrscheibenkupplung durch Zahnradvorgelege zum Getriebe. Dreigang-Wechselgetriebe. Vom Getriebe zum Hinterrad: Rollenkette 1/2 x 3/16˝.

Getriebe: Dreigang-Wechselgetriebe mit linksseitiger Drehgriff-Lenkerschaltung. Getriebeschmierung: durch Ölfüllung im Getriebegehäuse.

Übersetzungen: Motor-Getriebe: 72:18, i = 4; 1. Gang: 39:12, i = 3,25; 2. Gang: 34:17, i = 2; 3. Gang: 24:19, i = 1,26; Getriebe-Hinterradübersetzung: 31:12, i = 2,58.

Fahrgestell: Aus Stahlblech gepresster Schalenrahmen mit geschlossenem Profil und über dem Hinterrad eingebautem, versperrbarem Gepäcksraum. Federung: vorne und hinten: Schwinggabel mit wartungsfreier Lagerung und Teleskop-Federbeinen. Federwege: vorne: 80 mm, hinten: 85 mm.

Räder: Vorder- und Hinterrad: Außendurchmesser 470 mm mit Steckachsen. Vorder- und Hinterrad-Vollnabenbremsen mit 105 mm ø und 25 mm Belagbreite. Nabenkörper aus Silumin gegossen.
Vorderradbremsbetätigung mittels Handhebel rechts am Lenker, Hinterradbremsbetätigung mittels Fußbremshebel rechts.

Bereifung: 3,00–12 (Moped). Felgengröße: 2,15 x 12. Tragfähigkeit des Reifens: 160 kg, 40 km/h.

Kraftstoffbehälter: 5,5 l Inhalt, ausgestattet mit Reservehahn und Werkzeugraum (im Kraftstoffbehälter).

Elektrische Anlage: Wechselstrom-Schwunglichtmagnetzünder 6 V/17 W der Firma Bosch, Typbezeichnung LM/UR 1/115/17 L 17. Warnvorrichtung: Fahrradklingel.

Sattel: Sitzbank für 2 Personen.

Ausrüstung: Geschlossener Kettenkasten, Tachometer, Lenkungsschloss, Mittelständer, Werkzeugsatz, Luftpumpe.

Startmöglichkeit:
1. Anwerfen durch Anfahren mittels Pedalbetätigung wie beim Fahrrad.
2. Anwerfen bei am Ständer aufgebockter Maschine. Die beiden Kurbelsysteme sind durch Kette gekuppelt.

Höchstgeschwindigkeit: 40 km/h.

Abmessungen:

Gesamtlänge: 1680 mm, Radstand: 1150 mm, Gesamthöhe: 940 mm, größte Lenkerbreite: 600 mm, Scheinwerferhöhe: 740 mm, Höhe des Rückstrahlers: 530 mm, Höhe der Schlussleuchte: 530 mm.

Gewichte: Leergewicht: 63 kg.

Bemerkung: Das Fahrzeug besitzt ein Schutzschild und Trittbretter, welche ausreichend Platz zum Abstützen des Fahrers und Beifahrers bieten.

IN... 1960 IETS NIEUW BIJ PUCH
PUCH
MOTOS
SCOOTERS
PUCH
MOPEDS
ROLLER-MOPEDS

Moped DS 50, DS 50/4M, DS 50 L

Zu beziehen durch:

MAKE-UP FÜR IHR FOR YOUR MOPED

FABRIK-MARKE KROMAG

PUCH

nichtkartell.Preis

Nr.6908/DSK Sturzbogen S 161.-- per Garn.
Nr. 6913/DSK Stoßstange S 37.70 per Stück

25 % Händlerabatt

DS 50

„Das Puch-Moped DS 50 ist eines der liebenswürdigsten Fahrzeuge, die auf den Straßen der Welt zu Hause sind. Für dieses Fahrzeug hat nun die Kromag AG, ein Schwesternwerk der Puch-Werke Graz, zwei reizvolle Accessoires entwickelt, die die Maschine einerseits schützen und anderseits noch schicker machen:
Verchromter Sturzbogen mit Trittbrettverlängerung, verchromter Schutzbügel für vorderes Kotblech. Beide Zusatzausstattungen sind einfach zu befestigen. Nur 12 Schrauben, die mitgeliefert werden, werden in vorhandene Löcher geschraubt. Durch diese beiden Gegenstände wird das Vorderrad-Kotblech und das Schutzschild mit dem Trittbrett wirkungsvoll geschützt. Darüber hinaus verleihen sie dem Moped ein rassiges Aussehen."

DS 50 L

Einzylinder-Zweitaktmotor, Gebläse gekühlt, maximale Leistung 1,91 kW (2,6 PS), Hubraum 48,8 cm^3, Pressstahlrahmen mit Gepäcksraum, Schwinge mit Federbeinen vorne und hinten, Trittbrett und Knieschutz.

DS 50/4M

DS 50 L

Moped DS 50, DS 50 V

DS 50

Gebläsekühlung, 1,8 DIN PS bei 4600 U/min, max. Drehmoment 0,29 mkp bei 3750 U/min, Bing 1/12 Kolbenschiebervergaser, 3-Gang-Getriebe, Gesamtübersetzungen 34,07/18,72/11,79, wahlweise mit 3-Gang-Hand- oder 4-Gang-Fußschaltung, Kickstarter, elektrisches Horn. Pressstahlrahmen, Tankinhalt 5,5 l, Bereifung 3,00–12, zweisitzig (Sitzbank), Vollnabenbremsen, Trommeldurchmesser 105 mm, Belagbreite 25 mm, Schutzschild.

DS 50 V

Gebläsekühlung, 2,6 DIN PS bei 5000 U/min, max. Drehmoment 0,385 mkp bei 3500 U/min, Verdichtung 11,5, Bing 1/14 Kolbenschiebervergaser, 4-Gang-Getriebe, Gesamtübersetzungen 41,46/22,65/16,11/11,68, Fußschaltung, Kickstarter, elektrisches Horn. Pressstahlrahmen, Tankinhalt 10,5 l, Bereifung 3,00–12, zweisitzig (Sitzbank), Vollnabenbremse, Trommeldurchmesser 105 mm, Belagbreite 25 mm.

DS50V

PUCH

Attraktives Fahrzeug für alle jene, die sich den Fahrtwind gerne um Nase, Ohren und Knie wehen lassen. Allein oder zu zweit. Für Freizeit und Vergnügen – aber auch für den täglichen Arbeitsweg. Der Eleganz der Linie zuliebe wurden Schutzschild und Trittbrett weggelassen, ein weit ausladender, verchromter Rohrbügel trägt ebenso zum sportlichen Look bei, wie der hochgezogene Lenker. Der waagrecht angeordnete Tank, an den die Sitzbank direkt anschließt, gibt guten Knieschluß – und damit hervorragenden Kontakt zum Fahrzeug auch in schwierigen Fahrsituationen. Und fröhlich jung wie das ganze Fahrzeug ist auch die Farbgebung. Schlüssel für beschwingtes Fahren ist der Motor mit 2,6 PS – der bewährte und langlebige Puch-Motor. Viergang-Getriebe ist selbstverständlich, ebenso Fußschaltung. Damit spurtet man von der Kreuzung weg, damit stürmt man auch zu zweit alle Straßensteigungen hinauf. Das hervorragende Fahrwerk mit Schwingen und langhubiger Federung vorne wie hinten und die überdimensionierten Bremsen geben dazu die notwendige Sicherheit. Und überdies den so wichtigen Fahrkomfort, der bei aller Eleganz der Linie an erster Stelle stehen muß. Ein Fahrzeug für sportliche junge Menschen, die stolz auf ihr Moped sein wollen!

MS 50 V, VS 50 D, DS 50, R 50, VZ 50 N, VZ 50 D.

DS 50 V, DS 50, MS 50, R 50 V, Maxi, 1971.

Alabama (DS 50 K), Moto-cross, Dixie (VZ 50), Florida svart (MV 50 KF), Florida vit (MV 50 KF), Florida röd (MV 50 KF), Kansas (MS 50 V), 1964.

Moped-Roller DS 50 1965/1966

Motor: Puch-Zweitakt-Einkolbenmotor mit Umkehrspülung, 50 cm^3 Hubraum und einer Leistung von 2,3 PS, gedrosselt 1,6 PS. Kühlung durch Radialgebläse. Ausgestattet mit Nassluftfilter und Ansauggeräuschdämpfer.

Getriebe: Klauengeschaltetes 3-Gang-Getriebe. Handschaltung oder wahlweise Fußschaltung. Der Antrieb des Getriebes erfolgt über eine Mehrscheibenkupplung und schrägverzahnte Stirnräder. Primärantrieb, Kupplung und Getrieberäder laufen im gemeinsamen Ölbad. Motor und Getriebe sind in einem Block vereinigt.

Fahrgestell: Der Rahmen ist ein aus Stahlblech gepresster, verschweißter Schalenrahmen mit geschlossenem Profil und über dem Hinterrad eingebautem, versperrbarem Gepäcksraum. Vorder- und Hinterradnabe sind mit Innenbackenbremsen und Steckachsen ausgestattet, die Naben als gegossene Leichtmetall-Vollnaben ausgeführt. Die Hinterradbremse wird durch einen rechts liegenden Fußbremshebel, die Vorderradbremse durch einen Handhebel am Lenker betätigt. Vorder- und Hinterradfederung sind als Langarmschwingen mit Teleskop-Federbeinen und wartungsfreier Lagerung ausgebildet und geben mit ihren großen Federwegen von 80 bzw. 85 mm dem Fahrzeug hervorragende Fahreigenschaften. Reifengröße 3,00–12.

Ausstattung: Kraftstoffbehälter mit 5,5 l Inhalt. Werkzeugaufnahme im Behälter eingebaut. Geschlossener Kettenkasten, Tachometer, Lenkungsschloss, Klingel, Werkzeugsatz, Luftpumpe. Scheinwerfer mit einer Lichtaustrittsöffnung von 85 mm. Sitzbank für zwei Personen, Fuß-Schutzschild und Trittbretter.

Leistung und Verbrauch: Das DS 50 entwickelt eine Maximalleistung von 2,3 PS, gedrosselt 1,6 PS, entsprechend 5850 U/min, erreicht eine Höchstgeschwindigkeit von 50 km/h, gedrosselt 40 km/h, und besitzt eine Steigfähigkeit von 24%. Der Verbrauch beträgt 1,6 l/100 km bei gedrosselter Maschine.

Leichtroller DS 60 R 1965

Mit dem DS 60 R stellen die Werke Graz der Steyr-Daimler-Puch AG einen neuen Zweirad-Typ vor. Das DS 60 R ist kein Moped; es besitzt einen Kickstarter und einen ungedrosselten Motor, welcher bei einer Maximalleistung von 4 PS eine Höchstgeschwindigkeit von ca. 70 km/h entwickelt; es ist daher führerscheinpflichtig. Der Puch-Leichtroller DS 60 R besitzt einen Stahlblech-Schalenrahmen mit versperrbarem Gepäcksraum, Schutzschild und Trittbrettern. Die Vorderradgabel ist als Langarmschwinge ausgebildet.

Motor: Puch-Zweitakt-Einkolbenmotor mit Umkehrspülung, Gebläsekühlung und Kickstarter. Bohrung 42 mm, Hub 43 mm, Hubvolumen 59,6 cm^3, Verdichtung 1:8, Vorzündung 1,8 mm, Höchstleistung 4 PS, Gemisch-Schmierung im Mischungsverhältnis 1:25 (4%), Graugusszylinder, Leichtmetallzylinderdeckel, Leichtmetallkolben, Pleuelstange gehärtet und in Rollen auf dem Kurbelzapfen gelagert, Kühlung durch Radialgebläse.

Vergaser: Bing-Vergaser, 170 ø, Startautomatik, Luftfilter und Ansauggeräuschdämpfer.

Elektrische Anlage: Schwunglichtmagnetzünder mit 6 V/28 W Lichtleistung, 18 W Bremslichtleistung und Primärzündspule.

Kupplung: Mehrscheibenkupplung auf der Kurbelwelle angeordnet, im Ölbad laufend.

Kraftübertragung: Von der Kurbelwelle zum Getriebe durch schrägverzahnte Zahnräder, vom Getriebe zum Hinterrad durch Kette. Das Getriebe ist ein klauengeschaltetes Dreiganggetriebe. Schaltung der Gänge vom Lenker durch Schaltdrehgriff. Das gesamte Getriebe ist kugel- bzw. rollengelagert.

Übersetzungen: 1. Gang iges. = 22,5; 2. Gang iges. = 13,85; 3. Gang iges. = 8,72.

Fahrgestell: a) Rahmen: Aus Stahlblech gepresster Schalenrahmen mit versperrbarem Gepäcksraum mit Doppelsitzbank.
b) Federung: Vorne: Langarmschwinge mit Teleskopfederbeinen, 80 mm Federweg mit wartungsfreier Lagerung; hinten: Langarmschwinge mit Teleskopfederbeinen, 85 mm Federweg mit wartungsfreier Lagerung.
c) Räder: Gegossene Vollnaben-Innenbackenbremsen, 105 mm ø, 25 mm breit, die Vorderradnabe besitzt eingebauten Tachoantrieb, Betätigung der Vorderradbremse durch Handhebel rechts am Lenker, Betätigung der Hinterradbremse durch Fußbremspedal rechts, Steckachse vorne und hinten, Bereifung: 3,00–12, Felgengröße: 2,15 x 12.
d) Kraftstoffbehälter: 5,5 l Inhalt mit Reservehahn.

Warnvorrichtung: elektrische Schnarre. Ausrüstung: Werkzeugsatz, Luftpumpe; lieferbar: Träger für Windschilder.

Abmessungen: Radstand 1150 mm, größte Länge 1680 mm, Lenkerhöhe 930 mm, Lenkerbreite 580 mm, Sattelhöhe 780 mm, Gewicht in betriebsfertigem Zustand: 68 kg.

Fahrleistungen: Höchstgeschwindigkeit: ca. 70 km/h, Steigfähigkeit im 1. Gang mit 1 Person 25%, mit 2 Personen 17%.

STEYR-DAIMLER-PUCH AKTIENGESELLSCHAFT · WERKE GRAZ
1965/2
Vergnügt auf schnellen Rädern
PUCH
MOPEDS
PUCH
M O P E D S
18. Jan. 1967
Vergnügt auf schnellen Rädern
STEYR-DAIMLER-PUCH AKTIENGESELLSCHAFT
1965

1967

Motor: Puch-Zweitakt-Einkolbenmotor mit Umkehrspülung, 60 cm^3 Hubraum und einer Leistung von 4 PS. Kühlung durch Radialgebläse. Ausgestattet mit Nassluftfilter, Ansauggeräuschdämpfer, Vergaser und Startautomatik, Kickstarter.

Getriebe: Klauengeschaltetes 3-Gang-Getriebe. Fußschaltung mit Schaltautomat. Die Kraftübertragung erfolgt vom Motor über eine Mehrscheibenkupplung und schrägverzahnte Stirnräder zum Getriebe und über eine Kette zum Hinterrad. Motor und Getriebe sind in einem Block vereinigt.

Fahrgestell: Der Rahmen ist ein aus Stahlblech gepresster, verschweißter Schalenrahmen mit geschlossenem Profil und über dem Hinterrad eingebautem, versperrbarem Gepäcksraum. Vorder- und Hinterradnabe sind mit reichlich dimensionierten Innenbackenbremsen und mit Steckachsen ausgestattet, die Naben als gegossene Leichtmetall-Vollnaben ausgeführt. Die Hinterradbremse wird durch einen rechts liegenden Fußbremshebel, die Vorderradbremse durch einen Handhebel am Lenker betätigt. Vorder- und Hinterradfederung sind als Langarmschwinge mit Teleskop-Federbeinen und wartungsfreier Lagerung ausgebildet und geben mit ihren großen Federwegen von 80 bzw. 85 mm dem Fahrzeug hervorragende Fahreigenschaften. Felgengröße 3,00–12.

Ausstattung: Kraftstoffbehälter mit 5,5 l Inhalt; Werkzeugaufnahme im Behälter eingebaut. Geschlossener Kettenkasten, Tachometer, Lenkungsschloss, elektrische Schnarre, Werkzeugsatz, Luftpumpe, Scheinwerfer mit einer Lichtaustrittsöffnung von 85 mm, Sitzbank für zwei Personen, Fuß-Schutzschild und Trittbretter.

Leistung und Verbrauch: Das DS 60 RX entwickelt eine Maximalleistung von 4 PS, entsprechend 7500 U/min, erreicht eine Höchstgeschwindigkeit von 70 km/h und besitzt eine Steigfähigkeit von 24% mit einer Person und von 17% mit zwei Personen. Der Verbrauch beträgt 2,4 l/100 km.

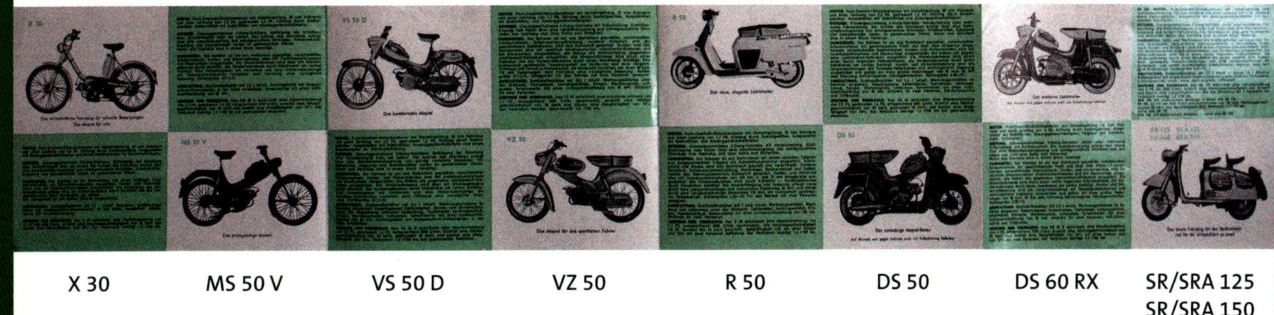

X 30 | MS 50 V | VS 50 D | VZ 50 | R 50 | DS 50 | DS 60 RX | SR/SRA 125 SR/SRA 150

1,000.000
Puch
Mopeds
auf
allen
Strassen
der
Welt
PUCH
ÖSTERREICHISCHE
WERTARBEIT

VS 50 DKX, DS 50 KX, DS 60 RX (Maskinhuset A/S, Stavanger), Norwegen

R 50 Leichtroller 1965

Motor: Puch-Zweitakt-Einkolbenmotor mit Umkehrspülung und Radialgebläsekühlung, Bohrung 38 mm, Hub 43 mm, Hubvolumen 48,8 cm^3, Verdichtung 8,5 mm, größte Nutzleistung 1,7 PS bei 5000 U/min, höchstes Drehmoment 0,27 mkp bei 4000 U/min.

Getriebe: Dreiganggetriebe, Mehrscheibenkupplung im Ölbad laufend. Übersetzungen: i = 3,76; 2,00; 1,76. Gesamtübersetzung im 1. Gang i = 34,51; im 2. Gang i = 18,76; im 3. Gang i = 11,85. Anwerfübersetzung i = 12,64.

Elektrische Anlage: Wechselstrom-Schwunglichtmagnetzündung 6 V / 17 W. Scheinwerfer: Lichtaustritt 120 mm.

Fahrgestell: Rahmenausführung im Rohrrahmen, Schutzschild und Haube aus verschweißten Blechpressteilen, vorderer Kotflügel, Hornträger, obere Lenkerverkleidung, seitl. Haubendeckel und der zweiteilige Kettenkasten aus thermoplastischem Kunststoff.

Leistung und Verbrauch: Geschwindigkeit in Österreich lt. gesetzlicher Vorschrift mit gedrosselter Leistung 40 km/h. Steigfähigkeit 25% bei einer Person, 16% bei zwei Personen. Verbrauch (DIN) 1,6 l/100 km.

Bremsanlage: Innenbackenbremsen 105 mm ø, 25 mm breit, Fußbremse mechanisch wirkend auf Hinterrad, Handbremse mechanisch wirkend auf Vorderrad. Bremskraftübertragung mittels Bowdenzüge. Reifengröße 3,00/12, Radaufhängung vorne und hinten mittels Langarmschwingen, Federweg vorne 80 mm, Federweg hinten (hydraulisch gedämpft) 110 mm.

Maße: Länge über alles 1800 mm, Breite über alles 630 mm, Höhe über alles 980 mm, Sitzhöhe 800 mm.

Ausstattung und Zubehör: Scheinwerfer 105 mm ø, Tachometer im Scheinwerfergehäuse, Warnvorrichtung: Glocke (mit Seilzug), Anzahl der Sitze: 2, Sitzbank.

Sonstiges: Werkzeug und Luftpumpe im Behälter unter der Sitzbank, Gepäckträger, Haltebügel für Taschen etc. an der Innenseite des Schutzschildes. Tachometer serienmäßig im Scheinwerfergehäuse, Glocke mit Seilzug, zweisitzige Sitzbank, die aufgeklappt den Zugang zum Kraftstoffbehälter (7 l), Werkzeug und Luftpumpe freigibt.

R 50 1967

Motor: Puch-Zweitakt-Einkolbenmotor mit Umkehrspülung, durch Radialgebläse gekühlt. Bohrung 38 mm, Hub 43 mm, Hubraum 48,8 cm³, Verdichtung 1:8,5. Motorschmierung durch Beimischen des Öles zum Kraftstoff. Mischungsverhältnis 1:25, das ist 4%. Getriebeschmierung durch Ölfüllung im Getriebegehäuse. Zündkerze Bosch W 225 T 1.
Vergaser: Bing-Vergaser 1/17 mit Starthilfe, Nassluftfilter und Ansauggeräuschdämpfer.
Getriebe: Dreigang-Wechselgetriebe mit linksseitiger Drehgriff-Lenkerschaltung.
Mehrscheibenkupplung im Ölbad laufend. Übersetzungen: Motor – Getriebe 66:22, i=3,00; 1. Gang 40:11, i=3,64; 2. Gang 34:17, i=2,00; 3. Gang 24:19, i=1,26; Getriebe – Hinterrad 31:12, i=2,58.
Startvorrichtung: Anwerfen des Motors durch Pedale.
Kraftübertragung: Vom Motor über Mehrscheibenkupplung durch Zahnradvorgelege zum Getriebe. Dreigang-Wechselgetriebe, Kette Hinterrad; vom Getriebe zum Hinterrad: Rollenkette 12,7 x 5,21 x 8,5 mm.
Elektrische Anlage: Schwunglichtmagnetzünder der Firma Bosch 6 V/17 W. Leistungen: für Scheinwerfer und Schlusslicht 29 W, für Bremslicht 18 W, für Zündung ca. 10 W. Zündkerze Bosch W 225 T 1. Scheinwerfer bestückt mit Glühlampe 6 V 15/15 W, Schluss- und Rückstrahlerleuchte bestückt mit Glühlampe 6 V 3/18 W. Warnvorrichtung: Seilzugbetätigte Fahrradklingel.
Fahrgestell: aus Stahlblech gepresster Schalenrahmen mit allseits geschlossenem Profil.
Federung: vorne Schwinggabel mit Federbeinen, hinten Langarmschwingen mit hydraulischen Federbeinen. Federwege: vorne 80 mm, hinten 110 mm.
Räder: Vorderrad mit Vollnaben-Innenbackenbremsen 105 mm ø, 25 mm Belagbreite; Betätigung der Vorderradbremse durch rechtsseitigen Handhebel mit Seilzug. Hinterrad mit Vollnaben-Innenbackenbremse 105 mm ø, 25 mm breit. Betätigung der Hinterradbremse durch rechtsliegenden Fußhebel. Bereifung: vorne und hinten 3,00–12.
Kraftstoffbehälter: 6,5 l Inhalt.
Ausrüstung: Sitzbank für zwei Personen, geschlossener Kettenkasten, Tachometer, Lenkungsschloss, Mittelständer, Werkzeugsatz und Luftpumpe.
Leistung: Größte Nutzleistung des Motors 1,7 PS bei 4700 U/min, max. Drehmoment: 0,28 mkp bei 3400 U/min. Höchstgeschwindigkeit: 40 km/h. Steigfähigkeit: 15% – 2 Personen, 25% – 1 Person.
Abmessungen: Radstand 1280 mm, Gesamtlänge 1800 mm, Breite 630 mm, Gesamthöhe 980 mm, Sitzhöhe 780 mm.
Gewichte: Leergewicht (betriebsbereit) 80 kg, zulässiges Gesamtgewicht 240 kg.

R 50 M

Typ R 50 M – Klasse IV

Motor: Puch-Zweitakt-Einkolbenmotor mit Umkehrspülung, durch Radialgebläse gekühlt. Bohrung 38 mm, Hub 44 mm, Hubraum 49,9 cm³, Verdichtung 1:11, Schmierung durch Beimischen des Öles zum Kraftstoff. Mischungsverhältnis 1:25, das ist 4%. Zündkerze Bosch W 225 T 1.

Vergaser: Bing-Vergaser 1/17 mit Starthilfe, Luftfilter und Ansauggeräuschdämpfer.

Kraftübertragung: Vom Motor über Mehrscheibenkupplung durch Zahnradvorgelege zum Getriebe. Viergang-Wechselgetriebe; Kette; Hinterrad; vom Getriebe zum Hinterrad: Rollenkette 12,7 x 5,21 x 8,5 mm.

Getriebe: Viergang-Wechselgetriebe mit linksseitigem Fußschalthebel. Schmierung durch Ölfüllung im Getriebegehäuse.

Übersetzungen: Motor – Getriebe 76:25, i = 3,04; 1. Gang 48:13, i = 3,69; 2. Gang 41:21, i = 1,95; 3. Gang 35:27, i = 1,3; 4. Gang 31:31, i = 1,00; Getriebe – Hinterrad 35:13, i = 2,69.

Startvorrichtung: Anwerfen des Motors durch Kickstarter.

Elektrische Anlage: Schwunglicht-Magnetzünder, Fabrikat Bosch, Typ RCP 1 6 V 31 / 18 W. Scheinwerfer bestückt mit Glühlampe 6 V 25/25 W. Hecklichtkombination bestückt mit Glühlampe 6 V 5 W / 18 W. Elektrisches Wechselstromhorn.

Fahrgestell: Rohrrahmen.

Federung: vorne und hinten Langarmschwinge mit Teleskopfederbeinen. Federwege: vorne 80 mm, hinten 110 mm.

Räder: Vorderrad mit Vollnaben-Innenbackenbremse, 105 mm ⌀, 25 mm breit. Betätigung durch rechtsseitigen Handhebel mit Seilzug. Hinterrad mit Vollnaben-Innenbackenbremse 105 mm ⌀, 25 mm breit. Betätigung durch rechtsseitigen Fußbremshebel. Bereifung: vorne und hinten 3,00–12.

Kraftstoffbehälter: 6,5 l Inhalt; ausgestattet mit Reservehahn.

Ausrüstung: Sitzbank für zwei Personen, geschlossener Kettenkasten, Tachometer, Lenkungsschloss, Kofferträger, Mittelständer, Werkzeugsatz und Luftpumpe.

Leistung: Größte Leistung des Motors ca. 5 PS, Höchstgeschwindigkeit ca. 75 km/h, Steigfähigkeit: 2 Personen – 22%.

Abmessungen: Radstand 1280 mm, Gesamtlänge 1800 mm, Gesamtbreite 630 mm, Gesamthöhe 980 mm.

Gewichte: Leergewicht 85 kg, zulässiges Gesamtgewicht 240 kg.

Typ R 50 – Klasse V

Technische Daten wie Typ R 50 M, außer:

Motor: Bohrung 38 mm, Hub 43 mm, Hubraum 48,7 cm³, Verdichtung 1:11.

Getriebe: Dreigang-Wechselgetriebe mit linksseitiger Drehgriff-Lenkerschaltung.

Übersetzung: Motor – Getriebe 72:18, i = 4,00; 1. Gang 40:11, i = 3,64; 2. Gang 34:17, i = 2,00; 3. Gang 24:19, i = 1,26; Getriebe – Hinterrad 31:12, i = 2,58.

Elektrische Anlage: Schwunglicht-Magnetzünder, Fabrikat Bosch, Typ RB 1 6 V 17/5 W. Scheinwerfer bestückt mit Glühlampe 6 V/15 W. Hecklichtkombination mit 6 V/5 W.

Warnvorrichtung: Fahrradklingel (gesetzlich vorgeschrieben).

Leistung: Größte Leistung des Motors 2,6 PS. Höchstgeschwindigkeit 40 km/h. Steigfähigkeit: 2 Personen – 25%, 1 Person – 40%.

Gewichte: Leergewicht 80 kg.

R 50, R 50 A, R 50 V

Elegant den ganzen Tag – so fährt man mit dem Moped-Roller R 50 durch das Verkehrsgewühl. Ob die Straßen nun nass sind oder nicht, Schuhe und Hose sind weitgehend geschützt.

Die R-50-Baureihe zählt zu unseren robustesten Konstruktionen. Hier wurde vieles so kräftig dimensioniert, dass bei manchen Details die im Kraftfahrzeugbau unvermeidlichen Verschleißerscheinungen ausbleiben. Das verwindungssteife Fahrgestell bringt dabei den großen Vorteil, dass die erstklassige Straßenlage auch bei schwerster Zweimann-Besetzung erhalten bleibt. Auch der Fahrkomfort wird besonders groß geschrieben: der Moped-Roller verfügt über den größten Hinterrad-Federweg unseres gesamten Moped-Programms, und zwar sind es 110 mm.

R 50 V: Die Vollverkleidung garantiert Schutz vor Schmutzspritzern und nassen Straßen. Sitzbank für zwei Personen.

Um der robusten Konstruktion auch bei voller Besetzung genügend Temperament und Bergfreudigkeit zu geben, wurde die Motorleistung auf den Spitzenwert von 2,6 PS gebracht (Ausnahme R 50 Dreigang). Je nach Art der Verwendung kann der Moped-Roller in drei verschiedenen Getriebe-Varianten geliefert werden: als R 50 mit handgeschaltetem Dreiganggetriebe, als R 50 V mit dem neuen fußgeschalteten Vierganggetriebe und als R 50 A mit der erprobten und völlig bedienungsfreien Zweigang-Vollautomatik. In dieser letzten Ausführung ist der „Komfort auf zwei Rädern" perfekt und damit das ideale Stadt- und Damenfahrzeug gegeben. Die Viergang-Ausführung dagegen wird in bergigen Gebieten den größten Spass machen.

Ausführung und Ausstattung der R-50-Baureihe sind ganz auf Eleganz ausgelegt. Die formschöne, zweifarbige Karosserie bietet nicht nur zwei Personen hervorragend Platz, hinter der aufklappbaren Sitzbank befindet sich außerdem noch ein massiver Gepäckträger. Auch die Lenker-Scheinwerfergruppe fügt sich in die gefällige Linie dieses Fahrzeuges harmonisch ein.

Leichtroller LR 50

Motor: 50 cm^3, Leichtmetallzylinder, 4,7 PS. Viergang-Getriebe mit Fußschaltung. Modernes Fahrwerk mit Langarmschwingen vorne und hinten, beide mit hydraulisch gedämpften Federbeinen. Zweisitzig, Höchstgeschwindigkeit 75 km/h, maximale Steigfähigkeit 35%, Benzinverbrauch 2,0–2,2 l/100 km.

R 50, R 50 A, R 50 V 1968/1969

City-Automatic City 4-R 50 V.

R 50, R 50 A, R 50 V

Gemeinsame technische Daten:

Motor: Einzylinder-Einkolben-Zweitaktmotor mit Umkehrspülung, Bohrung 38 mm, Hub 43 mm, Hubraum 48,8 cm^3, Gemischschmierung 1:25, elektrische Anlage 6 V.

Fahrwerk: Federung: vorne/hinten Schwinggabel mit Federbeinen / Schwinggabel mit hydraulisch gedämpften Federbeinen, Bereifung vorne/hinten 3,00–12, Zahl der Sitzplätze 2, Rohrrahmen, Innenbackenbremsen, Bremstrommel ø 105 mm, Belagbreite 25 mm, Höchstgeschwindigkeit lt. Gesetz 40 km/h.

Unterschiedliche Daten:

	R 50	R 50 A	R 50 V
Größte Nutzleistung (DIN)	1,7 PS bei 4700 U/min	2,6 PS bei 4900 U/min	2,6 PS bei 4900 U/min
Max. Drehmoment	0,28 mkp bei 3600 U/min	0,41 mkp bei 3500 U/min	0,41 mkp bei 3500 U/min
Verdichtung	8,5	11,5	11,5
Vergaser	Bing 1/12 Kolbenschiebervergaser	Bing 1/14 Kolbenschiebervergaser	Bing 1/14 Kolbenschiebervergaser
Durchlass	12 mm ø	14 mm ø	14 mm ø
Getriebe	3-Gang-Getriebe	2-Gang-Automatik-Getriebe	4-Gang-Getriebe
Schaltungsart	Handschaltung	Automatisch	Fußschaltung
Übersetzungen			
Primär	69:19, i = 3,63	–	69:19, i = 3,63
1. Gang	40:11, i = 3,64	52:17, i = 3,059	40:11, i = 3,64
2. Gang	34:17, i = 2,00	43:26, i = 1,653	34:17, i = 2,00
3. Gang	24:19, i = 1,26	–	29:21, i = 1,38
4. Gang	–	–	22:22, i = 1,00
Sekundär	31:12, i = 2,58	31:13, i = 2,385	35:11, i = 3,18

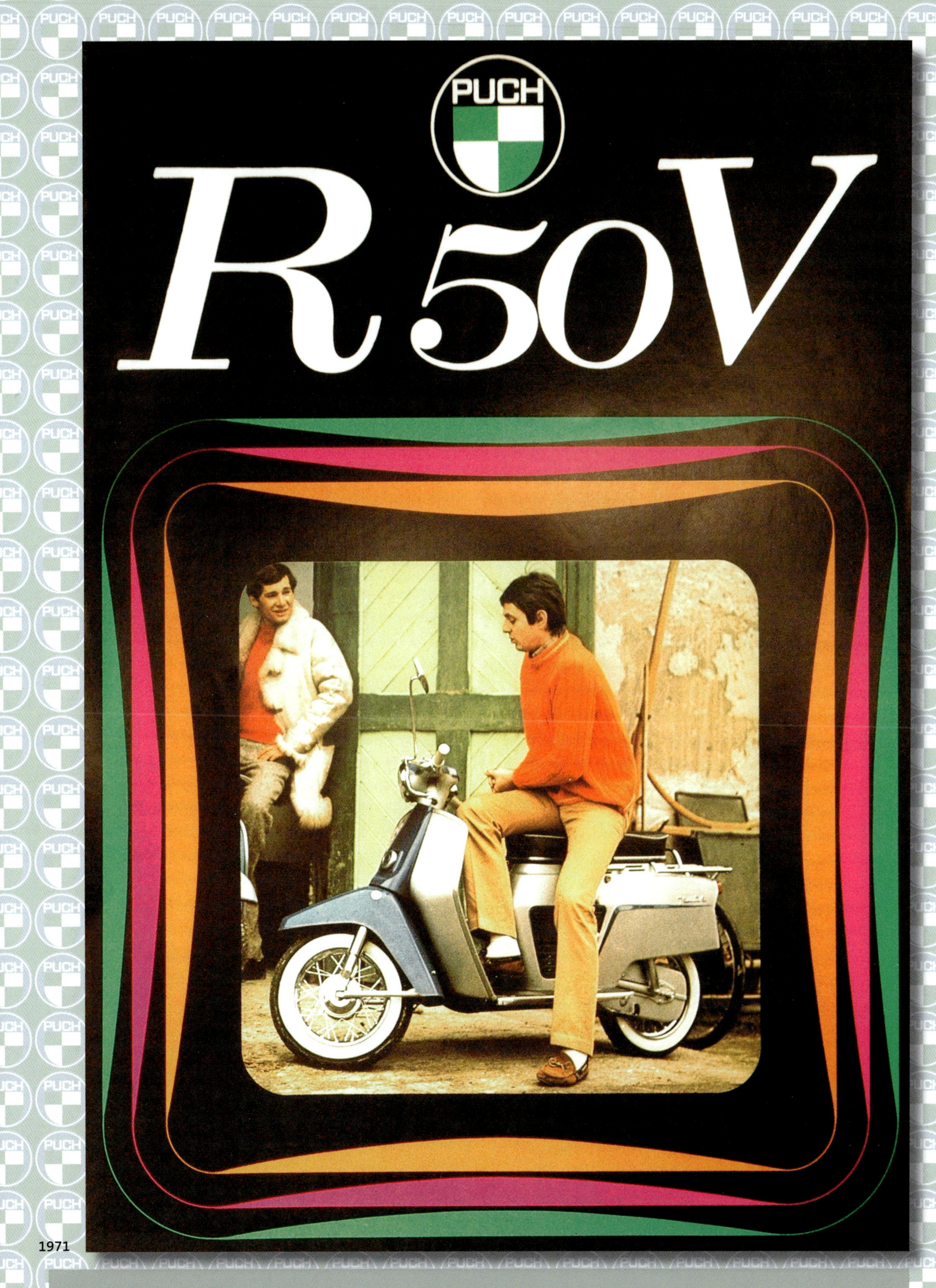

1971

R 50 V (Steyr-Daimler-Puch Aktiengesellschaft, Werk Freilassing) 1971

R50V

Eleganz und Komfort sind die hervorstechenden Kennzeichen dieses modernen zweisitzigen Moped-Rollers. Eine schnittige Vollverkleidung schützt Fahrer wie Beifahrer vor allen Schmutzspritzern und umhüllt überdies Motor und alle anderen Triebwerks- und Fahrwerksteile. Mit dem R 50 kann man sogar im Smoking zum Nobelball fahren! An dem Haken hinter dem Schutzschild haben Aktentasche oder Einkaufsnetz ihren Platz. Hinter der hochklappbaren, absperrbaren Sitzbank ist ein massiver Gepäckträger für sperrige Stücke zuständig. Unter der Verkleidung aber schnurrt das kräftige Herz dieses robusten Fahrzeuges: 2,6 PS leistet der bewährte Puch-Motor. Zusammen mit dem fußgeschalteten Viergang-Getriebe gibt er dem Roller Temperament und Bergfreudigkeit. Alle üblichen Straßensteigungen werden auch mit 2 Personen besetzt gemeistert. Für den Komfort garantieren die bequeme Sitzbank, das moderne Fahrwerk mit seinen großen Federwegen und der hervorragenden Stoßdämpfung. Großdimensionierte Bremsen geben die notwendige Sicherheit. Spitzenklasse das ganze Fahrzeug. Komfort in allen Details.

544/III/69/A

R 50 V

Einzylinder-, Einkolben-Zweitakt-Motor mit Umkehrspülung, gebläsegekühlt, Bohrung 38 mm, Hub 43 mm, Hubraum 48,8 cm^3, 2,6 DIN-PS bei 4900 U/min, max. Drehmoment 0,41 mkp bei 3500 U/min, Verdichtung 11,5, Bing 1/14 Kolbenschiebervergaser, Gemischschmierung 1:25, 4-Gang-Getriebe mit Fußschaltung, Kickstarter, Rohrrahmen vollverkleidet. Gesamtübersetzungen 40,96/22,38/15,92/11,54, Fußschaltung, Kickstarter, elektrisches Horn, Tankinhalt 6,5 l, Bereifung 3,00–12, zweisitzig (Sitzbank), Vollnabenbremsen, Trommeldurchmesser 105 mm, Belagbreite 25 mm. Lackierung: blau/silber.

R 50 V

R 50

Der modische Roller von Puch. Zweisitzig, elegant, handlich, drei Motorvarianten: 50, 80 oder 125 cm^3 Viertakter. Er überrascht mit vielen technischen Feinheiten: 3-Gang-Automatik, serienmäßige Blinker, Sturzhelmschloss, versperrbarer Tank, Tankuhr, komplett geschlossene Triebsatzschwinge, versperrbares Gepäckfach, Elektrostarter und Fußstarter, separater Öltank ... Farben: Weiß, Rot (Blau).

Lido, Lido 50 SL 1983

LIDO
wer ihn fährt, liebt ihn …
PUCH
Puch – ganz stark im Kommen
NEU

Lido 50 SL

Der junge, elegante Mokick-Roller mit 3-Gang-Automatik-Motor. 49,9 cm^3 mit 1,85 kW/2,51 PS. Neueste Technik, komplett geschlossene Triebsatzschwinge. Gebläsekühlung. Kunststoffkotflügel, große Innenbackenbremsen vorne und hinten ø 100 mm. Absperrbare Sitzbank (zweisitzig). Elektrostarter und zusätzlich Kickstarter, Getrenntschmierung – daher separater Öltank, Ölanzeige, Benzinuhr, Sturzhelmschloss, in Frontschürze integriertes Gepäckfach (absperrbar). Farben: Rot, Weiß.

Lido Vario 1985

Der Hit: Die Vollautomatik. Das Antriebssystem ist der große Clou – und das mehrfach. Zwei Vorteile in Stichworten: Die Variomatik, eine Keilriemen-Automatik, über die die Motorkraft auf das Hinterrad übertragen wird, sucht sich die beste Übersetzung selbst. Ob bergauf oder in der Ebene, die Drehzahl wird optimal ausgenutzt. Vorteil Nummer zwei: Kein Kuppeln, kein Schalten – also kein „Verschalten", kein Abwürgen, kräftiger Anzug ohne Ruck. Die bequemste Art, Roller zu fahren.

Höchste Nutzleistung: 2,32 kW (3,16 PS) bei 5300 U/min.
Drehmoment: 4,31 Nm bei 5000 U/min.
Höchstgeschwindigkeit: 40 km/h.
Gesamthubraum: 48,0 cm^3.
Kühlung: Gebläsekühlung.
Schmierung: Getrenntschmierung mittels Pumpe.
Bremsanlage: Trommelbremsen vorne und hinten, beide von Hand zu bedienen (je 120 mm ø).
Leergewicht: betriebsbereit: 76 kg.
Kraftstoff: Tank für 5,5 l, durch Getrenntschmierung (separater Öltank) kann bleifreies Normalbenzin getankt werden!
Normverbrauch: (nach DIN 70030) 1,8 l/100 km.
Im Cockpit: Tacho, Fernlichtkontrolle, Blinkerkontrolle, Ölstandkontrolle, Tankuhr.
Ausstattung: Zündschloss, Helmschloss, verschließbares Gepäckfach in der Frontschürze, Doppelsitzbank absperrbar, Blinker serienmäßig, zwei Rückspiegel.
Farben: Rot, Weiß.

Lido 80 SE, Lido 125 CD

Lido 80 SE

Der schicke Roller in der Klasse der Leichtkrafträder. 79,2 cm^3-Motor mit 4,4 kW/6 PS. Ausstattung wie Lido 50 SL, jedoch schneller und stärker. Farben: Rot, Weiß.

Mofas, einsitzig

Prüfbescheinigung nur für Personen mit dem Geburtsdatum nach dem 1. April 1965 notwendig (25 km/h, steuerfrei).

Mopeds, einsitzig

Führerschein-Klasse 4 neu oder 1, 2, 3, 4 alt, 5 (40 km/h, steuerfrei).

Mokicks, zweisitzig

Führerschein-Klasse 4 neu oder 1, 2, 3, 4 alt, 5 (40 km/h, steuerfrei).

Leichtkrafträder, zweisitzig

Führerschein. 1B oder vor dem 1. April 1980 erworbene Klassen 1, 2, 3 und 4 alt (auf 80 km/h begrenzt).

Motorrad, zweisitzig

Motorrad, Führerscheinklasse 1.

Lido 125 CD

Der kraftvolle, technisch führende Roller in der Motorrad-Klasse. Viertaktmotor mit 124,5 cm^3 und einer Leistung von 5,9 kW/8 PS. Gebläsekühlung, komplett geschlossene Triebsatzschwinge, 3-Gang-Automatik, Elektrostarter, große Trommelbremsen vorne und hinten ⌀ 110 mm. Cockpit mit Benzinuhr, Ölkontrolle, Blinkerkontrolle, Tacho und Fernlichtkontrolle, zweisitzige Sitzbank. In die Frontschürze integriertes Gepäckfach (absperrbar). Farben: Rot, Weiß.

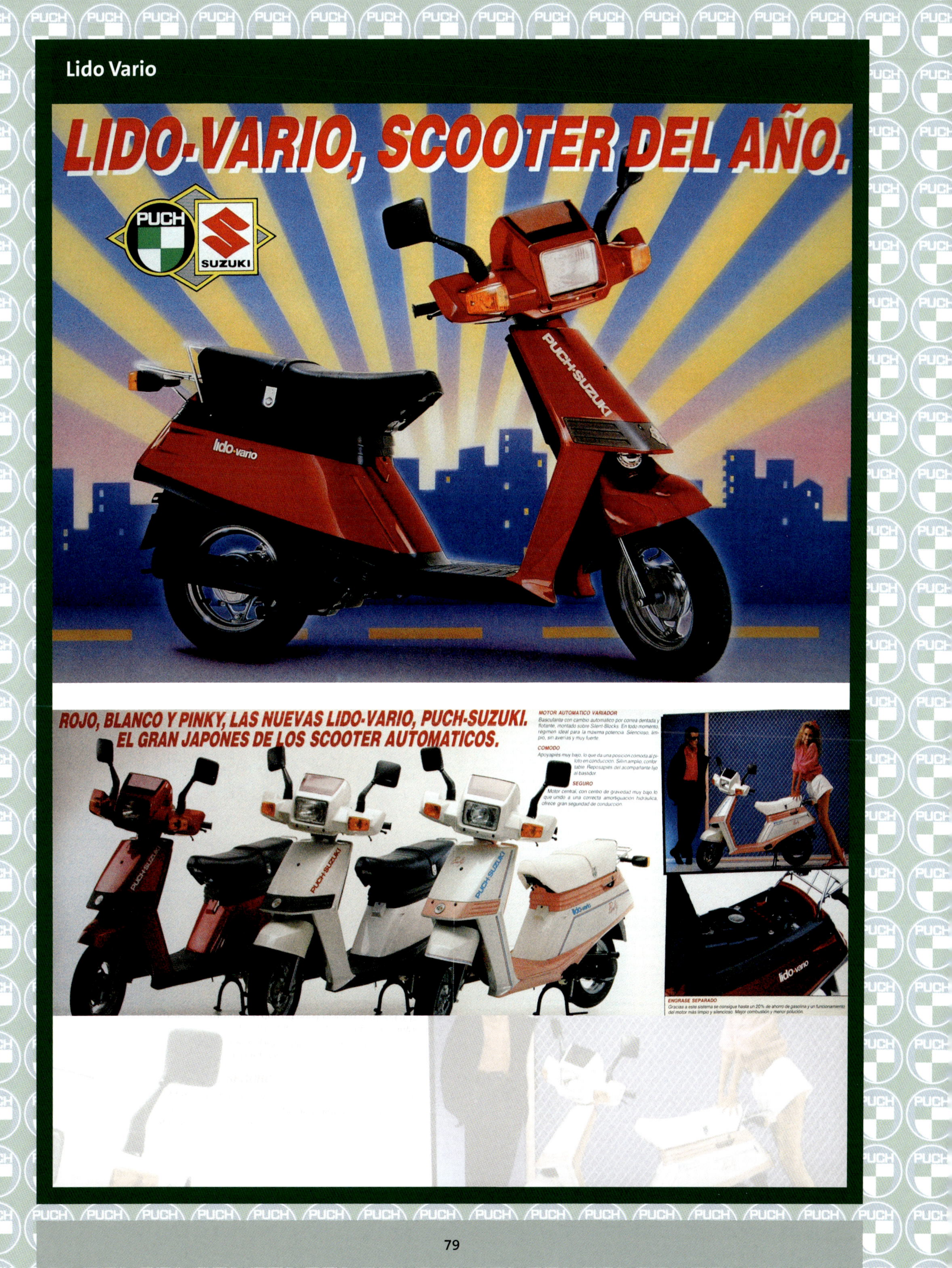
LIDO-VARIO, SCOOTER DEL AÑO.
PUCH
SUZUKI
PUCH-SUZUKI
lido-vario
ROJO, BLANCO Y PINKY, LAS NUEVAS LIDO-VARIO, PUCH-SUZUKI.
EL GRAN JAPONES DE LOS SCOOTER AUTOMATICOS.
MOTOR AUTOMATICO VARIADOR
Basculante con cambio automatico por correa dentada y flotante, montado sobre Silent-Blocks. En todo momento, regimen ideal para la maxima potencia. Silencioso, limpio, sin averias y muy fuerte.
COMODO
Apoyapiés muy bajo, lo que da una posicion cómoda al piloto en conduccion. Sillin amplio, confortable. Reposapiés del acompañante fijo al bastidor.
SEGURO
Motor central, con centro de gravedad muy bajo, lo que unido a una correcta amortiguación hidraulica, ofrece gran seguridad de conducción.
ENGRASE SEPARADO
Gracias a este sistema se consigue hasta un 20% de ahorro de gasolina y un funcionamiento del motor más limpio y silencioso. Mejor combustión y menor polución.

Motor: Puch-Zweitakt-Einkolbenmotor mit Umkehrspülung und Gebläsekühlung. Bohrung 38 mm, Hub 43 mm, Hubvolumen 48 cm^3, 3,5 PS, gedrosselt auf 1,7 PS bei 5000 U/min, Nassluftfilter, Ansauggeräuschdämpfer, Verdichtung 1:11, Vorzündung 0,6–1 mm vor O. T.

Schmierung: Motorschmierung durch Beimischen des Öles zum Kraftstoff. Mischungsverhältnis 1:25 (4%). Getriebeschmierung durch Ölfüllung im Getriebegehäuse. Zündkerze Bosch W 225 T 1.

Vergaser: Bing-Vergaser 17 mm ø mit Startautomatik, Nassluftfilter, Luftansaugung und Dämpfung durch den Werkzeugkasten.

Getriebe: Dreigang-Wechselgetriebe mit Fußschaltung und Mehrscheibenkupplung im Ölbad laufend.

Übersetzungen: Primär 19:69, i = 3,63; 1. Gang 11:40, i = 3,6; 2. Gang 17:34, i = 2; 3. Gang 20:24, i = 1,2; sekundär 12:33, i = 2,75.

Kraftübertragung: Vom Motor zum Getriebe: schrägverzahnte Präzisionszahnräder im Ölbad des Getriebes laufend. Vom Getriebe zum Hinterrad: Rollenkette 12,7 x 5,21 x 8,5 mm.

Elektrische Anlage: Wechselstrom-Schwunglichtmagnetzünder der Fa. Bosch 6 V/17 W mit Bremslichtspule. Glühlampe vorne: Bilux 6 V, 15/15 W; hinten: Zweifadenlampe 6 V/2 W. Kerze: Bosch W 240 T 1.

Fahrgestell: Leichter robuster Rohrrahmen mit einer langhubigen Teleskopvordergabel und einer Schwinggabel mit Teleskopfederbeinen hinten. Gut gepolsterte Sitzbank, querversteifter Motocross-Lenker, rechts und links zwischen Sitzbank und Tank je ein verschließbarer Werkzeugkasten. Federweg: vorne Teleskopgabel mit hydraulischer Stoßdämpfung 85 mm; hinten Schwinggabel mit hydraulischen Federbeinen 105 mm.

Räder: Reichverrippte Leichtmetall-Vollnaben-Innenbackenbremsen mit 105 mm ø, Belagbreite 25 mm. Die Vorderradbremse wird durch einen Handhebel rechts am Lenker, die Hinterradbremse mit einem rechtsliegenden Fußhebel betätigt. Bereifung: vorne 2,50, hinten 2,75–19.

Kraftstoffbehälter: Ein in Filz gelagerter und mit Riemen befestigter Sporttank, 8,5 l (10,5 l) Inhalt, Werkzeugbehälter unter der Sitzbank, Tachometer, Lenkungsschloss, Klingel, Werkzeugsatz, Luftpumpe, Scheinwerfer mit einer Lichtaustrittsöffnung von 120 mm, Profil-Sitzbank.

Auspuffanlage: Spezialanlage mit hochgezogenem Auspuffrohr und hochliegendem großvolumigem Auspufftopf.

Leistung und Verbrauch: Höchstgeschwindigkeit (in Österreich lt. gesetzlicher Vorschrift mit gedrosselter Leistung) 40 km/h.

Steigfähigkeit: 25%.

Verbrauch: 1,6 l/100 km.

Abmessungen: Länge 2000 mm, Breite 610 mm, Höhe, 1020 mm, Radstand 1200 mm, Bodenfreiheit 220 mm, Sitzhöhe 815 mm.

Gewichte: Leergewicht (betriebsbereit) 70 kg, zulässiges Gesamtgewicht 160 kg.

SENSATIONELLER

PUCH-SIEG IN SCHWEDEN

INTERNORDISCHES TT-RENNEN FÜR MOTORRÄDER AUF DEM RING KNUTSTORP IN SCHWEDEN AM 9.6.1968

Der vom PUCH - Generalvertreter O.E.ANDERSEN, Kopenhagen, auf

PUCH MC 50

eingesetzte Fahrer Dan JEPPESEN wurde in einem großen Feld von Fahrzeugen und Fahrern internationalen Formates überlegener

Klassensieger

und versetzte damit die gesamte nordische Motorrad-Welt und die Fachpresse in Erstaunen und Bewunderung.

Hier einige Auszüge aus schwedischen Zeitungen vom 12.6.1968 :

" POLITIKEN " schreibt : " Dan JEPPESEN erzielte auf PUCH 50 ccm 80 km/h . Das internordische Rennen für Motorräder auf dem Ring Knutstorp in Schweden brachte in der Klasse bis 50 ccm einen großartigen Erfolg für die dänischen Farben und für das österreichische PUCH-Moped. Eine Reihe der bekanntesten schwedischen Fahrer in der 50 ccm-Klasse starteten bei diesem Rennen und die führenden Motorradmarken waren in breiter Auswahl vertreten. Sozusagen waren alle da, auch die italienische Guazzoni und die japanischen Honda und Suzuki ..... "

Das Tagblatt " Berlingske Tidende " meint : " Der dänische Motorradfahrer Dan Jeppesen verblüffte, da er die ganze Elite schlug. Nicht genug damit ! Er holte das Hauptfeld ein und gewann das Rennen. "

- PUCH – bewährt auf allen Strassen der Welt

RASSE
FÜR STRASSE
UND GELÄNDE
MC 50
PUCH
Moderne Technik
MC 50 - das Moped für die sportbegeisterte Jugend, eine ernst zu nehmende Moto-Cross-Maschine, die durch viele Spezial-Details und Verläßlichkeit überzeugt.
Hydraulisch gedämpfte Langarmschwingen mit großen Federwegen gleichen schwierigste Bodenverhältnisse aus.
Spezial-Moto-Cross-Lenker. Handgerechte Hebel und Griffe sichern ermüdungsfreies Fahren im schweren Gelände.
Mehr als 1 Million Moped-Motoren wurden bisher bei Puch gebaut. Puch-Motoren sind daher ausgereift bis ins letzte Detail. Robust, leistungsfähig und von langer Lebensdauer.
Motoren von bulliger Kraft und mit spritzigem Temperament. - Puch Motoren.
Rasse für Straße und Gelände

MC 50, Cobra 6 C

MC 50

Eine echte Cross-Maschine! Speziallenker und geländetauglicher Rohrrahmen, R-Motor mit 2,6 PS , Gebläsekühlung, fußgeschaltetes 3-Gang-Getriebe, Scrambler-Auspuff, Doppelsitzbank, rot lackiert.

Cobra 6 C

Einzylinder-Zweitaktmotor, maximale Leistung 4,9 kW (6,5 PS), Aluzylinder mit vier Überströmkanälen, Hubraum 49,9 cm^3, 6-Gang-Getriebe, kontaktlose Thyristorzündung, hydraulisch gedämpfte Betor-Telegabel vorne, Federweg 160 mm, Schwinge mit Betor-Gasdruckdämpfern hinten, Federweg 145 mm (Vorspannung der Feder verstellbar), konische Leichtmetallnaben, 120 mm ø vorne und 110 mm ø hinten.

Cobra T, Cobra T.T.

Cobra T

Einzylinder-Zweitaktmotor, maximale Leistung 1,91 kW (2,6 PS), Hubraum 48,8 cm³, 4-Gang-Getriebe, hydraulisch gedämpfte Telegabel vorne, Federweg 160 mm, Schwinge mit hydraulisch gedämpften Federbeinen hinten, Federweg 95 mm (Vorspannung der Feder verstellbar), konische Leichtmetallnabe, 94 mm ø vorne, Leichtmetallvollnabe, 110 mm ø hinten.

SUBE, BAJA... DOMINA EL TODO TERRENO

La calidad, el nutrido palmarés deportivo y la fama de que hoy goza merecidamente el modelo Cobra 75 c.c. de Puch se remontan al año 1976, en que se puso a la venta el primer modelo.

Ha competido a nivel mundial en los Seis Días Internacionales Todo Terreno celebrados en Alemania Federal y ganado de manera rotunda el Campeonato de España 75 c.c. (Trofeo R.F.M.E.), ambas en 1979. Esta moto, que es para todo terreno, se puede utilizar también para cross.

De estos y otros triunfos nace el modelo Cobra TT, versión 1980, al que se le han incorporado todas las novedades técnicas experimentadas en competición, tales como: suspensiones de largo recorrido, amortiguadores de gas, tubarro tipo bufanda, portafaros, etc...

Estos detalles lo convierten en un vehículo de competición por excelencia, ideal para todo tipo de aficionado y usuario.

PUCH
COBRA T.T.
PUCH
MAS FUERTE

Cobra T.T.

Motor: Einzylinder-Zweitaktmotor, 72 cm³, max. Leistung 10,5 PS bei 9 400 U/min, elektrische Anlage: 6 V/35 W.
Reifen: vorne 21 x 2,50˝, hinten 18 x 3,50˝, Tankinhalt: 5,5 l, Leergewicht: 81 kg (mit Öl).

Cobra 6 C

Einzylinder-Zweitaktmotor, maximale Leistung 1,91 kW (2,6 PS), Aluzylinder mit vier Überströmkanälen, Hubraum 49,9 cm^3, 6-Gang-Getriebe, kontaktlose Thyristorzündung, hydraulisch gedämpfte Betor-Telegabel vorne, Federweg 160 mm, Schwinge mit Betor-Gasdruckdämpfern hinten, Federweg 145 mm (Vorspannung der Feder verstellbar), konische Leichtmetallnaben, 120 mm ø vorne und 110 mm ø hinten.

Cobra T

Einzylinder-Zweitaktmotor, maximale Leistung 1,91 kW (2,6 PS), Hubraum 48,8 cm^3, 4-Gang-Getriebe, hydraulisch gedämpfte Telegabel vorne, Federweg 160 mm, Schwinge mit hydraulisch gedämpften Federbeinen hinten, Federweg 95 mm (Vorspannung der Feder verstellbar), konische Leichtmetallnabe, 94 mm ø vorne, Leichtmetallvollnabe, 110 mm ø hinten.

Scarburri
Gelände-Europameister 75 ccm

Cobra Cross

M 50 Cross

Puch-Motor mit 2,5 PS, 49 cm³, Bohrung 38 mm, Hub 43 mm, Motorschmierung durch Beimischung des Öles zum Kraftstoff 1:25, Motoröl SAE 40 oder 50, Bing-Vergaser 1/17, Schwunglichtmagnetzünder der Firma Bosch 6 V, 15-3/5 W, Zündkerze Bosch W 225 T 1, Tankinhalt: 10 l, Räder: vorne 23 x 2,50˝, hinten 18 x 3,00˝.

Ranger 4 TL

Mokick. Für Jugendliche zu Straßen- und Geländefahrten gebaut. Perfekt bis ins Keinste, z. B. Kettenspannen über exzentrische Stellscheiben mit Rundkerben. Präzise Steuerung mit 740 mm breitem Geländelenker. Handschützer an den Griffen. Staubschutz am soliden Brems- und am Kupplungshebel. Ausstattung: Tacho mit Kilometerzähler, Drehzahlmesser bis 12.000/min., Rundscheinwerfer 130 mm ⌀, 4fach-Blinkanlage, Rücklicht, Bremslicht, Rückstrahler, Rückspiegel, Zündschloss, Lenkungsschloss, Gepäckträger, Haltegriff und hochzuklappende Fußrasten für Sozius, Parkständer mit Rückholfeder, Werkzeugbehälter unter der Sitzbank, Werkzeugsatz. Farbe: Schwarz mit rotgoldenem Dekor.

Da sind sich die großen und „kleinen Männer" gleich: Im Gelände ist jedes Extrem gerade recht. Da werden die Maschinen bis an die Leistungsgrenze beansprucht. Je schwieriger der Kurs, desto größer das Vergnügen. Und zwei von Puch machen da gerne mit: Ranger TT, die robuste Maschine für Gelände und Straße mit 50 cm^3, und die Magnum X Minicross für den Nachwuchs ab sechs Jahren.

Ranger TT

Die Ranger TT ist nach dem Vorbild der erfolgreichen Puch-Motocross-Maschinen gebaut. Das sportliche Enduro-Mokick im Profi-Look und 4-Gang-Getriebe (Fußschaltung). Ein Geländemoped mit kräftigem Abzug, robustem Fahrwerk und Spezialfederung (extrem lange Federwege: vorne 160 mm, hinten 95 mm). Serienmäßig: griffige Stollenreifen, hochgezogener Geländeauspuff, Scheinwerferverkleidung aus Kunststoff, Kotschützer vorne und hinten aus Kunststoff, große Rückleuchte. Der Motor leistet 2 kW (2,7 PS). Getriebe mit 4 Gängen, Fußschaltung. Die Ranger TT ist zweisitzig. Farbe: Gelb mit Racing-Dekor.

Magnum X Minicross

Die Magnum X Minicross wurde speziell für den Nachwuchs entwickelt – ausschließlich fürs Gelände. Sie ist mit der 1-Gang-Automatik wirklich kinderleicht zu fahren und besitzt ausreichend Kraft auch für sehr steile Strecken. Der 50 cm^3 Motor leistet 2,58 kW (3,5 PS). Natürlich ist bei der Magnum X alles auf die Jugend abgestimmt und somit besonders sicher konstruiert. Farbe: Weiß.

Ranger 25 — 1982

Ranger 25

Das rassige 3-Gang-Enduro-Mofa für jugendliche Gelände-Fans. Voll geländetauglich, spezielle Federung, vorne 130 mm Federweg, hinten 100 mm, Geländeauspuff, Geländereifen. 3-Gang-Handschaltungsmotor mit 48,8 cm³, 1,1 kW/1,5 PS, großer Kunststofftank (6,8 l), Sitzbank (einsitzig), Kunststoffkotflügel, Pedalrücktrittbremse, Tachometer. Farbe: Gelb mit Racing-Dekor.

Minicross, Minicross T.T. (Avello S.A., Gijon, Spanien)

Minicross Super (Avello S.A., Gijon, Spanien)

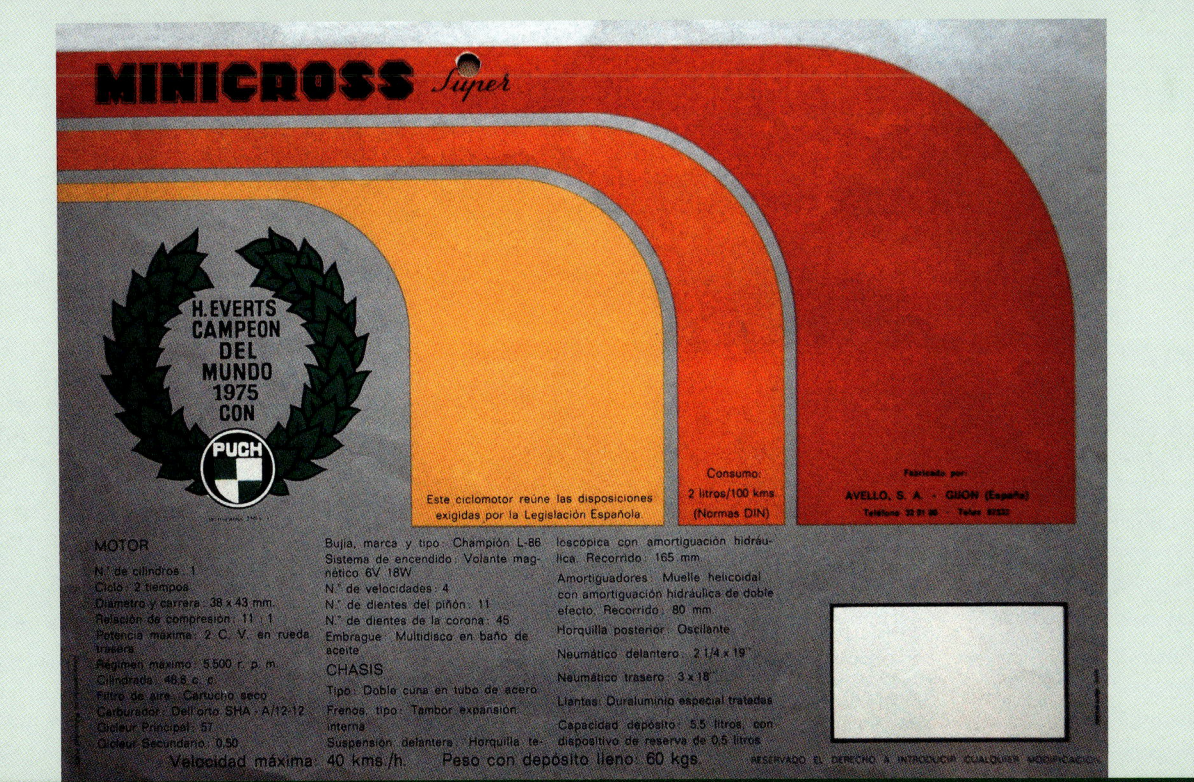

MINICROSS *Super*

H. EVERTS CAMPEON DEL MUNDO 1975 CON PUCH

Este ciclomotor reúne las disposiciones exigidas por la Legislación Española.

Consumo: 2 litros/100 kms (Normas DIN)

Fabricado por: AVELLO, S. A. - GIJON (España)

MOTOR

N.° de cilindros: 1
Ciclo: 2 tiempos
Diámetro y carrera: 38 x 43 mm.
Relación de compresión: 11 : 1
Potencia máxima: 2 C. V. en rueda trasera
Régimen máximo: 5.500 r. p. m.
Cilindrada: 48,8 c. c.
Filtro de aire: Cartucho seco
Carburador: Dell'orto SHA - A/12-12
Gicleur Principal: 57
Gicleur Secundario: 0,50
Bujía, marca y tipo: Champión L-86
Sistema de encendido: Volante magnético 6V 18W
N.° de velocidades: 4
N.° de dientes del piñón: 11
N.° de dientes de la corona: 45
Embrague: Multidisco en baño de aceite

CHASIS

Tipo: Doble cuna en tubo de acero
Frenos, tipo: Tambor expansión interna
Suspensión delantera: Horquilla telescópica con amortiguación hidráulica. Recorrido: 165 mm.
Amortiguadores: Muelle helicoidal con amortiguación hidráulica de doble efecto. Recorrido: 80 mm.
Horquilla posterior: Oscilante
Neumático delantero: 2 1/4 x 19"
Neumático trasero: 3 x 18"
Llantas: Duraluminio especial tratadas
Capacidad depósito: 5,5 litros, con dispositivo de reserva de 0,5 litros

Velocidad máxima: 40 kms./h. Peso con depósito lleno: 60 kgs.

RESERVADO EL DERECHO A INTRODUCIR CUALQUIER MODIFICACIÓN

M 50 SE

Einzylinder-Einkolben-Zweitakt-Motor mit Umkehrspülung, Bohrung 38 mm, Hub 43 mm, Hubraum 48,8 cm^3, Gemischschmierung 1:25, elektrische Anlage 6 V, Höchstgeschwindigkeit 40 km/h.

Fahrtwindkühlung, 2,6 DIN PS bei 5000 U/min, max. Drehmoment 0,4 mkp bei 3500 U/min, Bing 1/14 Kolbenschiebervergaser, 4-Gang-Getriebe, Gesamtübersetzungen 51,54/28,16/20,03/14,52, Fußschaltung, Kickstarter, elektrisches Horn. Rohrrahmen, 13 l Kraftstofftank, Bereifung 21 x 2,75/3,00–17, zweisitzig (Sitzbank), Vollnabenbremsen, Trommeldurchmesser 130 mm, Belagbreite 30 mm.

M 50 S, M 50 SE

M 50 S

Fahrtwindgekühlter Motor mit 2,6 PS bei 5500 U/min, fußgeschaltetes 4-Gang-Getriebe, 13 l Tank, Zitronen transparent/mattschwarz lackiert.

M 50 SE

Das Top-Moped mit der Ausstattung der Puch M 125 de Luxe (und trotzdem führerscheinfrei), 2,6 PS bei 5200 U/min, Fahrtwind gekühlter Leichtmetallzylinder, fußgeschaltetes 4-Gang-Getriebe, Fußschaltung und Kickstarter, 13 l Tank, Doppelsitzbank, rot transparent/mattschwarz lackiert.

Mokick M 50 Racing, Kleinkraftrad M 50 Jet

M 50 Jet

Das Kleinkraftrad zum Mokick-Preis – natürlich mit der kompletten Technik der Fahrzeugklasse 4.
Motor: Einzylinder-Zweitaktmotor mit Umkehrspülung, luftgekühlt, Bohrung 40 mm, Hub 39,7 mm, Hubraum 49,9 cm^3, 6,25 DIN-PS bei 8750 U/min, Bing-Zentralschwimmervergaser, Tank: 7,6 l, 1:50-Mischung. Klauen geschaltetes 6-Gang-Getriebe, Kickstarter, Gesamtübersetzungen 39,0–10,7. **Fahrwerk:** Doppelschleifen-Rohrrahmen mit Unterzügen. Federung: Telegabel vorne und Federbeine hinten, hydraulisch gedämpft, Federwege vorne 110 mm, hinten 100 mm. Bremsen: vorne und hinten je 140 mm Trommel-ø. Räder: 17", Speichen. Reifen: 2,50" vorne, 3,00" hinten. 10 l Kraftstofftank, Doppelsitzbank, Tachometer und Drehzahlmesser, Leerlauf-, Fernlicht- und Blinkerkontrolle, Rundscheinwerfer, Blinkanlage, Rücklicht, Bremslicht u.a.m. Maximale Geschwindigkeit 80 km/h. Farbe: Blau.

DS 50 V

DS 50

MV 50

M 50 Cross

MC 50

Maxi, M 50 Grand Prix, MV 50, DS 50 L, MC 50/II, M 50 Sport, M 50 SG, M 50 Cross (1974).

R 50 V

Maxi (1972)

M 50 S

M 50 Racing (1972)

MODELLE	Anzahl der Gänge	Hubraum ccm	Leistung kW	Leistung PS	Tankinhalt l	Bereifung	Anzahl der Sitze	Eigengewicht kg	Gesamtgewicht kg	DETAILPREIS incl. 18 % MwSt.
MOPEDS										
MAXI L	1-Gang Automatik	48,8	1,77	2,4	3,2	2–17	1	44	130	**7.198,–**
MAXI S	1-Gang Automatik	48,8	1,77	2,4	3,2	$2^{1}/_{4}$ -17	1	46	130	**7.611,–**
MAXI L 2	2-Gang Automatik	48,8	1,77	2,4	3,2	$2^{1}/_{4}$–17	1	49	150	**8.555,–**
MAXI S 2	2-Gang Automatik	48,8	1,77	2,4	3,2	$2^{1}/_{4}$–17	1	51	150	**8.968,–**
SPORT MK/II	2	48,8	1,77	2,4	3,2	$2^{1}/_{4}$–17	1	54	150	**10.856,–**
* MAGNUM 50/II	2	48,8	1,91	2,6	7	$2^{1}/_{2}$–17 $2^{3}/_{4}$–17	2	68	230	**12.508,–**
MV 50 S	2	48,8	1,55	2,1	5,5	$2^{1}/_{4}$–19	1	51	160	**8.791,–**
DS 50 L	4	48,8	1,91	2,6	10,5	3–12	2	74	230	**13.747,–**
MONZA 4 XL	4	48,8	1,84	2,5	10	$2^{1}/_{2}$–17 R $2^{3}/_{4}$–17 R	2	82	250	**15.989,–**
MONZA 4 GP	4	48,8	1,84	2,5	10	$2^{1}/_{2}$–17 R $2^{3}/_{4}$–17 R	2	82	250	**17.995,–**
MONZA 4 SL	4	48,8	1,91	2,6	7	$2^{1}/_{2}$–17 R $2^{3}/_{4}$–17 R	2	74	240	**15.458,–**
MONZA 4 C	4	48,8	1,91	2,6	7	$2^{3}/_{4}$–17 R	2	70	240	**13.688,–**
COBRA T/2	4	48,8	1,91	2,6	7	$2^{1}/_{2}$–19 $3^{1}/_{4}$–18	2	69	230	**14.927,–**
KLEINMOTORRÄDER										
COBRA GTL	6	49,9	4,78	6,5	12	2,50–17 R 3,00–17 R	2	98	260	**23.482,–**
COBRA GTS	6	49,9	4,78	6,5	12	2,50–17 R 3,00–17 R	2	96	260	**17.700,–**
COBRA GT	6	49,9	4,78	6,5	12	2,50–17 R 3,00–17 R	2	96	260	**20.945,–**
COBRA 6 C	6	49,9	4,78	6,5	7	2,50–20 $3^{1}/_{4}$–18	2	84	250	**19.942,–**
MONZA 6 S	6	49,9	4,78	6,5	7	$2^{1}/_{2}$–17 R $2^{3}/_{4}$–17 R	2	90	250	**14.986,–**
MONZA 6 SL	6	49,9	4,78	6,5	7	$2^{1}/_{2}$–17 R $2^{3}/_{4}$–17 R	2	90	250	**17.700,–**
M 50 JET	6	49,9	4,78	6,5	7,6	2,50–17 R 3,00–17 R	2	93	260	**14.986,–**

* Ab April lieferbar.

Alle Preise sind freibleibend; Konstruktions- und Ausführungsänderungen vorbehalten.

Preisliste des Puch-Zweirad-Verkaufsprogrammes 1979, unverbindliche Verkaufspreise ab 12. Februar 1979.

Sprinter, Maxi, M 50 Grand Prix, MV 50, DS 50 L, MC 50/II, M 50 Sport, M 50 SG, M 50 Cross (1974).

MC 50/II, M 50 Grand Prix, MV 50 S, Sprinter, DS 50 L, M 50 Sport (1975).

M 50 Cross, M 50 Jet (1975).

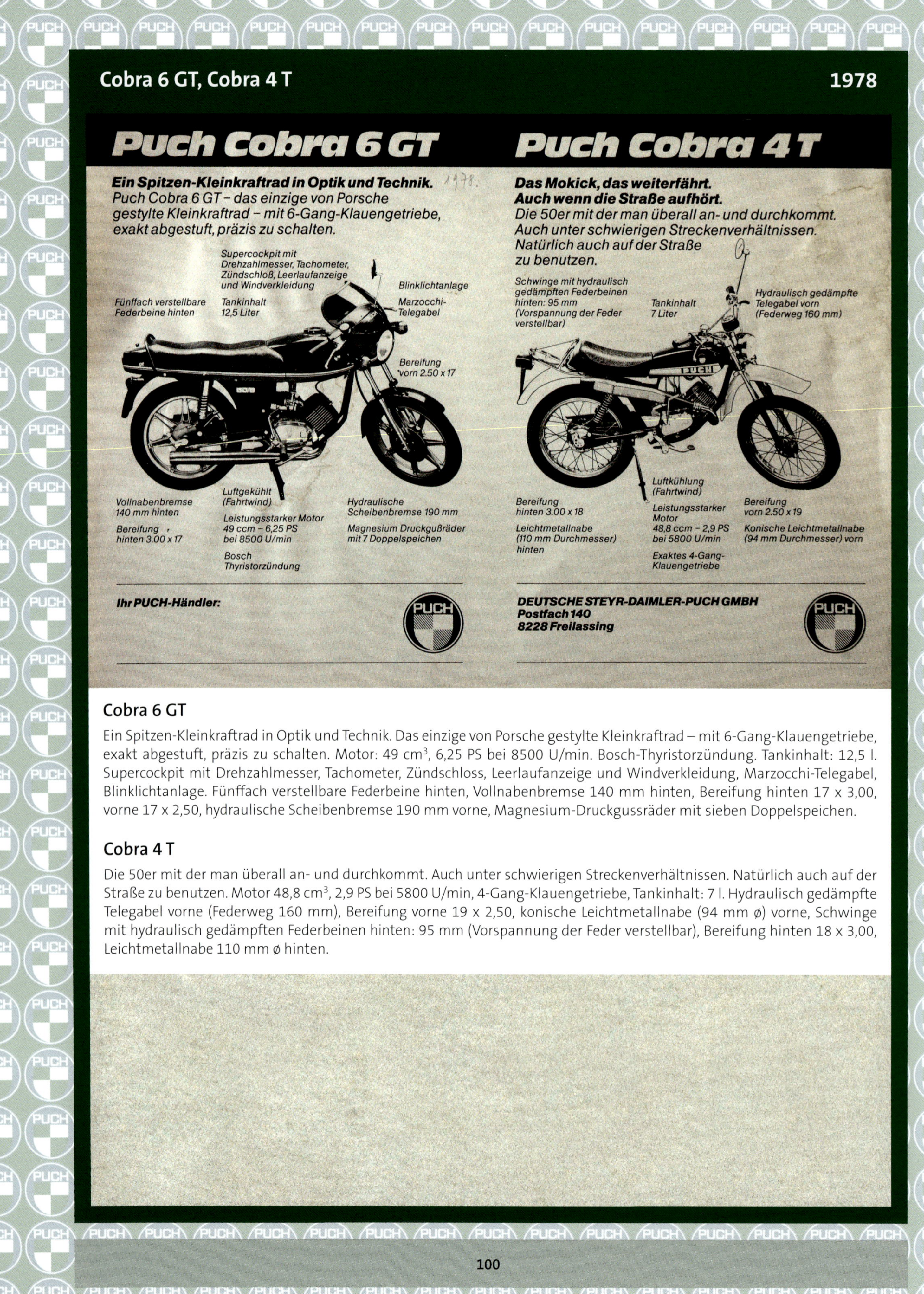

Cobra 6 GT

Ein Spitzen-Kleinkraftrad in Optik und Technik. Das einzige von Porsche gestylte Kleinkraftrad – mit 6-Gang-Klauengetriebe, exakt abgestuft, präzis zu schalten. Motor: 49 cm³, 6,25 PS bei 8500 U/min. Bosch-Thyristorzündung. Tankinhalt: 12,5 l. Supercockpit mit Drehzahlmesser, Tachometer, Zündschloss, Leerlaufanzeige und Windverkleidung, Marzocchi-Telegabel, Blinklichtanlage. Fünffach verstellbare Federbeine hinten, Vollnabenbremse 140 mm hinten, Bereifung hinten 17 x 3,00, vorne 17 x 2,50, hydraulische Scheibenbremse 190 mm vorne, Magnesium-Druckgussräder mit sieben Doppelspeichen.

Cobra 4 T

Die 50er mit der man überall an- und durchkommt. Auch unter schwierigen Streckenverhältnissen. Natürlich auch auf der Straße zu benutzen. Motor 48,8 cm³, 2,9 PS bei 5800 U/min, 4-Gang-Klauengetriebe, Tankinhalt: 7 l. Hydraulisch gedämpfte Telegabel vorne (Federweg 160 mm), Bereifung vorne 19 x 2,50, konische Leichtmetallnabe (94 mm ø) vorne, Schwinge mit hydraulisch gedämpften Federbeinen hinten: 95 mm (Vorspannung der Feder verstellbar), Bereifung hinten 18 x 3,00, Leichtmetallnabe 110 mm ø hinten.

Monza 4 SL

Einzylinder-Zweitaktmotor, maximale Leistung 1,91 kW (2,6 PS), Hubraum 48,8 cm^3, Viergang-Getriebe, hydraulisch betätigte Scheibenbremse vorne, Vollnabenbremse hinten, elektrischer Drehzahlmesser, Blinkanlage, Batterie.

Monza 6 S

Leistung 1,91 kW (2,6 PS), hartverchromter Aluzylinder mit vier Überströmkanälen, Getriebe mit sechs Gängen und Fußschaltung, verchromte Stahlfelgen.

Imola GX, Cobra 80

Imola GX

Das sportlichste Mokick mit einer Ausstattung wie bei einer großen Maschine. In neuem Puch-Dekor gestylt. 48,8 cm^3-Motor mit 2,1 kW/2,9 PS. 4-Gang-Getriebe mit Fußschaltung, Sporttank, Telegabel vorne mit 100 mm Federweg, Federbeine hinten mit 75 mm Federweg, Tankinhalt 10 l, Scheibenbremse vorne ø 220 mm, Bremslicht bei Hand- und Fußbremse, integrierte Blinker, Drehzahlmesser, Helmschloss, Zündschloss, zweisitzige Sitzbank. Farbe: Perlelfenbein.

Cobra 80

Das Porsche-Design und die bewährte Puch-Qualität machen die Cobra 80 zum Spitzenprodukt in der Klasse „Leichtkraftrad". 6-Gang-Präzisionsgetriebe mit luftgekühltem 77 cm^3-Motor. Leistung: 6,2 kW/8,4 PS. Verwindungssteifer Rohrrahmen mit Rahmenschleifen. Großer Tank mit 12,5 l Inhalt. Telegabel vorne mit 110 mm Federweg, verstellbare Federbeine hinten, bequeme zweisitzige Sitzbank mit Haltebügel. Aerodynamische Cockpitverkleidung mit integrierten Blinkern, Sebringauspuff, Druckgussverbundräder, großer Tacho und Drehzahlmesser, vorne Scheibenbremse ø 220 mm; hinten große Trommelbremse ø 120 mm. Farbe: Weiß/Rot.

Sport MK/II, Magnum 50/II
1980

Sport MK/II

Einzylinder-Zweitaktmotor, maximale Leistung 1,77 kW (2,4 PS), Kickstarter, Hubraum 48,8 cm^3, Pressstahlrahmen mit Telegabel vorne und Schwinge mit Sport-Federbeinen hinten, Alu-Druckgussräder, Fußraster. Farbe: Silbergrün.

Magnum 50/II

Einzylinder-Zweitaktmotor, maximale Leistung 1,91 kW (2,6 PS), Hubraum 48,8 cm^3, 2-Gang-Getriebe, Handschaltung, Kickstarter, Sportgepäckträger, Fußraster. Farbe: Schwarz-Rot.

Monza 4 GP

Motor mit 48,8 cm^3 und einer Leistung von 1,84 kW (2,5 PS), zweisitzig mit speziell geformter Sitzbank. Viergang-Getriebe mit Fußschaltung, aerodynamische Cockpitverkleidung mit rechteckigem Scheinwerfer, Spezial-Sebring-Auspuffanlage, ölgedämpfte Telegabel vorne, hydraulische Scheibenbremse vorne, Magnesium-Druckgussräder, vorderes und hinteres Kotblech schwarz lackiert, großer Tank mit 10 l Inhalt, Blinker vorne und hinten, Cockpit zusätzlich mit Drehzahlmesser und Blinkerkontrolle. Farbe: Silber.

Cobra GTS

Luftgekühlter 6-Gang-Motor, 4,9 kW (6,5 PS), kontaktlose Bosch-Thyristorzündung, hydraulisch gedämpfte Marzocchi-Telegabel mit 120 mm Federweg vorne. Schwinge mit hydraulisch gedämpften Federbeinen, 100 mm Federweg hinten, hydraulische Scheibenbremse vorne, Vollnabenbremse hinten. Farbe: Taigagrün.

Monza 4 XL

Luftgekühlter 4-Gang-Zweitakt-Motor, 1,84 kW (2,5 PS), Magnesium-Druckgussräder mit Scheibenbremse vorne, Scheinwerfer- und Cockpitverkleidung mit Windschutz, Spezial-Sebring-Auspuffanlage. Farbe: Perlblau.

Cobra GTL

Spitzenmodell der Puch-Kleinmotorradreihe, 6-Gang-Motor mit 4,9 kW Leistung (6,5 PS), mit Wasserkühlung. Umweltfreundlich durch geräuschdämpfenden Motorenlauf, erhöhte Standfestigkeit im Volllastbereich. Übersichtliches Cockpit mit Drehzahlmesser, Tachometer, Zündschloss und Leerlaufanzeige, mit Blinkanlage, Magnesium-Druckgussräder mit hydraulischer Scheibenbremse vorne, Vollnabenbremse hinten. Farbe: Racingrot.

Cobra GT

6-Gang-Getriebe, Motor mit 4,9 kW Leistung (6,5 PS), Hubraum 49,9 cm^3, Aluzylinder mit vier Überströmkanälen, kontaktlose Bosch-Thyristorzündung, hydraulisch gedämpfte Marzocchi-Telegabel mit 120 mm Federweg vorne, Schwinge mit hydraulisch gedämpften Federbeinen, Vorspannung der Feder verstellbar, 100 mm Federweg hinten, hydraulische Scheibenbremse vorne, Sporträder aus Magnesiumdruckguss.

Cobra GTS

Fahrtwindgekühlter 6-Gang-Motor. Leistung 4,9 kW (6,5 PS), kontaktlose Bosch-Thyristorzündung, hydraulisch gedämpfte Marzocchi-Telegabel mit 120 mm Federweg vorne, Schwinge mit hydraulisch gedämpften Federbeinen, Vorspannung der Feder verstellbar, 100 mm Federweg hinten, hydraulische Scheibenbremse vorne, Vollnabenbremse hinten, Cockpit mit Tachometer, Zündschloss und Leerlaufanzeige, Farbe: Taigagrün.

Cobra 6 GT, 6 GTL **1980**

Cobra 6 GT

Porsche-Design gibt diesem Kleinkraftrad die Exklusivität, die Motorjournalisten auch der Durchzugskraft des Motors und der Funktion des klauengeschalteten 6-Gang-Getriebes nachsagen. Luftkühlung, Standardauspuff. Cockpit: beleuchteter Tachometer und Drehzahlmesser je 80 mm ∅; Leergang-, Fernlicht- und Blinkerkontrolle; Zündschloss; Windschutz über der Scheinwerfer-Verkleidung. Schalter mit Lichthupe, Auf- und Abblenden, Wechselstromhorn, Blinkerschalter. Tank: 12,5 l, 1:50-Mischung, massives Tankschloss. Zubehör: Lenkungsschloss, Werkzeugsatz im Werkzeugfach hinter dem Beifahrersitz, 1 Rückspiegel, Kilometerzähler, stabiler Parkständer. Farbe: Transparentrot.

Cobra 6 GTL

Kleinkraftrad. Das Spitzenmodell aller Fünfziger von Puch. Flüssigkeitskühlung nach dem störungsunanfälligen Thermosiphon-Prinzip. Temperaturanzeiger 40 bis 120° C im Cockpit. Exklusiv für Kleinkrafträder von Puch die schwarz verchromte Sebring-Sportauspuff-Anlage. Professionell gelochte Scheibenbremse im Vorderrad. Übrige Ausstattung wie bei der Cobra 6 GT. Farbe: Metallicrot.

Cobra 80, Cobra 80 6 GT

1982

Cobra 80

6-Gang-Getriebe. Der luftgekühlte 80 cm³-Motor mit 6,2 kW (8,4 PS) und das hervorragende Fahrwerk erlauben ein sportliches Fahren, wie man es nur von größeren Maschinen kennt.

Cobra GS, Cobra GTL 1982

Finish heißt das letzte Stück vor dem Zieleinlauf. Finish heißt in der Technik aber auch den letzten Schliff anlegen. Die Puch Cobra ist im Finish einsame Spitze. Ein Kleinmotorrad mit dem Aussehen einer Rennmaschine und den Betriebskosten eines Mopeds. Mit dem leistungsstarken Motor 4,78 kW (6,5 PS) hat sie den unheimlichen Biss der Cobra. Hervorragendes Drehmoment, kräftiger Abzug, beste Fahreigenschaften. Ein Kleinmotorrad für sportliche Fahrer.

Cobra GS

Die hervorragende Straßenlage der Cobra resultiert aus der exakten Federabstimmung und dem sportlichen Fahrwerk. Vorspannung der hinteren Federbeine dreifach verstellbar. Rechteckiger Breitband-Scheinwerfer, aerodynamische Cockpitverkleidung, Verbundräder, kontaktlose Bosch-Elektronik-Zündung. Cockpit mit Zündschloss, Leerlaufanzeige, Fernlichtkontrolle und Tacho. Fahrtwindgekühlter Motor mit 49,9 cm^3 und einer Leistung von 4,78 kW (6,5 PS), 6 Gänge. Große Innenbackenbremsen vorne und hinten; zweisitzig. Farbe: Silber.

Cobra GTL

Das Puch-Spitzenmodell mit Wasserkühlung, Cockpitverkleidung mit integrierten Blinkern. Cockpit zusätzlich mit Temperaturanzeige für Kühlflüssigkeit, Blinkerkontrolle und Drehzahlmesser. Magnesium-Druckgussräder mit hydraulischer Scheibenbremse vorne und Innenbackenbremse hinten; Spezial-Sebring-Auspuffanlage, große Bremsleuchte; zweisitzig. Farbe: Inkagold.

Monza 4 S, Monza 4 SL und Monza 6 SL (1982).

Monza 4 XL, Monza 4 GP, Monza 4 SL

1982

Die Puch Monza hat bereits die Ausstattung einer großen Maschine: Unter den 50-Kubik-Mopeds gibt es kaum ein sportlicheres. Das hat die Puch Monza so bekannt und beliebt gemacht. Und die Ausstattung kann sich sehen lassen.

Monza 4 XL

Zweisitzig mit speziell geformter Sitzbank. Motor mit 48,8 cm^3 und einer Leistung von 2 kW (2,7 PS). Viergang-Getriebe mit Fußschaltung, aerodynamische Cockpitverkleidung mit rechteckigem Scheinwerfer, Spezial-Sebring-Auspuffanlage, ölgedämpfte Telegabel vorne (Federweg 100 mm). Innenbackenbremsen vorne und hinten, Verbundräder, großer Tank mit 10 l Inhalt, verchromte Kotflügel vorne und hinten. Farbe: Perlblau.

Monza 4 GP

Ausstattung wie 4 XL, jedoch mit hydraulischer Scheibenbremse vorne, Blinker vorne und hinten, Magnesium-Druckgussräder. Cockpit zusätzlich mit Drehzahlmesser und Blinkerkontrolle. Farbe: Silber.

Monza 4 SL

Ein Spitzen-Mokick mit 4-Gang-Getriebe. Blinkanlage serienmäßig, Sebring-Auspuff, zweisitzig. Motor 2,9 PS, 4-Gang-Getriebe, Zentral-Pressstahlrahmen mit Doppelschleifen-Unterzug, Magnesium-Druckgussräder mit Doppelspeichen, 190 mm Scheibenbremse vorne, 120 mm Vollnaben-Innenbackenbremse hinten, Cockpit mit Drehzahlmesser und Tachometer. Farbe: Silber.

Monza 6 SL

Leistung 4,9 kW (6,5 PS), 6-Gang-Getriebe, hartverchromter Aluzylinder mit vier Überströmkanälen, Fußschaltung. Leerlaufanzeige, kontaktlose Thyristorzündung, Magnesium-Druckgussräder mit Doppelspeichen, 190 mm Scheibenbremse vorne, 140 mm Vollnaben-Innenbackenbremse hinten, elektrischer Drehzahlmesser, 21 Watt Blinkanlage, „High-Speed"-Cockpit mit Drehzahlmesser, Tachometer und Kontrollleuchten.

Monza 6 S

Leistung 4,9 kW (6,5 PS), 6-Gang-Getriebe, hartverchromter Aluzylinder mit vier Überströmkanälen, Fußschaltung, verchromte Stahlfelgen.

Maxi Silver Speed 4K, Maxi S 1980

Maxi Silver Speed 4K

Das kompakte Moped im Design der achtziger Jahre für zwei Personen. Einzylinder-Zweitaktmotor mit 1,84 kW (2,5 PS). Kickstarter, 4-Gang-Fußschaltung. Alu-Gussräder, Gepäckträger, Sportauspuff, Fußraster.

Maxi S

Einzylinder-Zweitaktmotor, maximale Leistung 1,77 kW (2,4 PS), Hubraum 48,8 cm^3, 1-Gang-Automatik, Pressstahlrahmen mit Telegabel vorne und Schwinge hinten, Leichtmetall-Druckgussräder. Farben: Silber, Inkagold, Kirschrot.

Maxi S 2

Leistung 1,77 kW (2,4 PS), Hubraum 48,8 cm^3, 2-Gang-Automatik, Pressstahlrahmen mit Telegabel vorne und Schwinge hinten, Leichtmetall-Druckgussräder. Farben: Stratosblau, Silbergrün.

Maxi L

Einzylinder-Zweitaktmotor, maximale Leistung 1,77 kW (2,4 PS), Hubraum 48,8 cm^3, 1-Gang-Automatik, Pressstahlrahmen mit Telegabel vorne und Schwinge mit Federbeinen hinten, Speichenräder. Farben: Kirschrot, Taigagrün.

Sport MK/II, Maxi L 2 / S 2 1980

Sport MK/II

Einzylinder-Zweitaktmotor (1,77 kW/2,4 PS), Hubraum 48,8 cm^3, Zweigang-Getriebe, Kickstarter. Pressstahlrahmen mit Telegabel vorne und Schwinge mit Sport-Federbeinen hinten, Alu-Druckgussräder, Lenker mit Querstrebe, Fußraster, Blinkanlage, große Rückleuchte, Seitenreflektoren, Bremslicht bei Vorderradbremsung.

Maxi L 2 / S 2

Leistung 1,77 kW (2,4 PS), Hubraum 48,8 cm^3, 2-Gang-Automatik. Farben: Stratosblau, Silbergrün.

Puch Maxi		
Modelle	**Farben**	**Automatikgänge**
Maxi L	Kirschrot, Taigagrün	1
Maxi S	Silber, Kirschrot	1
Maxi L 2	Stratosblau	2
Maxi S 2	Stratosblau, Silbergrün	2
Puch Silver Speed 4K		
Modell	**Farbe**	**Gänge**
Silver Speed 4 K	Silber	4
Puch Sport MK II und Magnum		
Modelle	**Farben**	**Gänge**
Sport MK II	Silbergrün	2
Magnum 50/II	Rot-Schwarz	2
Puch MV/DS		
Modelle	**Farben**	**Gänge**
MV 50 S	Schwarz	2
DS 50 L	Gelb-Champagner	4
Puch Cobra		
Modelle	**Farben**	**Gänge**
Cobra GT	Rot	6
Cobra GTL	Racinrot	6
Cobra GTS	Taigagrün	6
Cobra 6 C	Rot	6
Cobra T	Gelb	4
Puch Monza		
Modelle	**Farben**	**Gänge**
Monza 4 C	Weiß	4
Monza 4 SL	Kirschrot	4
Monza 4 GP	Siber	4
Monza 4 XL	Stratosblau	4
Monza 6 S	Rotmetallic	6
Monza 6 SL	Schwarz, Weiß	6

Magnum 50/II

Einzylinder-Zweitaktmotor, max. Leistung 1,91 kW/2,6 PS, Hubraum 48,8 cm³, Zweigang-Getriebe, Handschaltung, große Sitzbank (zweisitzig), Rückblickspiegel, Lenker mit Querstrebe, Fußraster, Kickstarter, große Rückleuchte.

Cobra 6 C

Monza 4 C

Einzylinder-Zweitaktmotor, maximale Leistung 1,91 kW (2,6 PS), 48,8 cm³ Hubraum, Viergang-Getriebe, stabiler, verwindungsfreier Pressstahl-Schalenrahmen mit neuer Puch-Telegabel. Hochgezogener Auspuff, Cross-Lenker mit Querstrebe (1978).

Maxi, Monza, Cobra 6 GT, 1979.

Modellübersicht 1982

Modelle	Farben	Gänge	Schaltung	Leistung		Sitze	Führerscheinfrei	Kleinmotorrad-Führerschein
				kW	PS			
Maxi L	Kirschrot	1	Automatik	1,62	2,2	1	•	
Maxi S	Silber	1	Automatik	1,62	2,2	1	•	
Maxi SL	Azurblau	1	Automatik	1,62	2,2	1	•	
Maxi SL mit Sitzbank	Silber	1	Automatik	1,62	2,2	1	•	
Maxi S 2	Perlblau	2	Automatik	1,77	2,4	1	•	
Maxi SL 2	Moccabraun	2	Automatik	1,77	2,4	1	•	
Maxi SL 2 mit Sitzbank	Kirschrot	2	Automatik	1,77	2,4	1	•	
Silver Speed/II	Silber	4	Fuß	2	2,7	2	•	
Duett	Kirschrot	2	Hand	2	2,7	2	•	
City	Silber	1	Automatik	2	2,7	1	•	
Monza 4 XL/II	Perlblau	4	Fuß	2	2,7	2	•	
Monza 4 GP/II	Silber	4	Fuß	2	2,7	2	•	
Magnum X Minicross	Weiß	1	Automatik	2,58	3,5	1	•	
Ranger TT	Gelb	4	Fuß	2	2,7	2	•	
Cobra GS	Silber	6	Fuß	4,78	6,5	2		•
Cobra GTL/II	Inkagold	6	Fuß	4,78	6,5	2		•

VeluX 30

Motor: Puch-Einzylinder-Zweitaktmotor, Motorschmierung durch Beimischung des Öles zum Kraftstoff 1:25 (4%).
Reifen: 23 x 2,00˝.
Elektrische Anlage: Wechselstrom-Schwunglichtmagnetzündung 6 V / 17 W.
Verchromter Gepäckträger.

Tøff som Puch
PUCH
5
PUCH maxi

Maskinhuset A/S, Stavanger, Norwegen

Maxi

Puch-Motor mit 2,2 PS, 49 cm^3, Bohrung 38 mm, Hub 43 mm, Motorschmierung durch Beimischung des Öles zum Kraftstoff 1:25, Motoröl SAE 40 oder 50, Bing-Vergaser 1/14, Schwunglichtmagnetzünder der Firma Bosch 6 V, 19/5 W, Zündkerze Bosch W 145 T 1, Tankinhalt: 3,2 l, Leergewicht 35,5 kg.

Maxi 2 gear

Puch-Motor mit 2,2 PS, 49 cm^3, Bohrung 38 mm, Hub 43 mm, Kompression 11:1, Motorschmierung durch Beimischung des Öles zum Kraftstoff 1:25, Motoröl SAE 40 oder 50, Bing-Vergaser 1/12, Schwunglichtmagnetzünder der Firma Bosch 6 V, 15 3/5 W, Zündkerze Bosch W 175 T 1, Tankinhalt: 3,2 l.

PUCH MOFAS

PUCH

HIT'S FÜR DIE KID'S

50/9/91 Änderungen vorbehalten. Gedruckt auf chlorfreiem Papier.

Vespa GmbH, Pf. 43, 8901 Diedorf b. Augsburg, Tel. 0 82 31/3 00 80

Puch „Hit's für die Kid's", Faltprospekt 1991.

Puch-Mofas 1991: Maxi N, P1 XL, P1 L.

ROUND OUT YOUR WHEELS WITH A PUCH MOPED.

PUCH

Steyr-Daimler-Puch of America Corporation, 1980.

Moped X 30 1962

Motor: Puch-Zweitakt-Einkolben-Motor mit Umkehrspülung. Der Motor wird durch ein Radialgebläse gekühlt. Zur Starterleichterung ist er mit einem Dekompressor ausgestattet. Die Kurbelwelle ist auf Kugeln gelagert und trägt links einen Schwunglichtmagnetzünder und rechts eine 2-Scheiben-Kupplung, im Ölbad laufend. Bohrung 38 mm, Hub 43 mm, Hubvolumen 49 cm^3, Verdichtung 1:10, Gemischschmierung im Mischungsverhältnis 1:25 (4%).

Vergaser: Bing-Vergaser 11 mm ø mit Nadeldüse, betätigt durch Drehgriff rechts am Lenker, Nassluftfilter im Ansauggeräuschdämpfer, mit Startschieber.

Zünd- und Lichtanlage: Bosch-Schwunglichtmagnetzünder mit 15 + 2 W Lichtleistung. Scheinwerfer mit Dauerabblendung, Zündkerze Bosch W 225 T 1.

Getriebe: klauengeschaltetes 2-Gang-Getriebe, alle Lagerungen als Kugel- oder Rollenlager ausgebildet.
Die Betätigung der Schaltung erfolgt über einen Schaltdrehgriff, links am Lenker liegend, von Hand aus. Der Antrieb des Getriebes erfolgt von der Kupplung über schrägverzahnte Stirnräder. Primarantrieb, Kupplung und Getriebe laufen in einem gemeinsamen Ölbad.

Übersetzungen: Motor-Getriebe 3,63; 1. Gang 2,8; 2. Gang 1,44; Getriebe – Hinterrad 3,09.

Fahrgestell: Die Vordergabel ist eine Teleskopgabel mit hydraulischer Stoßdämpfung, Federweg 60 mm. Der Rahmen-Mittelteil besteht aus einem Tragrohr, welches mit dem Lenkungslagerrohr, dem Motoraufhängeblech mit dem Tretlagerrohr und dem Sitzrohr verschweißt ist. Der Hinterbau ist mit dem Rahmenmittelteil verschraubt.

Naben und Räder:
Hinterradnabe: Die Hinterradnabe ist eine Pränafa-Nabe mit Innenbackenbremsen und einer Freilaufeinrichtung. Bremstrommeldurchmesser 90 mm, Bremsbackenbreite 18 mm.
Die Bremse ist eine Rücktrittbremse und wird über ein Klinkengesperre von der Tretkurbel aus betätigt.
Vorderradnabe: Die Vorderradnabe ist eine Puch-Nabe mit 90 mm Trommeldurchmesser. Als Bremse findet eine normale Innenbackenbremse mit 20 mm Belagbreite Verwendung. Bereifung: 23 x 2,00˝.

Kraftstoffbehälter: Dieser ist am Sitzrohr des Rahmens angebracht. Einfüllung rechtsseitig. Inhalt 3,7 l.

Sattel: komfortabler, großflächiger Sattel mit Doppelschicht-Gummidecke, in der Höhe verstellbar.

Gewichte: Gewicht des betriebsfertigen Fahrzeuges (Kraftstoffbehälter gefüllt, mit Pumpe und Werkzeug): 42 kg, zulässiges Gesamtgewicht: 130 kg.

Abmessungen:
Gesamtlänge 1750 mm, größte Breite 640 mm, Gesamthöhe 970 mm, Radstand 1105 mm, Bodenfreiheit 125 mm.

Leistungen und Verbrauch:
Maximalleistung 1,5 PS bei 4500 U/min, Höchstgeschwindigkeit 40 km/h, Steigfähigkeit 20%, Verbrauch 1,6 l/100 km.

Maxi 1968

Das neueste Puch-Modell, das besonders für den Stadtverkehr entwickelt wurde, ist modern, formschön und sportlich.

Motor: Eingang-Automatik-Mofa mit Fliehkraftkupplung im Ölbad, daher kein Kuppeln, kein Schalten, nur Gasgeben, Fahren und Bremsen, dadurch besondere Sicherheit im Straßenverkehr. Einzylinder-Zweitaktmotor mit hartverchromtem Leichtmetallzylinder, mit einer maximalen Leistung von 1–2,2 PS, Hubraum 48,8 cm^3, je nach gesetzlichen Bestimmungen.

Rahmen/Reifen: Pressstahlrahmen. Vorderteil als Kraftstoffbehälter für eine Füllmenge von 3,2 l ausgebildet. Lenker und Sattel in der Höhe verstellbar, ermöglichen für jedermann körpergerechte Sitzposition. Reichlich dimensionierte Vollnabenbremsen vorne und hinten, Bereifung an beiden Rädern 23–2˝, Gewicht 33 kg.

Leistung: Steigfähigkeit bis zu 15%, Höchstgeschwindigkeit 25 km/h, 30 km/h, 40 km/h, je nach den gesetzlichen Bestimmungen der einzelnen Länder.

Supermaxi 2 HK

Moped X 30 1965

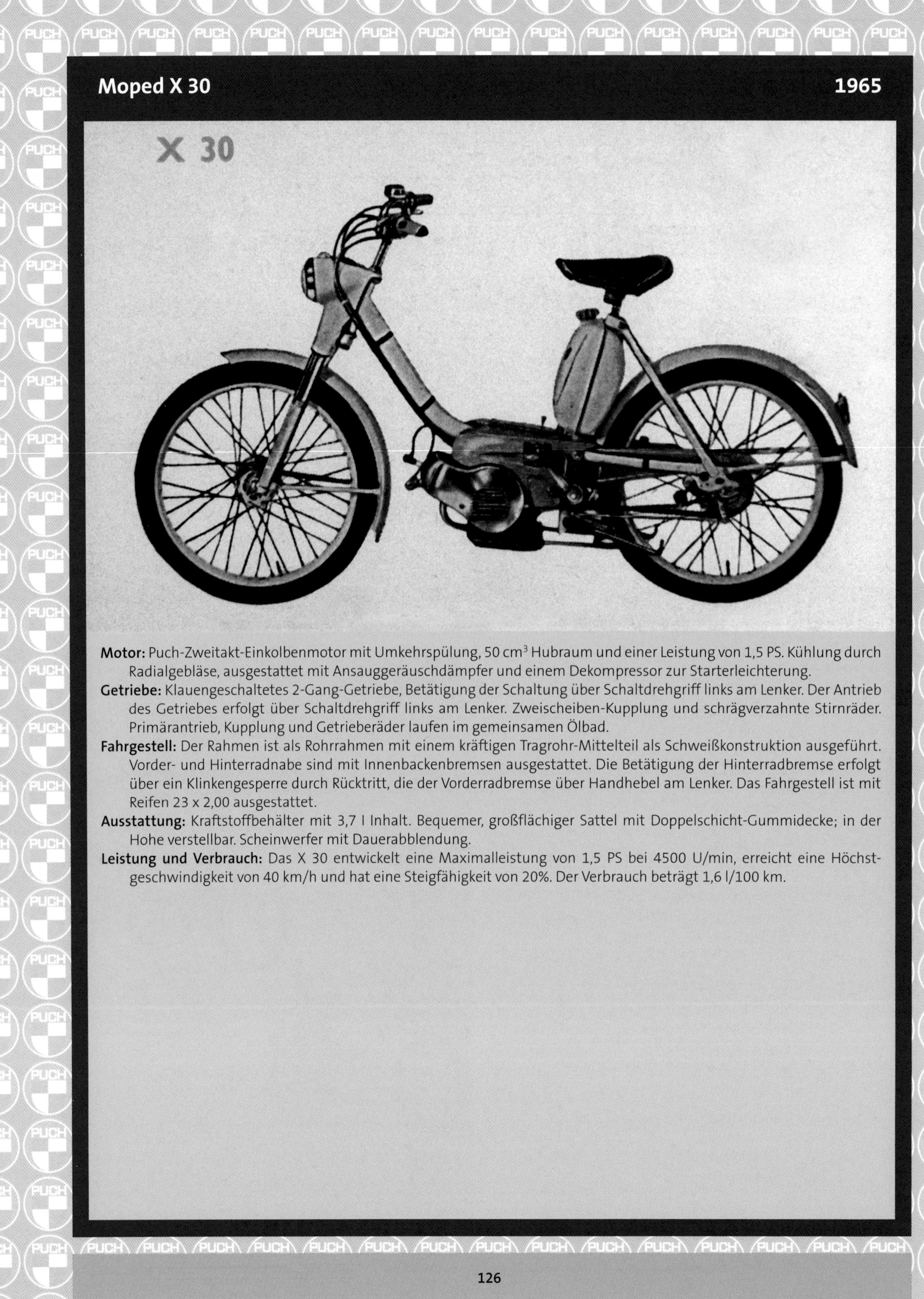

Motor: Puch-Zweitakt-Einkolbenmotor mit Umkehrspülung, 50 cm^3 Hubraum und einer Leistung von 1,5 PS. Kühlung durch Radialgebläse, ausgestattet mit Ansauggeräuschdämpfer und einem Dekompressor zur Starterleichterung.

Getriebe: Klauengeschaltetes 2-Gang-Getriebe, Betätigung der Schaltung über Schaltdrehgriff links am Lenker. Der Antrieb des Getriebes erfolgt über Schaltdrehgriff links am Lenker. Zweischeiben-Kupplung und schrägverzahnte Stirnräder. Primärantrieb, Kupplung und Getrieberäder laufen im gemeinsamen Ölbad.

Fahrgestell: Der Rahmen ist als Rohrrahmen mit einem kräftigen Tragrohr-Mittelteil als Schweißkonstruktion ausgeführt. Vorder- und Hinterradnabe sind mit Innenbackenbremsen ausgestattet. Die Betätigung der Hinterradbremse erfolgt über ein Klinkengesperre durch Rücktritt, die der Vorderradbremse über Handhebel am Lenker. Das Fahrgestell ist mit Reifen 23 x 2,00 ausgestattet.

Ausstattung: Kraftstoffbehälter mit 3,7 l Inhalt. Bequemer, großflächiger Sattel mit Doppelschicht-Gummidecke; in der Hohe verstellbar. Scheinwerfer mit Dauerabblendung.

Leistung und Verbrauch: Das X 30 entwickelt eine Maximalleistung von 1,5 PS bei 4500 U/min, erreicht eine Höchstgeschwindigkeit von 40 km/h und hat eine Steigfähigkeit von 20%. Der Verbrauch beträgt 1,6 l/100 km.

Condor-Puch X 30 Automat (Puch Velux 30 Automat)

Wie das Modell X 30 Lux wurde dieses Moped speziell für die Schweiz hergestellt. Durch sein automatisches Getriebe fällt sowohl das Schalten wie auch das Kuppeln weg. Dadurch wird die Führung derart vereinfacht, dass Sie zur Kontrolle der Fahrt nur noch zwei Hebel zu bedienen brauchen, und zwar Gas und Bremse. Durch drehzahlabhängig arbeitende Fliehkraftkupplung wird dem Motor eine größere Lebensdauer gewährt und der Benzinverbrauch wird dadurch noch niedriger.

Motor: Puch-Zweitakt-Einkolbenmotor mit Umkehrspülung, Bohrung 38 mm, Hub 43 mm, Hubvolumen 49 cm^3, Verdichtung 1:8,5; Schmierung durch Beimischung des Öles zum Benzin im Verhältnis 1:25 (4%). Luftkühlung durch Radialgebläse. Vergaser 11 mm ∅, Hauptdüse 48, Ansauggeräuschdämpfer aus Gummi mit Starterhilfe.

Elektrische Anlage: Schwunglichtmagnetzünder Bosch 6 V / 17 W, Scheinwerfer-Lichtaustritt 86 mm, Biluxlampe 6 V / 15 W, Rücklicht 6 V / 2 W.

Fahrgestell: Speziell verstärkte Stahlrohrrahmen, bequem und leicht zugänglich, Lenker regulierbar, Breite 580 mm.

Räder: Vollnaben (90 mm ∅) mit Innenbackenbremsen und stark dimensionierten Kühlrippen. Hinterrad-Bremse mit Rücktritt, Betätigung der Vorderrad-Bremse durch Handhebel mit Seilzug, Aluminium-Felgen verstärkt, Bereifung zweifarbig 23 x 2,00.

Ausrüstung: Kraftstoffbehälter 3,8 l. Komfortabler großflächiger Sattel mit Doppelschicht-Gummidecke, Kettenkasten, Sicherheitsschloss, Zentralständer, Werkzeugtasche mit Werkzeug, Pumpe.

Leistung: Höchstgeschwindigkeit gemäß eidg. Gesetz 30 km/Std., Steigfähigkeit bis 18% ohne zu treten. Benzinverbrauch 1,4 l / 100 km. Gewicht: 39 kg. Zulässiges Gesamtgewicht: 140 kg.

Getriebe und Kupplung für Modell Lux:
Zweigang-Wechselgetriebe mit linksseitiger Drehgriff-Lenkerschaltung und Scheibenkupplung im Ölbad.
Übersetzungen: 1. Gang 1:34,6; 2. Gang 1:17,8; Hinterrad mit Kettenantrieb 1/2″ x 3/16″.

Getriebe und Kupplung für Modell Automat:
Das Getriebe ist ein durch Fliehgewichte automatisch schaltendes Zweigang-Getriebe. Auf der Kurbelwelle sitzen zwei Fliehkraftkupplungen und eine Anwerfhilfskupplung. Getriebe und Kupplung laufen in einem gemeinsamen Ölbad.

Condor-Puch X 30 Lux (Puch Velux 30 Luxus)

Dieses Moped wurde speziell für die Schweiz entwickelt. Äußerst einfach in der Bedienung und Dank des Zweigang-Getriebes (Handschaltung) können Steigungen bis 18% mit voller Last und ohne Pedalhilfe befahren werden. Die originelle Rahmenform, die wirksamen Vollbremsnaben und der bequeme Sattel sind ein Genuss für jeden anspruchsvollen Fahrer.

Condor-Puch X 30 1971

Motor: Gebläsegekühlter Puch-Zweitaktmotor mit Umkehrspülung.

Getriebe: Klauengeschaltetes Zweigang-Getriebe. Schaltung durch Drehgriff am Lenker. Kupplung und Getriebe laufen im Ölbad. Kraftübertragung auf das Hinterrad durch Kette.

Vergaser: Bing-Vergaser mit Startschieber. Eingebauter Nassluftfilter im Ansaug-Geräuschdämpfer.

Fahrgestell: Rahmen aus verschweißtem Stahlrohr. Vorderradfederung durch Teleskopgabel.

Benzintank mit 4 l Inhalt.

Bremsen: Vorne und hinten Vollnabenbremsen, 80 bzw. 90 mm ø.

Räder: Leichtmetallfelgen, Weißwandreifen 23 x 2,00˝.

Zünd- und Lichtanlage: Bosch-Schwunglicht-Magnetzünder 6 V / 17 W Leistung.
Scheinwerfer mit Fern- und Abblendlicht sowie eingebautem Tachometer.

Motorleistung: Höchstgeschwindigkeit 30 km/h (gemäß gesetzlicher Vorschrift).
Steigfähigkeit 18% ohne Pedalhilfe.

Ausrüstung: Rostfreie Speichen und Kotflügel, verchromter Benzintank und Gepäckträger, Mittelstütze, Lenkschloss, Werkzeug, Luftpumpe und Tachometer.
Lieferbar in den Farben Rot, Salamander und Anthrazit.
Kein Schalten und Kuppeln mehr! Dank dem automatischen Getriebe des Condor-Puch X 30 brauchen Sie zur Kontrolle der Fahrt nur noch zwei Hebel zu bedienen: Gas und Bremse!
Die Steigfähigkeit des Condor-Puch X 30 Automat beträgt ohne Pedalhilfe 18%.
Automatisches Getriebe- und Kühlgebläse verhindern die Motorüberhitzung. Der Condor-Puch X 30 Automat ist demnach ein Fahrzeug für jedermann – handlich, einfach und wirklich anspruchslos.

Getriebe: Durch Fliehgewichte automatisch schaltendes Zweigang-Getriebe. Die Schaltung erfolgt drehzahlabhängig. Das gesamte Getriebe läuft im Ölbad.

Farben: Salamander und Anthrazit.
Übrige technische Daten gleich wie Condor-Puch X 30.
Zweigang-Handschaltung.

Ausstattung mit hochgezogenem Lenker, Komfort-Sitzbank, leicht hochgezogenem Auspuff und sportlichem Look.
M+S-Bereifung. Lackierung in Gold-Orange.

(Condor S.A., Cycles et Motorcycles, Courfaivre)

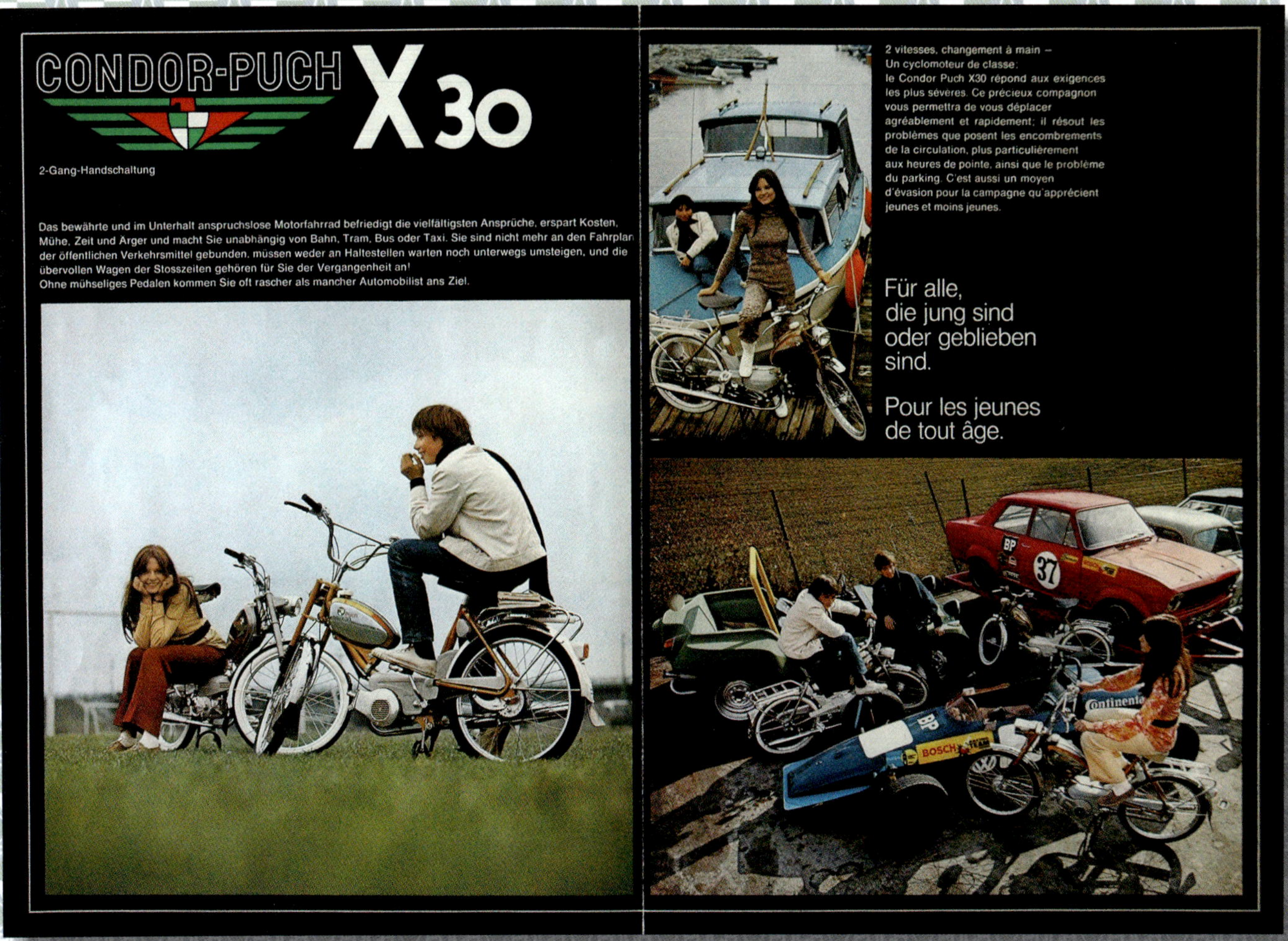
CONDOR-PUCH X30
2-Gang-Handschaltung
Das bewährte und im Unterhalt anspruchslose Motorfahrrad befriedigt die vielfältigsten Ansprüche, erspart Kosten, Mühe, Zeit und Ärger und macht Sie unabhängig von Bahn, Tram, Bus oder Taxi. Sie sind nicht mehr an den Fahrplan der öffentlichen Verkehrsmittel gebunden, müssen weder an Haltestellen warten noch unterwegs umsteigen, und die übervollen Wagen der Stosszeiten gehören für Sie der Vergangenheit an!
Ohne mühseliges Pedalen kommen Sie oft rascher als mancher Automobilist ans Ziel.
2 vitesses, changement à main –
Un cyclomoteur de classe:
le Condor Puch X30 répond aux exigences les plus sévères. Ce précieux compagnon vous permettra de vous déplacer agréablement et rapidement; il résout les problèmes que posent les encombrements de la circulation, plus particulièrement aux heures de pointe, ainsi que le problème du parking. C'est aussi un moyen d'évasion pour la campagne qu'apprécient jeunes et moins jeunes.
Für alle,
die jung sind
oder geblieben
sind.
Pour les jeunes
de tout âge.

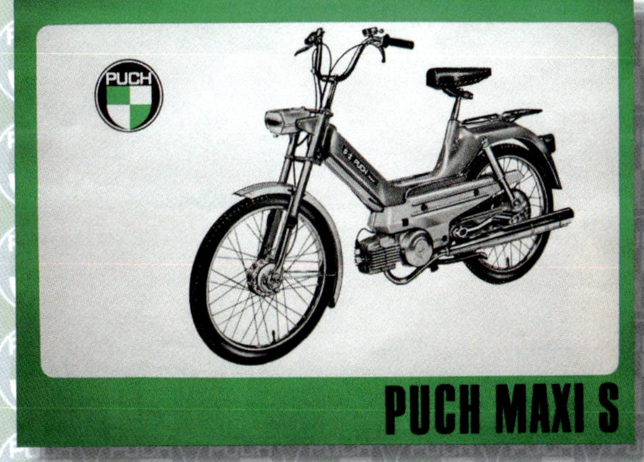

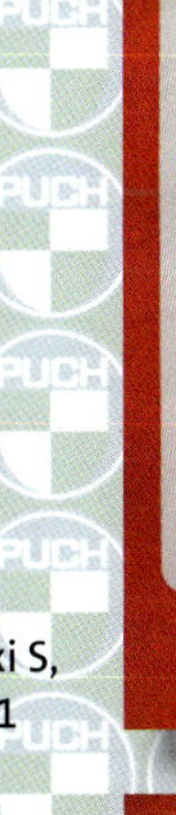

PUCH
PUCH MAXI S

Maxi S,
1971

PUCH
PUCH MAXI SPORT A

Maxi Sport A,
1971

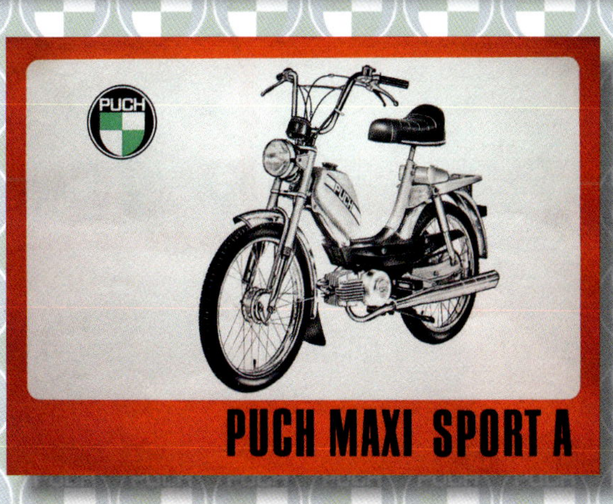

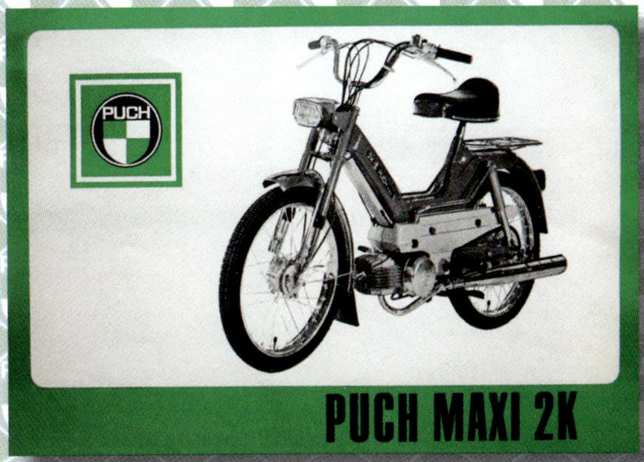
PUCH
PUCH MAXI 2K

Maxi 2K,
1971

PUCH
PUCH MAXI SPRINTER 2K

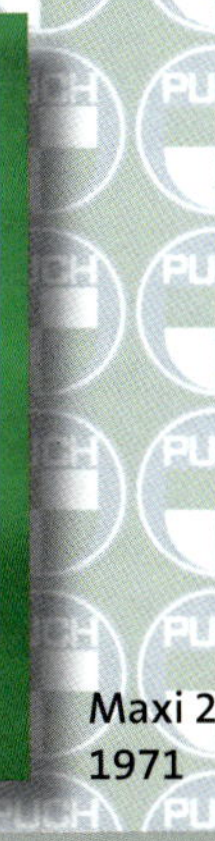

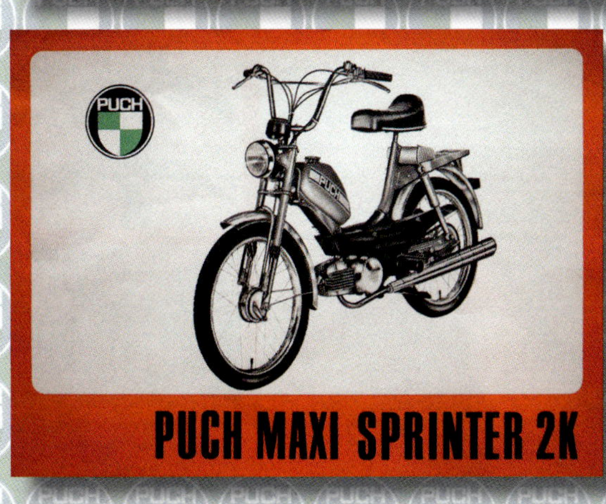

Maxi
Sprinter 2K
1971

BILDERDIENST
Wir stellen vor:
X 30
das neue PUCH-Moped – das Modell für die Dame
X30
das neue leichte Moped
mit dem gebläsegekühlten Motor 50 ccm, 1,5 PS Leistung, Zweigang-Getriebe, Ketten-Antrieb, stabiler Rohrrahmen mit freiem Einstieg.
Teleskop-Vordergabel mit hydraulischer Dämpfung, Vorderrad- und Hinterrad-Innenbackenbremse, rückwärts Rücktrittbremse, bequemer Doppelschicht-Gummisattel, Bereifung 23 x 2", Gewicht ca. 40 kg, Steigfähigkeit im 1. Gang bis 18 %, maximale Geschwindigkeit 40 km/h, Verbrauch 1,6 l auf 100 km.
PUCH
X30
mit allen Merkmalen der weltbewährten PUCH-Konstruktion, leicht, einfach in der Handhabung, betriebssicher, wirtschaftlich:
das Moped für alle, die ein bequemes, leicht zu bedienendes Fahrzeug suchen.
Preis: ö. S 3680.—
STEYR-DAIMLER-PUCH AKTIENGESELLSCHAFT
STEYR WIEN GRAZ

X 30, 1962

Maxi (Condor S.A., Courfaivre)

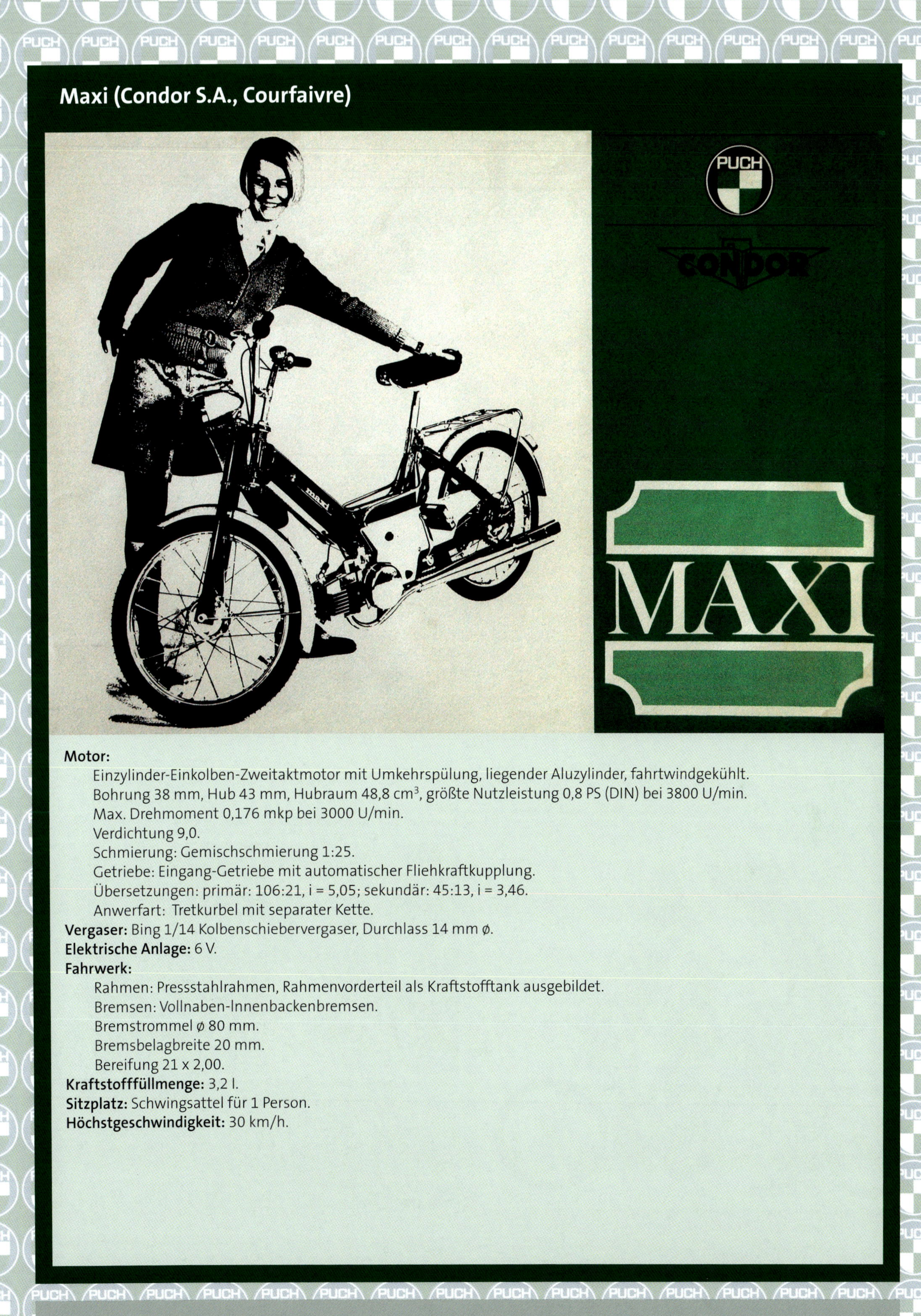

Motor:

Einzylinder-Einkolben-Zweitaktmotor mit Umkehrspülung, liegender Aluzylinder, fahrtwindgekühlt.
Bohrung 38 mm, Hub 43 mm, Hubraum 48,8 cm^3, größte Nutzleistung 0,8 PS (DIN) bei 3800 U/min.
Max. Drehmoment 0,176 mkp bei 3000 U/min.
Verdichtung 9,0.
Schmierung: Gemischschmierung 1:25.
Getriebe: Eingang-Getriebe mit automatischer Fliehkraftkupplung.
Übersetzungen: primär: 106:21, i = 5,05; sekundär: 45:13, i = 3,46.
Anwerfart: Tretkurbel mit separater Kette.

Vergaser: Bing 1/14 Kolbenschiebervergaser, Durchlass 14 mm ø.
Elektrische Anlage: 6 V.
Fahrwerk:

Rahmen: Pressstahlrahmen, Rahmenvorderteil als Kraftstofftank ausgebildet.
Bremsen: Vollnaben-Innenbackenbremsen.
Bremstrommel ø 80 mm.
Bremsbelagbreite 20 mm.
Bereifung 21 x 2,00.

Kraftstofffüllmenge: 3,2 l.
Sitzplatz: Schwingsattel für 1 Person.
Höchstgeschwindigkeit: 30 km/h.

Etn A. BRESLAU N. V.
Steenweg op Waterloo 717b - 1180 Brussel
Tel. 430163 - 64

PUCH

Ets A. BRESLAU S. A.
717b, Chaussée de Waterloo - 1180 Bruxelles
Tél. 430163 - 64

Aussi solide - Aussi parfait -
Aussi confortable que ses ainés.

Even sterk - Even komfortabel -
Even perfekt als zijn voorgangers.

VELOMOTEUR "PUCH, type MAXI 50"
49 cc à pédales. - Automatique. - Monovitesse.
Monte toutes les côtes sans devoir pédaler.

BROMFIETS "PUCH, type MAXI 50"
49 cc met pedalen - Automatisch - Monosnelheid.
Beklimt alle hellingen zonder te trappen.

MS 50 V. 49 cc Standard à 2 vitesses.
Standaard met 2 versnellingen.

MS 50 A. 49 cc 2 Vitesses, avec boîte automatique.
2 Versnellingen, met automatische versnellingsbak.

Suspension totale. - Arrière cadre oscillant.
Totale vering. - Achterschommelarm.

VS 50 D. 49 cc
Modèle de luxe à 3 vitesses. — *Luxe model met 3 versnellingen.*
Suspension totale. - Garde boue enveloppants.
Totale vering. - Brede spatborden.

Vertegenwoordigd door :

Représenté par :

Motos [illegible]
Pavé de Soignies,
MARCQ-ENGHIEN

VRAAG DE GEILLUSTREERDE EN GEDETAILLEERDE KATALOGUS.

Maxi 50, MS 50 V, VS 50 D (Ets A. Breslau S.A., Bruxelles), Belgien.

Puch Maxi – große Mode. Mit sportlich eleganter Mode aus der Boutique Helma Pach stellte PUCH das „Fahrrad mit eingebautem Rückenwind“ 1969 der Wiener Presse vor.

Keine Probleme mit dem Puch Maxi. Bei der Präsentation im Schloss Laudon bei Wien konnten sich Journalistinnen von der Handlichkeit des neuen Puch Maxi selbst überzeugen (1969).

PUCH
MAXI
MAXI
Einkaufen mit MAXI, ins Büro, ins Geschäft mit MAXI, zum Sport mit MAXI, wandern mit MAXI – immer mit Puch MAXI. Kein Führerschein. Jeder kann es sofort fahren. Wenige Tropfen Benzin genügen. Und Sie werden viel Freude mit Ihrem Puch MAXI haben.
Das Puch MAXI läßt Sie nie im Stich: es ist verläßlich, einfach zu bedienen und schnell zu starten.
maxi

Hier ist es.
Das maximale MAXI.
MAXI läuft vollauto-
matisch, ohne Schalten, ohne
Kuppeln. Einfach draufsetze
und schon schnurrt es los.
MAXI macht Boys und
Girls, Junge und Junggebliebe
zu MAXI-Fans.
MAXI ist einfach wunderbar
wunderbar einfach:
zum Einkaufen, ins Büro und
Schule, für Sport und Weeke
MAXI, ein Minimum an
Preis, aber ein Maximum an
Technik und Komfort.
MAXI, anspruchslos,
praktisch, problemlos,
sparsam und ab 14 Jahren
zu fahren.
Meinen Sie jetzt nicht auch,
dass MAXI maximal ist?
Ihr nächster Händler
wird es Ihnen gerne vorführe
maxi
PUCH
MAXI... MAXI... MAXI... maximal!
MAXI... MAXI... MAXI... maximal!
MAXI... MAXI... MAXI... maxima

MAXI... MAXI... MAXI... maximal!
MAXI... MAXI... MAXI... maximal!
Zweitaktmotor,
inlumzylinder,
S Leistung,
ng-Automat.
zintank
3,2 l Inhalt.
skopgabel.
ifung 21 x 2,00".
Moteur à deux temps,
cylindre-alu 0,8 CV,
1 vitesse automatique.
Réservoir de 3,2 l.
Fourche télescopique.
Pneus 21 x 2,00".
CONDOR-PUCH
maxi
CONDOR
Condor SA, 2853 Courfaivre
city center
oici.
traordinaire MAXI.
èrement automatique,
changement de vitesse.
embrayage.
s l'enfourchez et ça démarre.
et garçons,
es et moins jeunes,
sont enthousiasmés
e MAXI.
AXI,
simplement merveilleux
erveilleusement simple:
faire des emplettes,
s rendre au bureau
'école.
le sport et les week-ends.
AXI:
rix mini pour une technique
n confort maxi.
AXI est simple,
ique, sans problème,
nomique et autorisé dès
ns. Et maintenant,
es-vous pas aussi d'avis
le MAXI est extraordinaire?
re représentant MAXI
era un plaisir de vous
résenter.

Mofa MS 25 und Solo-Moped-V (Deutsche Steyr-Daimler-Puch GmbH, Freilassing) 1968

Mofa MS 25:
Für Shopping von der angenehmen Seite. Die moderne Hausfrau trägt heute keine Einkaufstasche mehr – sie lässt sie tragen. Von einem Puch Mofa MS 25. Fürs Shopping in der City oder im weiter entfernten Einkaufszentrum, für eine rasche Besorgung oder für einen schnellen Besuch bei einer Freundin – ein Puch Mofa MS 25 steht immer treu zu Ihren Diensten. Puch Mofa MS 25: Technisch unkompliziert, unerhört robust, sparsam und langlebig – ein Fahrzeug, an dem jeder – ohne Führerschein – seine helle Freude haben kann!

Technische Daten:
Motor: Einzylinder-Einkolben-Zweitaktmotor, 0,85 PS (DIN) bei 3500 U/min, Verdichtung: 1:10,5, Gemischschmierung: 1/25, Radialgebläse, Zylinderbohrung und Hub: 38 mm/43 mm, Hubraum: 48,8 cm^3, Umkehrspülung.
Motorzubehör: Kraftstofftank: 5,5 l, Bing-Vergaser 9,5 mm ø, Magnetzündung, Lichtmaschine: Bosch-Schwunglichtmagnetzünder.
Kraftübertragung: primär: Zahnräder, sekundär: Kette, Mehrscheibenkupplung, Wechselgetriebe, 2 Gänge, Drehgriffschaltung (Handschaltung).
Fahrgestell: Schalenrahmen, Innenbackenbremsen, Bremstrommel: 90 mm ø, Leergewicht (betriebsbereit): 51 kg, zulässiges Gesamtgewicht: 140 kg.
Beleuchtung: Scheinwerferlampe: 6 V/15 W mit Dauerabblendung, Rücklichtlampe: 6 V/2 W.
Leistung und Verbrauch: Höchstgeschwindigkeit: 25 km/h, Verbrauch: 1,5 l/100 km.

Solo-Moped-V:
Von allen Seiten nur gute Seiten. Wer ein Moped braucht, das Tag für Tag im Einsatz steht, das fährt und fährt und fährt, viel leistet, aber wenig kostet und das anspruchslos für höchste Ansprüche geschaffen ist, dem kommt ein Puch Solo-Moped-V gerade recht! Schon allein der in einer Stückzahl von über 1 Million gebaute Puch-Motor bürgt für Zuverlässigkeit, Robustheit und langes Leben.

Technische Daten:
Motor: Einzylinder-Einkolben-Zweitaktmotor, 1,8 PS (DIN) bei 4600 U/min, Verdichtung: 1:8,5. Gemischschmierung 1:25, Radialgebläse, Zylinderbohrung und Hub: 38 mm / 43 mm, Hubraum 48,8 cm^3, Umkehrspülung.
Motorzubehör: Kraftstofftankfüllmenge 5,5 l, Bing-Kolbenschiebervergaser 1/12. Elektrische Anlage: 6 V, Magnetzündung. Lichtmaschine: Bosch-Schwunglichtmagnetzünder.
Kraftübertragung: primär: Zahnräder, sekundär: Kette, Mehrscheibenkupplung im Ölbad, Wechselgetriebe, 3 Gänge, Handschaltung.
Fahrgestell: Schalenrahmen, Innenbacken-Vollnabenbremsen, Bremstrommel: 105 mm ø, Leergewicht (betriebsbereit): 54 kg, zulässiges Gesamtgewicht: 160 kg.
Beleuchtung: Scheinwerferlampe, Einfadenlampe 6 V/15 W, Dauerabblendung, Rücklichtlampe: 6 V/3 W.
Leistung und Verbrauch: Höchstgeschwindigkeit: 40 km/h, Verbrauch: 1,6 l / 100 km.

Eines Tages überlegten die Puch-Techniker, wie sie jenen das Radfahren schmackhaft machen können, die nicht mehr treten wollen. Sie schufen ein Fahrrad mit eingebautem Motor: Puch-Maxi – das vollautomatische Fahrrad mit Schaltfrei-Automatik. Jetzt ist Schluss mit dem Schleppen von Paketen und Einkaufstaschen. Ein Puch-Maxi hat keine Probleme: Man kann vergessen, dass es einen Motor hat. Einfach draufsetzen und schon schnurrt es los. Wenn Sie wollen – wohin Sie wollen – ohne Treten ins Büro, zum Einkaufen, zum Sport, ins Wochenende ...

Motor: Einzylinder-Einkolben-Zweitaktmotor mit Umkehrspülung, liegender Aluzylinder, fahrtwindgekühlt. Bohrung 38 mm, Hub 43 mm, Hubraum 48,8 cm^3, größte Nutzleistung 0,8 PS (DIN) bei 3800 U/min, max. Drehmoment 0,176 mkp bei 3000 U/min, Verdichtung 9,0, Vergaser: Bing 1/14 Kolbenschiebervergaser, Durchlass 14 mm ø, Gemischschmierung 1:25, elektrische Anlage 6 V, Eingang-Getriebe mit automatischer Fliehkraftkupplung, Übersetzungen primär 106:21, i = 5,05; sekundär 45:13, i = 3,46; Anwerfart: Tretkurbel mit separater Kette.
Fahrwerk: Pressstahlrahmen, Rahmenvorderteil als Kraftstofftank ausgebildet, Kraftstofffüllmenge 3,2 l, Verbrauch 1,2 l / 100 km, Vollnaben-Innenbackenbremsen, Bremstrommel ø 80 mm, Bremsbelagbreite 20 mm, Bereifung 21 x 2,00, Schwingsattel für 1 Person, Höchstgeschwindigkeit 30 km/h.

Maxi NDGR, Maxi N, Maxi Chopper

Maxi NDGR

Ausgestattet wie Maxi N, jedoch mit sportlichen Druckgussrädern anstelle der Speichenräder. Eingang-Automatik-Motor mit 48 cm³ und 1,1 kW/1,5 PS, Schwingsattel mit Werkzeugbox, einsitzig. Farbe: Stratosblau.

Maxi N

Das zuverlässige Qualitätsmofa zum günstigen Preis. Millionenfach bewährter Eingang-Automatik-Motor mit 48,8 cm³, 1,1 kW/1,5 PS. Telegabel vorne, Schwingsattel, Helmschloss, Gepäckträger mit Werkzeugbox, einsitzig. Farbe: Kirschrot.

Maxi Chopper

Das richtige Mofa für Chopper-Fans. Superhoher Lenker, lange, verchromte Teleskopgabel mit 75 mm Federweg, Eingang-Automatik-Motor, 48,8 cm³ und 1,1 kW/1,5 PS, Trommelbremsen vorne und hinten, Räder vorne 14", hinten 17", INOX-Kotbleche, einsitzig. Farbe: Schwarz mit goldroter Nostalgie-Beschriftung.

Maxi N

Maxi-Qualität zum Mini-Preis. Neu: wahlweise Druckgussräder, serienmäßig Helmschloss und Schmutzfänger am Schutzblech. Motor: luftgekühlt, durchzugskräftig schon ab 2000 Touren! Leistung: 14% Bergsteigfähigkeit. Verbrauch: maximal 0,5 l/h. Getriebe: Eingang-Automatik. Reifen: 17 x 2,00". Federung: Telegabel, vorne 50 mm Federweg, komfortabler Schwingsattel. Rahmen, Bremsen, Beleuchtung, Instrumente, Armaturen und weitgehend Zubehör wie Maxi S. Farben: mit Speichenrädern Silber oder Rotbronze, mit Druckgussrädern Silber.

Maxi S

Modell wie Maxi N, jedoch mit – meist von Damen gewünschter – Zusatz-Ausstattung. Neu: Farbe in Inkagold. Werkzeugbox jetzt im Sattel. Räder: 17", Magnesium-Druckguss, Reifen: 17 x 2,25", Federung: Telegabel, vorne 50 mm Federweg; Langarmschwinge und Federbeine hinten (50 mm Federweg). Bremsen: vorne und hinten je 80 mm Bremstrommel-ø. Licht: Rundscheinwerfer 80 mm ø, Rücklicht. Zubehör: Glocke, Gepäckträger, stabiler Parkständer, Tachometer, Kilometerzähler, Lenkungsschloss, Kettenschutz, Bowdenzüge mit Ölern. Farben: Inkagold oder Blau.

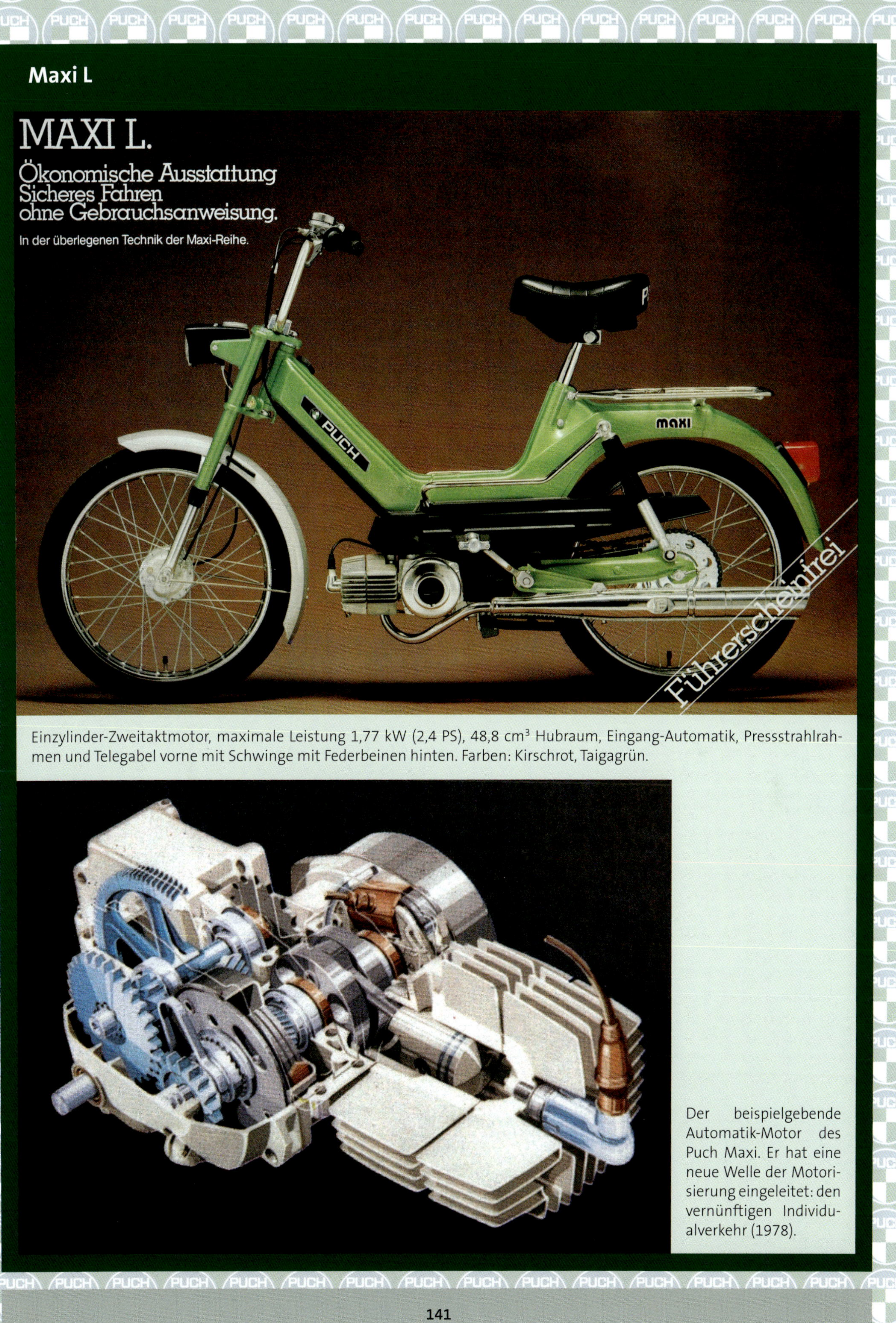

Einzylinder-Zweitaktmotor, maximale Leistung 1,77 kW (2,4 PS), 48,8 cm³ Hubraum, Eingang-Automatik, Pressstrahlrahmen und Telegabel vorne mit Schwinge mit Federbeinen hinten. Farben: Kirschrot, Taigagrün.

Der beispielgebende Automatik-Motor des Puch Maxi. Er hat eine neue Welle der Motorisierung eingeleitet: den vernünftigen Individualverkehr (1978).

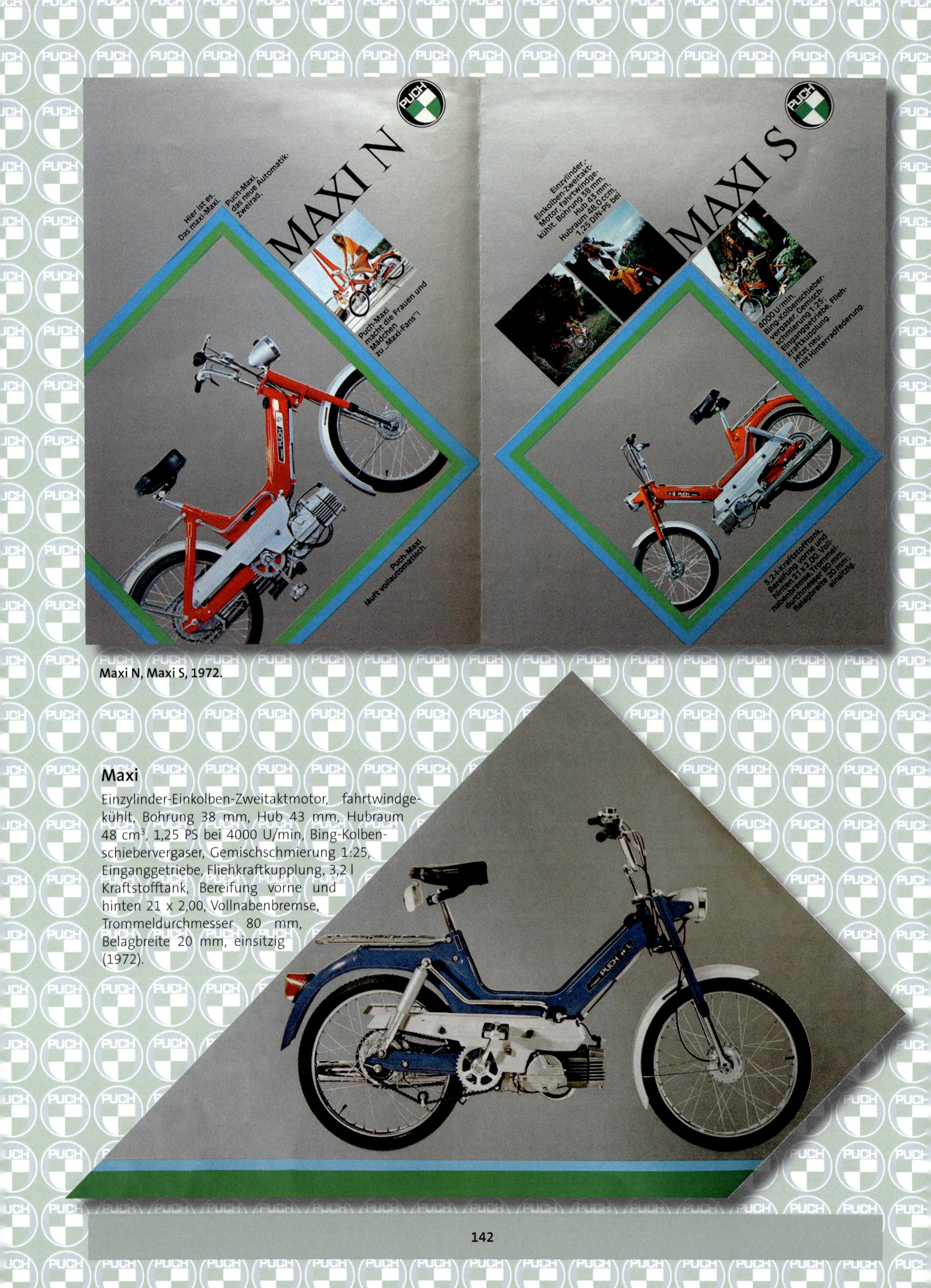

Maxi N, Maxi S, 1972.

Maxi

Einzylinder-Einkolben-Zweitaktmotor, fahrtwindgekühlt, Bohrung 38 mm, Hub 43 mm, Hubraum 48 cm³, 1,25 PS bei 4000 U/min, Bing-Kolbenschiebervergaser, Gemischschmierung 1:25, Einganggetriebe, Fliehkraftkupplung, 3,2 l Kraftstofftank, Bereifung vorne und hinten 21 x 2,00, Vollnabenbremse, Trommeldurchmesser 80 mm, Belagbreite 20 mm, einsitzig (1972).

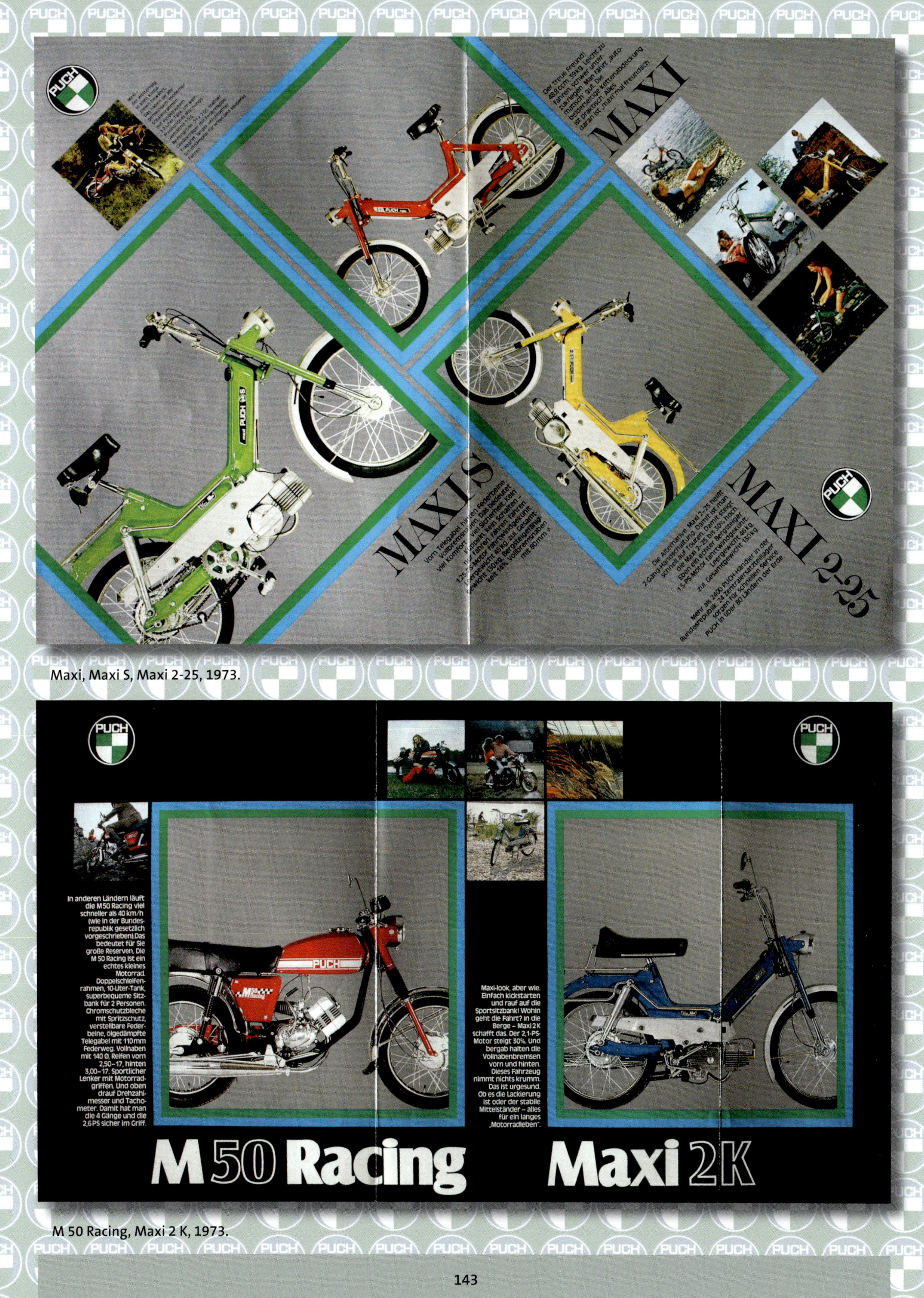

Maxi, Maxi S, Maxi 2-25, 1973.

M 50 Racing, Maxi 2 K, 1973.

Maxi L, S, SL und SL mit Sitzbank

1982

Maxi L

Maxi S

Maxi fahren ist ganz einfach: starten, gasgeben, wegfahren. Kein Schalten und kein Kuppeln. Junge Leute schwingen sich aufs Maxi; ältere steigen bequem auf. Aber flott unterwegs sind sie alle. Und das Parkplatzsuchen entfällt, denn für ein Maxi ist überall Platz. Ob man zum Einkaufen will, ins Kaffeehaus, ins Kino oder zum Rendezvous fährt: das Maxi ist immer ein eigenes sparsames Taxi.

Maxi L

Eingang-Automatikmotor mit 1,62 kW (2,2 PS). Verwindungssteifer Pressstahlrahmen mit Telegabel vorne und Schwinge hinten. Sattel mit Verbandszeug-Behälter, Sturzhelmschloss, Speichenräder, Rücktrittbremse. Farbe: Kirschrot mit Golddekor.

Maxi S

wie Maxi L, jedoch mit Leichtmetall-Druckgussrädern. Farbe: Silber.

Maxi SL

wie Maxi S, jedoch mit Tankgepäckträger, Seitenbügel für Packtaschen. Durchstiegsabdeckung. Farbe: Azurblau mit Golddekor.

Maxi SL mit Sitzbank

wie Maxi SL, jedoch mit bequemer Sitzbank und versperrbarem Gepäckfach. Farbe: Silber mit rotem Dekor.

Maxi S 2, SL 2 und SL 2 mit Sitzbank 1982

Maxi S 2

Maxi SL 2

Maxi SL 2 mit Sitzbank

Ein Maximum an Beweglichkeit bei einem Minimum an Aufwand. Das klingt recht akademisch – ist es aber nicht. Man fährt einfach ein Maxi, das mit zwei Gängen für noch mehr Fahrvergnügen sorgt. Das heißt: mehr Durchzug am Berg wie in der Ebene. Und durch die Zweigang-Automatik ist das Fahren so einfach, dass es jedermann schnell erlernt.
Das sind die Zweigängigen:

Maxi S 2

Verwindungssteifer Pressstahlrahmen mit Puch-Telegabel, Hinterradschwinge, Stoßdämpfer, Sturzhelmschloss, Sattel mit Verbandszeugbehälter, Druckgussräder, Rücktrittbremse, Zweigang-Automatik. Farbe: Perlblau.

Maxi SL 2

wie Maxi S 2, jedoch zusätzlich Tankgepäckträger, Durchstiegsabdeckung und Seitenbügel für Packtaschen. Vorder- und Hinterradbremse von Hand zu betätigen. Farbe: Moccabraun mit Golddekor.

Maxi SL 2 mit Sitzbank

wie Maxi SL 2, jedoch mit bequemer Sitzbank und versperrbarem Gepäckfach. Farbe: Kirschrot mit Golddekor.

Alle Zweigang-Maxi haben einen 48,8 cm^3-Motor mit 1,77 kW (2,4 PS).

Maxi Plus: Motor mit 48,8 cm³ und einer Leistung von 2 kW/2,72 PS. Der neue Graugusszylinder bringt mehr Drehmoment, bessere Laufruhe und weniger Verbrauch. Fahrtwindkühlung. Zweigang-Getriebe mit Handschaltung. Kunststoff-Sicherheitstank (3,8 l), bruchfeste Kunststoffkotflügel. Alu-Telegabel vorne mit 80 mm Federweg, Triebsatzschwinge hinten. Innenbackenbremsen ø 125 mm vorne und hinten, zweisitzige Sitzbank (versperrbar), Einschlüsselsystem für Lenkradsperre und Sitzbank. Breitflächiger Scheinwerfer und große Rückleuchte. Integriertes Cockpit mit Zündschloss und Fernlichtkontrolle. Kickstarter und Fußbremse. Bremslicht leuchtet auch bei Betätigung der Handbremse. Als Sonderausstattung sind elastische Blinker vorgesehen (1983).

Maxi E, L, S, SL, S2, SL2 (1983).

Silver Speed, MV 50 X (1983).

Lido L, Lido CD, Mini Maxi, City (1983).

Monza 4 SL, Monza 4 GP (1983).

Cobra GS, Cobra GTL (1983).

Ranger 4 TL, Ranger 4 TT, Magnum X Minicross (1983).

Magnum 1983

Die Mini-Motocross-Maschine für 7- bis 12-jährige, ein Riesenspaß für Kinder. Magnum ist mit echten Geländereifen, Telegabel und Hinterradschwinge mit verstellbaren Federbeinen ausgestattet.
Zur Technik: Gewicht: 38 kg, Länge: 149 cm, Breite: 68 cm, Höhe: 88 cm, PS: 3,5, Tank: 3,5 l Inhalt (für mehr als 200 km).
Puch Magnum hat keine Straßenzulassung und darf nur auf Privatgrund gefahren werden.

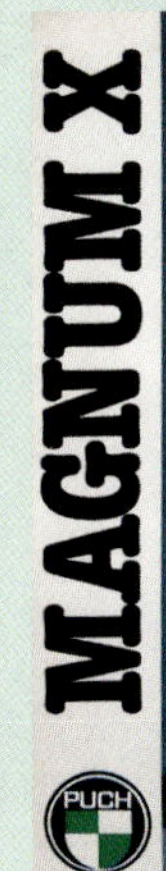

Magnum X

Klein – aber oho! Das Querfeldein-Vergnügen für den ambitionierten Nachwuchs ab 6 Jahre. Diese „Maschine“ wurde speziell für die Jugend, und zwar nur für das Gelände, entwickelt. Die Magnum X ist voll geländetauglich: Kein Berg ist ihr zu steil, kein Mugelgelände zu rau. Ein sympathisches Fahrzeug, mit dem sich Kinder sehr schnell anfreunden. Günstig im Verbrauch, sehr geräuscharm.

Profi-Technik für kinderleichte Handhabung: Natürlich ist bei der MAGNUM X alles auf die Kinder abgestimmt und somit besonders sicher konstruiert. Durch die Eingang-Automatik ist diese Minicross kinderleicht zu handhaben. Der millionenfach bewährte 50 cm³-Motor leistet 2,58 kW (3,5 PS). Weitere interessante Details sind: Telegabel mit 55 mm Federweg, Innenbackenbremsen vorne und hinten (ø 90 mm), leichtgängiger Kickstarter, grobstollige Geländereifen u. a. m.

NEU: PUCH MAGNUM X
DIE PUCH-MINICROSS
FÜR DAS QUERFELDEIN-
VERGNÜGEN
PUCH
PUCH

Dreh auf – komm an. Mit Puch.

MODELL-ÜBERSICHT	FAHREIGENSCHAFT								SCHALTUNG HAND = H, FUSS = F			
MODELL	SPORTLICH-RASANT	KOMFORT – BEQUEM	WIRTSCHAFTLICH SPARSAM	EINFACH UND PROBLEMLOS	ALTER 25 J. / 16 J.	FÜHRERSCHEIN-KLASSE FREI	5	4	AUTOMATIK	MEHRGANG-GETRIEBE	BERGSTEIG-FÄHIGKEIT	HÖCHST-GESCHWIN-DIGKEIT
MOFAS												
MS 25	x	x	+	+	x	x				H2G	18%	25 km
MAXI N	x	x	++	++	x	x			x		14%	25 km
MAXI S	x	++	++	++	x	x			x		14%	25 km
MAXI SL	+	++	++	++	x	x			x		14%	25 km
MAXI 2-25	+	+	+	+	x	x				H2G	30%	25 km
X 30	+	+	+	+	x	x				H2G	30%	25 km
X 30 A	+	+	+	++	x	x			x		16%	25 km
MOPEDS												
MS 50 V	x	+	++	+	x		x			H2G	22%	40 km
MAXI 2-40	x	x	+	x	x		x			H2G	22%	40 km
MOKICKS												
MAXI 2 K	+	+	+	+	x		x			H2G	22%	40 km
M 50 RACING	++	+	+	+	x		x			F4G	über 30%	40 km
KLEINKRAFTRÄDER												
M 50 JET	++	++	+	+	x			x		F6G	30%	85 km

++ = sehr gut, + = gut, x = zutreffend

Mofas führerscheinfrei

Die Puch-Maxi-Modelle sind weltberühmt und gehören in Europa zu den meistverkauften Mofas. Diese Vorteile sind bezeichnend für die gesamte Baureihe:

- Rassiges Styling durch glattflächige Konturen und trotzdem stabilste Rahmenbauweise.
- Stabile Ständerbefestigung.
- Langer Radstand bringt besten Geradeauslauf und erhöhte Sicherheit.
- Durch die große Verstellmöglichkeit der Sitzhöhe paßt sich die Maxi dem Fahrer an. Nicht umgekehrt.
- Am Detail erkennt man die Sorgfalt. So haben die Seilzüge einen Scheuerschutz.
- Kraftvoller Motor ermöglicht ruckfreies Anfahren über Kupplung im Ölbad.
- Formvollendeter, absolut waagerecht liegender Zylinder.
- Alle für die Wartung zugänglichen Teile des Motors liegen außerhalb der Motorenverkleidung und sind leicht zugänglich.

Maxi S (Ohne Abbildung)

Neben technischer Reife kommt bei der Maxi S der Komfort nicht zu kurz. Sauberes automatisches Anfahren bis zur zuverlässigen Dauergeschwindigkeit. Komfortable Vorder- und Hinterradfederung.

Maxi SL
Der Sieger im Hobby-Test.

Ein elegantes, wirtschaftliches und bequemes Luxusmodell. Vollautomatisch: einfach draufsetzen und Gas geben. Mit der Maxi erlebt man die Welt von ihrer schönsten Seite. Man kommt überall hin und sicher an. Vorderes Schutzblech aus Nirosta. Breite Bereifung.

Dreh auf - komm an. Mit Puch.

Maxi N

Viel Mofa für Ihr gutes Geld. Die Maxi N macht alles mit, sie ist stabil und solide gebaut, gut für viele tausend Kilometer. Für den, der rechnet und damit sicher und preiswert fahren will.

Maxi 2-25 (Ohne Abbildung)

Der leistungsfähige Motor und die 2-Gang-Handschaltung geben der Maxi 2-25 den sportlichen Touch und ihre ausgeprägten Bergsteiger-Qualitäten. Bis zu 30% Steigung schafft sie spielend.

Maxi 2K
Mokick (Führerschein Klasse 5)

Das kraftvolle, rasante Mokick aus der Maxi-Baureihe. 2-Gang-Handschaltung, robuster 2,1 PS-Motor. Einmal kickstarten, und der Motor dreht voll auf. Souveräne Sitzposition auf der sportlichen Sitzbank. Telegabel vorn, Federbeine hinten.

Maxi 2-40 (Ohne Abbildung)
Moped (Führerschein Klasse 5)

Das hunderttausendfach bewährte Moped aus der Maxi-Baureihe. Ausgereifte Technik, überzeugendes Styling. 2-Gang-Handschaltung, 2,1 PS-Motor. Unverwüstlich und gut für viele tausend Kilometer. Komfortable Federung: Telegabel vorn, Federbeine hinten.

Maxi S, Maxi SL, Maxi N, Maxi 2-25, Maxi 2K, Maxi 2-40.

Mofas führerscheinfrei

X 30 A

Für Freizeit, Schule, Shopping. Problemlos in der Bedienung. Nur draufsetzen und Gas geben. Einfach wie Fahrradfahren, nur viel schöner.
Motor mit 1-Gang-Automatik. Höchster Fahrkomfort durch Schwingsitzbank und abgestimmte Vorder- und Hinterradfederung.

X 30

Der ganz heiße Tip für Mofa-Fans, die ihre Freude am sportlichen Fahren haben. Bis zu 30% Steigung schafft der Motor mit der 2-Gang-Handschaltung. Schon von der Optik verspricht die X 30 robuste Kraft und Zuverlässigkeit. Aufgesetzter, wuchtiger 3,8 l-Tank. Sportlicher Jet-Sitz. Querverstrebter, rasanter High-Lenker.

Dreh auf - komm an. Mit Puch.

MS 25

Das MS 25 wird fast unverändert seit 20 Jahren gebaut. Es hat 100.000e Freunde in aller Welt. Milliarden Kilometer kommen da zusammen.
Gebläsegekühlter 2-Gang-Schaltmotor, Allradfederung, weicher Sattel, Schalenrahmen. MS 25 - Ihr treuer, zuverlässiger Freund.

MS 50 V (Ohne Abbildung)
Moped (Führerschein Klasse 5)

Dieses Erfolgsmodell hat den Ruhm von Puch als Zweirad-Pionier begründet und über 500.000-fach bewiesen. Heute so aktuell wie gestern. Ständig weiterentwickelt und verfeinert. Bequem und wirtschaftlich zu fahren. 2,1 PS-Motor, 2-Gang-Handschaltung. 22% Steigfähigkeit. Telegabel vorn, Federbeine hinten. Vollnabenbremsen 90 mm Ø für Ihre Sicherheit.

Mofa X 30 A, X 30, MS 25, MS 50 V.

Maxi Sport, Maxi SL

1980

Maxi Sport

Spitzenmodell der Maxi-Baureihe, wahlweise mit Vierfach-Blinkanlage. Neu: bei dem Modell mit Blinkanlage jetzt noch stärkere Federbeine hinten. Bremsen: 80 mm Bremstrommel-ø. Licht: Rundscheinwerfer 105 mm ø mit großem, aufgesetztem Tachometer. Beim Modell mit Blinkanlage Cockpit mit Tachometer, Zündschloss und Blinkerkontrolle. Zur Sicherheit vier Seitenstrahler und Bremslicht. Bremslicht (beim Modell mit Blinkanlage) serienmäßig. Rückspiegel, praktische Packtaschen-Halterung, vorderes Schutzblech aus nichtrostendem Edelstahl, sportliche Hocker-Sitzbank. Farben: Modell ohne Blinkanlage Silber oder Jetblau; mit Blinkanlage Rot oder Silber.

Maxi SL

Neues Modell. Das Maxi für die Berge. Mit 2-Gang-Automatik-Motor! Im Übrigen wie Maxi S. Tank: auch bei diesem Modell im Schalenrahmen. Füllmenge reicht über 8 Stunden bei Normverbrauch. 1:50-Mischung. Geräusch: leiser als Autos – 70 dB (A). Sattel: auch bei diesem Modell mehrfach in der Höhe zu verstellen. Bequem niedriger Fahrzeug-Durchstieg, Drei-Schichten-Einbrennlackierung, ungewöhnlich gute Verchromung, stabile Griffe und Hebel: All das zeichnet auch dieses Maxi aus. Zuladung: max. 85 kg. Farbe: Perlblau.

X 30

Das Rohrrahmen-Mofa mit Zweigang-Handschaltung. Motor: luftgekühlt. Leistung: 30% Bergsteigfähigkeit! Tank: Reichweite über 9 Stunden bei Normverbrauch (1,6 l). 1:50-Mischung. Räder: 17", Magnesium-Druckguss. Reifen: 2,25". Lenkung: Hochlenker mit Querstrebe. Bremsen: vorne 80 mm, hinten 90 mm Trommel-ø. Federung: Telegabel vorne, Schwinggabel mit Telefederbeinen hinten (je 50 mm Federweg). Hocker-Sitzbank, Gepäckträger, Rundscheinwerfer, Rücklicht, Tachometer, Edelstahl-Schutzbleche. Farben: Transparentrot oder Blau.

X 40

City-Mofa in Mini-Ausführung. Ganz bequem Platz zu nehmen. Ideal für Damen. Maxi-Motor. Getriebe: Eingang-Automatik. Lenkung: Hochlenker für aufrechtes Fahren. Räder: 12", Speichen. Reifen: 3,00". Bequeme Sitzbank, Tachometer mit Kilometerzähler, Glocke, Schmutzfänger, Kettenabdeckung, scheuergeschützte Bowdenzüge, Rücklicht. Farbe: Silber.

X 50

Das Langzeit-Mofa! Zweigang. Neu: Modell in Grundausstattung. Top-Modell mit Cockpit, Bremslicht, Zündschloss, offenen Federbeinen und Sport-Scheinwerfer 105 mm ø. Federung: stabile Teleskopgabel vorne, hydraulisch gedämpfte Federbeine hinten, Federwege vorne 75 mm, hinten 60 mm. Räder: 17", Magnesium-Druckguss. Reifen: 17 x 2,25" vorne (Grundmodell), sonst 17 x 2,50", hinten stets 2,50". Ausstattung: Schutzbleche aus Kunststoff, langer Kettenschutz, Gepäckträger mit Packtaschenhalterung, Parkständer, Lenkungsschloss, Glocke, Werkzeugfach, Werkzeugsatz. Farben: Silber beim Grundmodell, Rot oder Blau beim Top-Modell.

X 50

Treuer Lebensgefährte für Berufstätige, die Jahr für Jahr pünktlich zur Arbeit müssen. Neu: niedrigere, komfortablere Sitzbank. Legendärer Puch-Motor, in Fachkreisen als unverwüstlich bezeichnet. Getriebe: Mehrscheibenkupplung im Ölbad laufend, Dreigang-Wechselgetriebe, Handschaltung, Pedalkickstart (Einketter). Ausstattung: wie beim Top-Modell des X-50-Mofas. Farbe: Silber.

10-teiliger Faltprospekt

X 50-3 Standard, X 50-3 Luxus, Racing 25, X 50-3 (Moped), Imola X, Imola GX, Cobra 80-6 GT, Lido Vario.

Maxi N, Maxi N DGR, Maxi S, Maxi E, Maxi Super S, Maxi S2, X 30 Turbo, X 30 Chopper.

mola X
n Motorrad-Look mit mehr Kraft von unten heraus. in einem neuen Design, das Lust auf Fahrtwind portliche Mokick mit einer kompletten Ausstattung. CH-Dekor gestylt.
cm³-Motor mit 2,1 kW/2,9 PS (ab 1. 4. 86: 2,5 kW/ n/h Höchstgeschwindigkeit). 4-Gang-Getriebe mit , Sporttank, Telegabel vorne mit 100 mm Federweg, nten mit 75 mm Federweg (verstellbar), Tankinhalt emslicht bei Hand- und Fußbremse, Helmschloß, weisitzige Sitzbank. Farbe: perlelfenbein.
PUCH Imola GX
Man sagt: Mit den Augen essen. Wir sagen: Der Appetit kommt mit dem Fahren. Das Mokick mit dem Feeling eines Motorrades. Gleiche Technik wie beim Modell Imola X jedoch mit folgender Zusatzausstattung: Scheibenbremse vorne mit 220 mm ∅, integrierte Blinker, Drehzahlmesser.
PUCH Cobra 80-6 GT
Das Sieger-Leichtkraftrad im »Motorrad«-Test. Das Porsche-Design und die bewährte PUCH-Qualität machen die Cobra 80-6 GT zu einem absoluten Spitzenprodukt in dieser Klasse.
Technik: 6-Gang-Fußschaltungs-Motor mit 77 cm³ und einer Leistung von 6,2 kW/8,4 PS. Fahrtwindkühlung, Fußbremse. Verwindungssteifer Rohrrahmen mit Rahmenschleife, großer Kraftstoffbehälter mit 12,5 Liter Tankinhalt. Hydraulisch gedämpfte Telegabel mit 110 mm Federweg, hydraulisch gedämpfte verstellbare Federbeine, zweisitzige Sitzbank. Eckiger großer Scheinwerfer mit Schweinwerferverkleidung und Windschutz, großer Tachometer, Blinkanlage, Sebring-Auspuff. Blech-Verbundräder, vorne Scheibenbremsen 220 mm ∅, hinten Trommelbremse 140 mm ∅. Reifen vorne 2½-17", hinten 3-17". Farbe: perlelfenbein.
PUCH Lido Vario
Der Roller mit jungem neuen Design und kompletter Ausstattung. Durch eine neue Keilriemen-Automatik wird die Kraft stufenlos auf das Hinterrad übertragen.
Technik: 2-Takt-Motor mit 48 cm³; Leistung 2,32 kW/3,16 PS. Gebläsekühlung, Elektro- und Kickstarter, Tankinhalt 5,5 Liter, Getrenntschmierung durch separaten Öltank (Normalbenzin kann getankt werden), Kotflügel vorne aus Kunststoff, 10"-Verbundfelgen, Bereifung 3-10". Telegabel vorne, Federweg 70 mm, Trommelbremsen mit 120 mm ∅. Beide Bremsen von Hand zu betätigen. Zweisitzige Sitzbank, absperrbar, Blinker serienmäßig, Zündschloß, Helmschloß, Fernlichtkontrolle, Blinkerkontrolle, Ölstandkontrolle, Tankuhr. Verschließbares Gepäckfach in Frontschürze integriert. Farben: rot, weiß, blau.
Jeden Tag verläßlich.
PUCH
Mofa
Moped
Mokick
Roller
Maxi E
axi mit mehr Komfort durch mechanisch gedämpfte inten.
ährter PUCH-Motor, 1-Gang-Automatik mit 48,8 cm³, kW/1,5 PS, Fahrtwindkühlung. Verwindungssteifer men mit integriertem Tank (3,2 Liter); DIN-Verbrauch km. Telegabel mit 50 mm Federweg vorne, Feder- breiter bequemer Schwingsattel mit Werkzeugbox, , Drahtspeichenräder mit gut dosierbaren Trommel- nststoffkettenschutz, Helmschloß. Farbe: silber mit Dekor.
PUCH Maxi Super S
Das PUCH-Maxi mit besonderer, sportlicher Optik.
Technik: Maxi 1-Gang-Automatikmotor mit 48,8 cm³, Leistung 1,1 kW/1,5 PS, Fahrtwindkühlung. Verwindungssteifer Preßstahlrahmen mit integriertem Tank, 3,2 Liter Tankinhalt. DIN-Verbrauch 1,5 Liter/100 km. Telegabel mit 50 mm Federweg vorne, mechanisch gedämpfte Federbeine hinten. Breiter bequemer Schwingsattel mit Werkzeugbox. Gepäckträger, Scheinwerfereinsatz mit Scheinwerfermakse, Drahtspeichenräder mit gut dosierbaren Trommelbremsen, Reifen 2¼-17", Kunststoffkettenschutz, Helmschloß. Farbe: weiß mit rotem Dekor.
PUCH Maxi S2
Das Maxi-Modell mit dem leistungsstarken 2-Gang-Handschaltungs-Motor. Da, wo Steigfähigkeit und Zusatzleistung verlangt werden, ist der unverwüstliche PUCH-Motor unschlagbar.
Technik: Maxi 2-Gang-Handschaltungs-Motor mit 48,8 cm³; 1,1 kW/1,5 PS und genügend Leistung auch bei Bergfahrten. Einkettenantrieb. Fahrtwindkühlung. Verwindungssteifer Preßstahlrahmen mit integriertem Kraftstoffbehälter. 3,2 Liter Tankinhalt. DIN-Verbrauch 1,5 Liter/100 km. Telegabel mit 50 mm Federweg vorne, mechanisch gedämpfte Federbeine hinten; breiter bequemer Schwingsattel. Gepäckträger mit Werkzeugbox, Tragegriffe. Drahtspeichenräder mit gut dosierbaren Trommelbremsen. Pedalrücktrittbremse. Reifen 2¼-17". Kunststoffkettenschutz, Helmschloß. Farbe: azurblau, Dekor: gold.
PUCH X 30 Turbo
Auch im Rahmen des Erlaubten kann man ganz schön aufdrehen. Das Mofa mit dem kraftvollen Schub, vom Stand, bergauf, im Stadtverkehr.
Technik: 2-Gang-Handschaltungs-Motor mit 48,8 cm³, 1,1 kW/1,5 PS, genügend Leistung auch bei Bergfahrten, Pedalausführung, Einkettenantrieb, Fahrtwindkühlung. Verwindungssteifer Rohrrahmen. Kraftstoffbehälter 3,8 Liter Tankinhalt. Seitenflächen verchromt. DIN-Verbrauch 1,8 Liter/100 km. Telegabel mit 50 mm Federweg. Bequemer Schwingsattel mit Werkzeugbox, mechanisch gedämpfte Federbeine, Aluminium-Gepäckträger, INOX-Kotbleche, großer Scheinwerfer, Tachometer aufgesetzt. PUCH-Druckgußräder, Reifen 2¼-17". Kunststoffkettenschutz, Helmschloß. Farben: kirschrot, stratosblau. Dekor: mehrfärbig.
PUCH X 30 Chopper
Das Mofa im Easy-Rider-Look mit superhohem Lenker und dem Extraschub.
Technik: Beste Kraftausnützung auch am Berg durch die 2-Gang-Handschaltung, 48,8 cm³-Motor mit 1,1 kW/1,5 PS. Stabiler, verwindungssteifer Rohrrahmen mit aufgesetztem Tank und langer Teleskopgabel (verchromt); hochgesetzter Tachometer, INOX-Kotflügel; vorne 14"-, hinten 17"-Speichenräder. Besonders bequemer Schwingsattel mit Werkzeugbox, Helmschloß. Farbe: mahagoni.

Duett, Silver Speed 1982

Duett

Frei sein, das heißt auch einmal auf und davon fahren zu können: zu zweit allein sein können. Darum gibt es Pärchen, die nicht nur ineinander verliebt sind, sondern auch in ihr Puch Duett für zwei. Oder in ihr Silver Speed für zwei. Zwei Puch für je zwei junge oder jung gebliebene Leute, die viel für Freiheit übrig haben.

Duett

Bequeme Sitzbank für zwei Personen. Der 6,4 l-Tank reicht für weite Ausflüge. Rechteckiger Breitband-Scheinwerfer, spezielle Verbundräder, große Innenbackenbremsen vorne und hinten (120 mm ø). Verstärkte Federung, versperrbarer Gepäcksraum (unter der Sitzbank), Kickstarter, große Rückleuchte, Gepäckträger mit Seitenbügeln für Packtaschen. Cockpit mit Tacho und Fernlichtkontrolle. Vorderer und hinterer Kotflügel aus Kunststoff. Motor mit 2 kW (2,7 PS), Zweigang-Handschaltung, zweisitzig. Farbe: Kirschrot mit Golddekor.

Silver Speed

Silver Speed

Grundausstattung wie Duett, jedoch vier Gänge (Fußschaltung), großer Scheinwerfer, vorne gelbe Seitenreflektoren, vorderer Kotflügel verchromt, zweisitzig. Farbe: Silber.

Maxi Plus

Das Komfort-Mofa mit der Technik der Zukunft. Antriebsteile formvollendet verkleidet. Eingang-Automatik-Motor mit 48,8 cm^3, 1,1 kW/1,5 PS, Einkettenantrieb, einsitzig, Alu-Triebsatzschwinge, Vorderradgabel mit Alu-Gleitrohren, 80 mm Federweg, Sturzhelmsicherung, Tankverschluss, 3,7 l Tankinhalt, Kunststoffkotflügel, integrierter Gepäckträger, Einschlüsselsystem. Farben: Audirot, Perlblau.

Maxi S

Technisch perfekter Einzylinder-Zweitaktmotor, maximale Leistung 1,77 kW (2,4 PS), 48,8 cm^3 Hubraum, Eingang-Automatik, Pressstrahlrahmen und Telegabel vorne mit Schwinge hinten. Und jetzt neu: die Leichtmetall-Druckgussräder. Farbe: Silber, Champagner (1978).

Maxi S 2

Das Maxi-Modell mit mehr Durchzug am Berg durch die leistungsstarke Zweigang-Handschaltung. Einkettenantrieb, Telegabel vorne, Federbeine hinten, Schwingsattel mit Werkzeugbox, Gepäckträger, Tragebügel, Pedalrücktrittbremse, Helmschloss, Druckgussräder. Motor 48 cm^3 und 1,1 kW/1,5 PS. Farbe: Azurblau.

Maxi Super S, X 30 Chopper, X 30 Turbo

Maxi Super S

Ein Sondermodell mit Nostalgie-Dekor in der Sicherheitsfarbe Weiß. Eingang-Automatikmofa mit 48,8 cm^3-Motor, 1,1 kW / 1,5 PS. Telegabel vorne, Federbeine hinten (mit außenliegenden Spiralfedern), Federweg jeweils 50 mm, Auspuff mit Wärmeschutzblech, Helmschloss, Weißringreifen.

X 30 Chopper

Das Mofa im Easy-Rider-Look. Beste Kraftausnutzung auch am Berg durch die Zweigang-Handschaltung. 48,8 cm^3-Motor mit 1,1 kW/1,5 PS. Stabiler Rohrrahmen mit aufgesetztem Tank und langer Teleskopgabel (verchromt), hochgesetzter Tachometer, INOX-Kotflügel, vorne 14", hinten 17"-Speichenräder. Schwingsattel mit Werkzeugbox, Helmschloss. Farbe: Mahagoni.

X 30 Turbo

Das sportive und dennoch preisgünstige Mofa. Zweigang-Handschaltungsmotor mit 48 cm^3 und 1,1 kW / 1,5 PS. Einkettenantrieb, verchromter Tank (Inhalt 3,8 l), INOX-Kotbleche, Schwingsattel mit Werkzeugbox, Telegabel vorne, Federbeine hinten, Alu-Gepäckträger, Helmschloss, Tachometer. Farbe: Kirschrot.

X 50-2 Standard

Ein robust gebautes Langzeitmofa mit Zweigang-Handschaltung. Leistung 1,1 kW/1,5 PS, großer 6,4 l-Tank, Telegabel mit 75 mm Federweg vorne, große absperrbare Sitzbank, Kunststoffkotflügel, Druckgussräder, Helmschloss, Pedalrücktrittbremse. Farbe: Silber.

X 50-3 Mofa

Das Edelmofa für Kenner. Drei Gänge holen auch die letzten Kraftreserven aus dem 48,8 cm^3-Motor, 1,1 kW/1,5 PS. Stabiler Rohrrahmen mit großem Tank (6,4 l). Telegabel vorne mit 75 mm Federweg, Federbeine hinten; Schwingsattel mit Werkzeugbox (wahlweise Sitzbank), Druckgussräder, Helmschloss, Drehzahlmesser, Gepäckträger mit Seitenbügeln, Pedalrücktrittbremse, Sebring-Auspuff, Tachometer. Farbe: Grün.

X 50-3 Moped

Der Preishit in der X 50-Baureihe. Dreigang-Handschaltungsmotor mit 48,8 cm^3, Leistung 2 kW/2,72 PS, Pedalrücktrittbremse, großer Tank (6,4 l), Telegabel vorne mit 75 mm Federweg, hydraulisch gedämpfte Federbeine hinten, Kunststoffkotflügel, großer Tachometer, große absperrbare Sitzbank (einsitzig), Druckgussräder mit Trommelbremse, Helmschloss (mit und ohne Gepäckträger lieferbar). Farbe: Silber.

Puch-Maxi. Das eigene Taxi.
Es bringt Sie überall hin. Rasch, bequem, problemlos. Nur einfach draufsetzen, Gas geben, lenken und bremsen. Alles andere macht das Maxi automatisch.
Durch eine Technik, die ihrer Zeit Vorbild ist. Angewandte Hydraulik. Angewandte Elektronik.
Das Puch-Maxi ist die zeitgemäße Antwort auf verstopfte Straßen und überfüllte Parkplätze. Es bietet dem Individualverkehr eine neue Chance. Selbstverständlich ist das Puch-Maxi nicht nur „maxi"mal verläßlich, sondern auch „maxi"mal komfortabel. Der Sattel ist bequem, der Lenker verstellbar und das Maxi in seiner Gesamtheit komplett gefedert.
Ohne Kuppeln. Ohne Schalten. Ohne Führerschein.
Nur Gas geben – alles andere macht das Puch-Maxi automatisch. Es ist nicht nur leicht zu fahren, sondern auch einfach zu bedienen und problemlos im Betrieb.
Um den Preis einer einzigen Packung Zigaretten fährt man damit über 100 Kilometer weit. Das Puch-Maxi ist ein Moped für Leute, die schnell hin und zurück sein wollen – ohne Parkplatzsorgen. Es fährt Sie einkaufen, spazieren, ins Wochenende oder zur Arbeit.
Das Puch Maxi in harten Zahlen: 1-Zylinder-Zweitakt-Motor, maximale Leistung 1,62 kW (2,2 PS), Hubraum 48,8 cm³, 1-Gang-Automatik. Preßstahlrahmen mit Telegabel vorne und Schwinge mit Federbeinen hinten.
Der Motor des Puch Maxi technisch perfekt. Dafür sprechen über 1.000.000 Einheiten in aller Welt im Einsatz.
Puch Monza. Das 6-Gang-Kaliber.
Die Puch-Monza 6 SL in harten Zahlen: Leistung 1,91 kW (2,6 PS), hartverchromter Aluzylinder mit vier Überströmkanälen, Getriebe mit sechs Gängen und Fußschaltung, Leerlaufanzeige. Kontaktlose Thyristorzündung, Magnesium-Druckgußräder, vorne mit hydraulisch betätigter Scheibenbremse, hinten mit integrierter Innenbackenbremse. Elektrischer Drehzahlmesser, Blinker, Batterie.
Das ist faszinierende Weltmeistertechnik in höchster Brillanz. Ein hervorragend abgestuftes 6-Gang-Getriebe bringt in jeder Fahrsituation die volle Kraft auf die Straße – vom Könner genau dosierbar. Auf optimalen Einsatz abgestimmt sind Fahrwerk und Instrumentierung: etwa die griffgerechten Lenkerarmaturen für exakte Kontrolle und blitzschnelle Reaktionen oder der Preßstahlrahmen mit der neuen Puch-Telegabel und der Schwinge mit Federbeinen hinten – selbstverständlich ölgedämpft.
Die revolutionäre Sicherheitstechnik im Monza-Bremssystem ist den Fahrleistungen angepaßt. Hydraulische Scheibenbremse vorne, Vollnaben-Innenbackenbremse hinten. Das bedeutet: enorme Bremsreserven für jede Situation und jedes Gelände.
Die Puch-Monza 6 S in harten Zahlen: Leistung 1,91 kW (2,6 PS), hartverchromter Aluzylinder mit vier Überströmkanälen, Getriebe mit sechs Gängen und Fußschaltung, verchromte Stahlfelgen
Am Start – die Weltmeisterklasse.
Die Puch-Monza 4 C in harten Zahlen: 1-Zylinder-Zweitaktmotor, maximale Leistung 1,91 kW (2,6 PS), Hubraum 48,8 ccm, 4-Gang-Getriebe, stabiler, verwindungsfreier Preßstahl-Schalenrahmen mit neuer Puch-Telegabel.
Die Puch-Monza 4 SL in harten Zahlen: 1-Zylinder-Zweitaktmotor, maximale Leistung 1,91 kW (2,6 PS), Hubraum 48,8 ccm, 4-Gang-Getriebe, hydraulisch betätigte Scheibenbremse vorne, Vollnabenbremse hinten, elektrischer Drehzahlmesser, Blinker, Batterie
Die neue sportliche Mopeddimension. Mit zukunftsweisendem Styling und vollendeter Technik. Für mehr Freude am sportlichen Fahren und mit dem Plus an Sicherheit, das die Puch-Technologie bietet.

Die revolutionäre Puch Cobra GT. Maschine mit Biß.
Die Puch-Cobra GT in harten Zahlen: 1-Zylinder-Zweitaktmotor, maximale Leistung 1,91 kW (2,6 PS), Hubraum 49,9 ccm, Aluzylinder mit 4 Überströmkanälen, 6-Gang-Getriebe, kontaktlose Bosch-Thyristorzündung, hydraulisch gedämpfte Marzocchi-Telegabel mit 120 mm Federweg vorne, Schwinge mit hydraulisch gedämpften Federbeinen, Vorspannung der Feder verstellbar, 100 mm Federweg hinten, hydraulische Scheibenbremse vorne, Sporträder aus Magnesiumdruckguß.
Der feuerrote Feuerstuhl, der die Straßen erobert. Technik der Weltmeisterklasse. Rassiges Design. Hervorragend die Straßenlage, optimal die Fahreigenschaften. Vorder- und Hinterradfederung mit hydraulisch gedämpfter Teleskopgabel und Federbeinen – auf alle Fahrbedingungen abgestimmt. Die Cobra GT ist aber nicht nur eine Maschine mit Biß, sondern auch eine mit viel Sicherheit.
Dafür sorgen u. a. ein überlegenes Bremssystem mit hydraulischer Scheibenbremse vorne und Vollnaben-Innenbackenbremse hinten, ein übersichtliches Cockpit mit Drehzahlmesser, Tachometer und Zündschloß, Leerlaufanzeige – und, nicht zu vergessen, die Ausstattung mit Blinkern.
Puch Cobra.
Weil wir die Technik beherrschen, beherrschen Sie die Maschine.
PUCH
Hydraulik, Elektronik und Materialien des Flugzeugbaues geben jeder Puch-Cobra den kompromißlosen Biß und die spektakulären Fahreigenschaften. Auf den Asphaltbändern unserer Straßen und im extremen Gelände: Die Erfahrung unserer Weltmeister können auch Sie erfahren. Durch dick und dünn. Auf gebahnten Pfaden und schwierigstem Terrain.
Die Puch-Cobra 6 C in harten Zahlen: 1-Zylinder-Zweitaktmotor, maximale Leistung 1,91 kW (2,6 PS), Aluzylinder mit 4 Überströmkanälen, Hubraum 49,9 ccm, 6-Gang-Getriebe, kontaktlose Thyristorzündung, hydraulisch gedämpfte Betor-Telegabel vorne, Federweg 160 mm, Schwinge mit Betor-Gasdruckdämpfern hinten, Federweg 145 mm (Vorspannung der Feder verstellbar), konische Leichtmetallnaben, 120 mm Ø vorne und 110 mm Ø hinten.
Die zuverlässigen Millionen.
Über zwei Millionen der klassischen Puch-Mopeds sind in Europa und Übersee verkauft worden. Gibt es einen besseren Beweis für Qualität?
Puch-Mopeds fahren die Menschen in aller Welt problemlos zur Arbeit und sicher wieder nach Hause. Mit absoluter Verläßlichkeit. Tagein, tagaus. Dieser hohen Zuverlässigkeit wegen haben viele Staaten ihre Post mit Puch-Mopeds ausgerüstet.
Puch gibt dem Individualverkehr eine neue Chance – den motorisierten Menschen.

SUPERMAXI
STARR NV CLASSIC
Der Supermaxi, den jeder kennt und viele sich wünschen. Ausstattung: 1-Gang-Automat mit 49 ccm-Motor und Katalysatortechnik, 21"-Speichenräder, silberfarbene Schutzbleche, hoher Lenker mit Querstange.
Le Supermaxi, que chacun connaît et que beaucoup souhaiteraient posséder. Equipement: monovitesse avec moteur de 49 ccm et technologie du catalyseur, roues de 21" à rayons, garde-boue argenté, guidon haut avec barre transversale.
PUCH
SUPERMAXI
STARR NV STRADA
Mit Supermaxi-Katalysator-Technologie: Bis zu 20% weniger Benzinverbrauch und doch mehr Kraft beim Start und am Berg. Ausstattung: 1-Gang-Automat mit 49 ccm-Motor und Katalysatortechnik, 21"-Puch-Druckgussräder in Weiss, verchromte Teleskopgabel, Inox-Schutzbleche, Sitzbank, hoher Lenker mit Querstange, grosser VDO-Tacho, runder verchromter Scheinwerfer.
Avec la technologie du catalyseur Supermaxi: économie de 20% de carburant mais néanmoins davantage de puissance au démarrage et en côte. Equipement: monovitesse avec moteur de 49 ccm et technologie du catalyseur, roues Puch de 21" en métal léger blanc, fourche télescopique chromée, garde-boue inox, siège-coussin, guidon haut avec barre transversale, grand compteur VDO, phare rond chromé.
PUCH
MAXI STRADA
SUPERMAXI
SUPERMAXI LG1
So muss ein Fahrzeug sein: Es fährt jederzeit und es fährt für wenig Geld. Ausstattung: 1-Gang-Automat mit 49 ccm-Motor und Katalysatortechnik, Hinterradabfederung, 21"-Puch-Druckgussräder in Weiss, Teleskopgabel, hoher Lenker mit Querstange.
Den Supermaxi LG1 gibt es auch ohne Tacho.
C'est ainsi que l'on conçoit un véhicule: capable de rouler n'importe quand pour peu d'argent. Equipement: monovitesse avec moteur de 49 ccm et technologie du catalyseur, suspension arrière, roues Puch de 21" en métal léger blanc, fourche télescopique, guidon haut avec barre transversale.
Le Supermaxi LG1 existe également sans compteur.
PUCH
SUPERMAXI
MAXI-S
Der Luxus-Puch. Mit vielen Extras und tiefen Schadstoffwerten. Ausstattung: 1-Gang-Automat mit 49 ccm-Motor und Katalysatortechnik, 21"-Puch-Druckgussräder in Weiss, Teleskopgabel, Hinterradabfederung, Cockpit (Tacho und Zündschloss), Sitzbank, hoher Lenker mit Querstange, offene Federbeine hinten, runder verchromter Scheinwerfer.
Le cyclo Puch de luxe. Avec de nombreux accessoires et faible indice de substances polluantes. Equipement: monovitesse avec moteur de 49 ccm et technologie du catalyseur, roues Puch de 21" en métal léger blanc, fourche télescopique, suspension arrière, cockpit (compteur et contacteur d'allumage), siège-coussin, guidon haut avec barre transversale, ressorts arrières ouverts, phare rond chromé.
PUCH
SUPERMAXI
SPEZIAL
SUPERMAXI LG1 SPEZIAL
SUPERMAXI P1
Der neuste Supermaxi: Ein starker Motor, fast keine Abgase und sehr viel Fahrkomfort. Ausstattung: 1-Gang-Automat mit Katalysator und 49 ccm-Motor. Vorne Teleskopgabel, hinten Federbeine und Leichtmetallfelgen.
Le tout nouveau Supermaxi: un moteur puissant, qui ne dégage presque pas de substances polluantes et offre beaucoup de confort. Equipement: monovitesse avec catalyseur et moteur de 49 ccm. Devant fourche télescopique, derrière ressorts ouverts et jantes en métal léger.
PUCH
PUCH
SUPERMAXI
MAXI
SUPERMAXI LG2

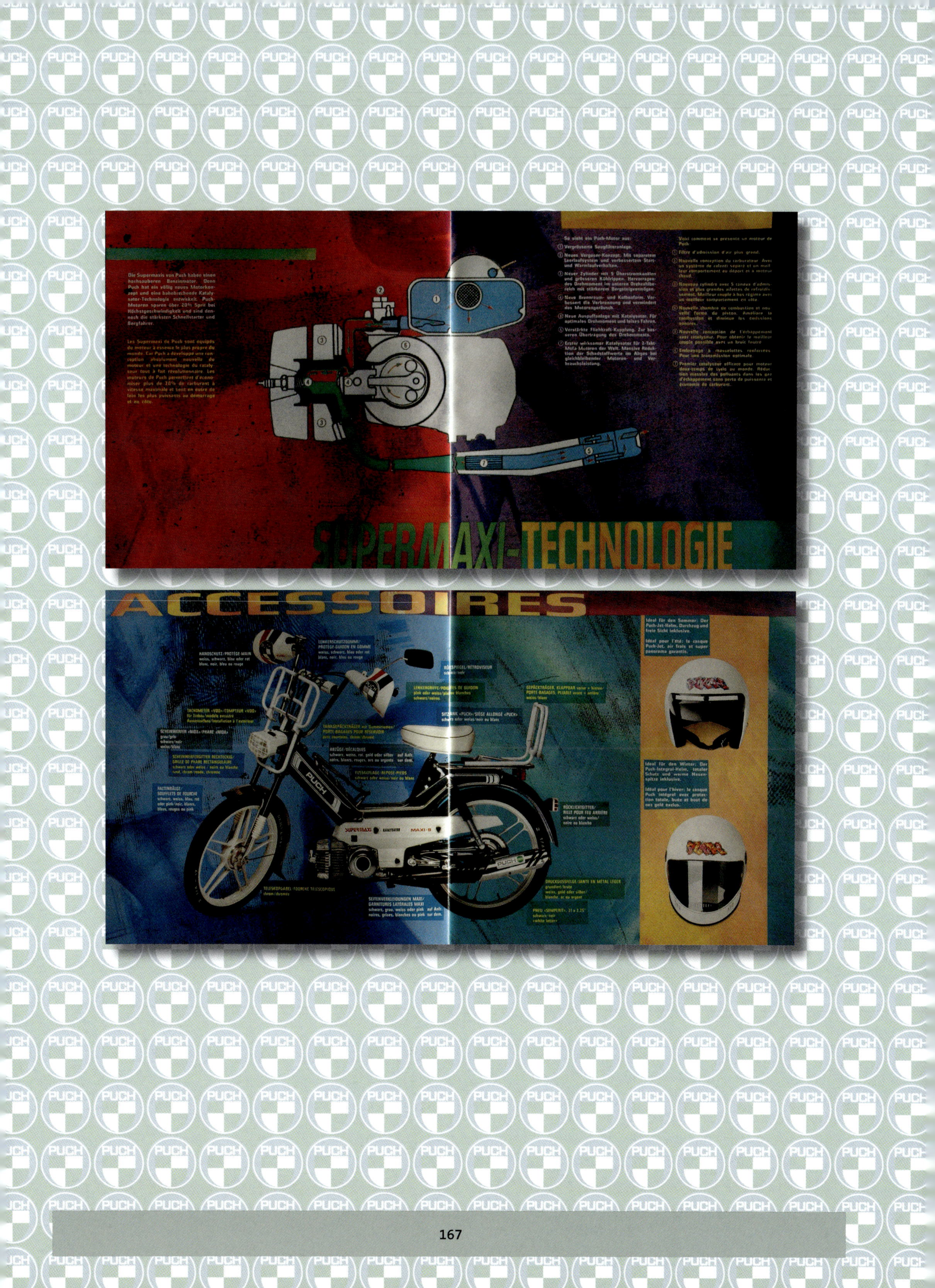

Die Supermaxis von Puch haben einen hochsauberen Benzinmotor. Denn Puch hat ein völlig neues Motorkonzept und eine bahnbrechende Katalysator-Technologie entwickelt. Puch-Motoren sparen über 20% Sprit bei Höchstgeschwindigkeit und sind dennoch die stärksten Schnellstarter und Bergfahrer.
Les Supermaxi de Puch sont équipés du moteur à essence le plus propre du monde. Car Puch a développé une conception absolument nouvelle du moteur et une technologie du catalyseur tout à fait révolutionnaire. Les moteurs de Puch permettent d'économiser plus de 20% de carburant à vitesse maximale et sont en outre de loin les plus puissants au démarrage et en côte.
So sieht ein Puch-Motor aus:
1 Vergrösserte Saugfilteranlage.
2 Neues Vergaser-Konzept. Mit separatem Leerlaufsystem und verbessertem Start- und Warmlaufverhalten.
3 Neuer Zylinder mit 5 Überstromkanälen und grösseren Kühlrippen. Hervorragendes Drehmoment im unteren Drehzahlbereich mit stärkerem Bergsteigvermögen.
4 Neue Brennraum- und Kolbenform. Verbessert die Verbrennung und vermindert das Motorengeräusch.
5 Neue Auspuffanlage mit Katalysator. Für optimales Drehmoment und leises Fahren.
6 Verstärkte Fliehkraft-Kupplung. Zur besseren Übertragung des Drehmoments.
7 Erster wirksamer Katalysator für 2-Takt-Mofa-Motoren der Welt. Massive Reduktion der Schadstoffwerte im Abgas bei gleichbleibender Motoren- und Verbrauchsleistung.
Voici comment se présente un moteur de Puch:
1 Filtre d'admission d'air plus grand.
2 Nouvelle conception du carburateur. Avec un système de ralenti séparé et un meilleur comportement au départ et à moteur chaud.
3 Nouveau cylindre avec 5 canaux d'admission et plus grandes ailettes de refroidissement. Meilleur couple à bas régime avec un meilleur comportement en côte.
4 Nouvelle chambre de combustion et nouvelle forme du piston. Améliore la combustion et diminue les émissions sonores.
5 Nouvelle conception de l'échappement avec catalyseur. Pour obtenir le meilleur couple possible avec un bruit feutré.
6 Embrayage à masselottes renforcées. Pour une transmission optimale.
7 Premier catalyseur efficace pour moteur deux-temps de cyclo au monde. Réduction massive des polluants dans les gaz d'échappement sans perte de puissance et économie de carburant.
SUPERMAXI-TECHNOLOGIE
ACCESSOIRES
HANDSCHUTZ/PROTÈGE-MAIN weiss, schwarz, blau oder rot blanc, noir, bleu ou rouge
LENKERSCHUTZGUMMI/PROTÈGE-GUIDON EN GOMME weiss, schwarz, blau oder rot blanc, noir, bleu ou rouge
RÜCKSPIEGEL/RÉTROVISEUR schwarz/noir
LENKERGRIFFE/POIGNÉES DE GUIDON pink oder weiss/pink ou blanches schwarz/noires
GEPÄCKTRÄGER, KLAPPBAR vorne + hinten/PORTE-BAGAGES, PLIABLE avant + arrière weiss/blanc
SITZBANK «PUCH»/SIÈGE ALLONGÉ «PUCH» schwarz oder weiss/noir ou blanc
TACHOMETER «VDO»/COMPTEUR «VDO»
SCHEINWERFER «NIOX»/PHARE «NIOX» grau/gris schwarz/noir weiss/blanc
TANKGEPÄCKTRÄGER
PORTE-BAGAGES POUR RÉSERVOIR
ABZÜGE/DÉCALQUES schwarz, weiss, rot, gold oder silber auf Anfr. noirs, blancs, rouges, ors ou argents sur dem.
SCHEINWERFERGITTER RECHTECKIG/GRILLE DE PHARE RECTANGULAIRE
FUSSAUFLAGE/REPOSE-PIEDS
FALTENBÄLGE/SOUFFLETS DE FOURCHE schwarz, weiss, blau, rot oder pink/noir, blancs, bleus, rouges ou pink
PUCH
SUPERMAXI
MAXI-S
RÜCKLICHTGITTER/GRILLE POUR FEU ARRIÈRE schwarz oder weiss/noire ou blanche
TELESKOPGABEL/FOURCHE TÉLESCOPIQUE
SEITENVERKLEIDUNGEN MAXI/GARNITURES LATÉRALES MAXI schwarz, grau, weiss oder pink auf Anfr. noires, grises, blanches ou pink sur dem.
DRUCKGUSSFELGE/JANTE EN MÉTAL LÉGER
Ideal für den Sommer: Der Puch-Jet-Helm. Durchzug und freie Sicht inklusive.
Idéal pour l'été: le casque Puch-Jet, air frais et super panorama garantis.
Ideal für den Winter: Der Puch-Integral-Helm, totaler Schutz und warme Nasenspitze inklusive.
Idéal pour l'hiver: le casque Puch intégral avec protection totale, buée et bout de nez gelé exclus.

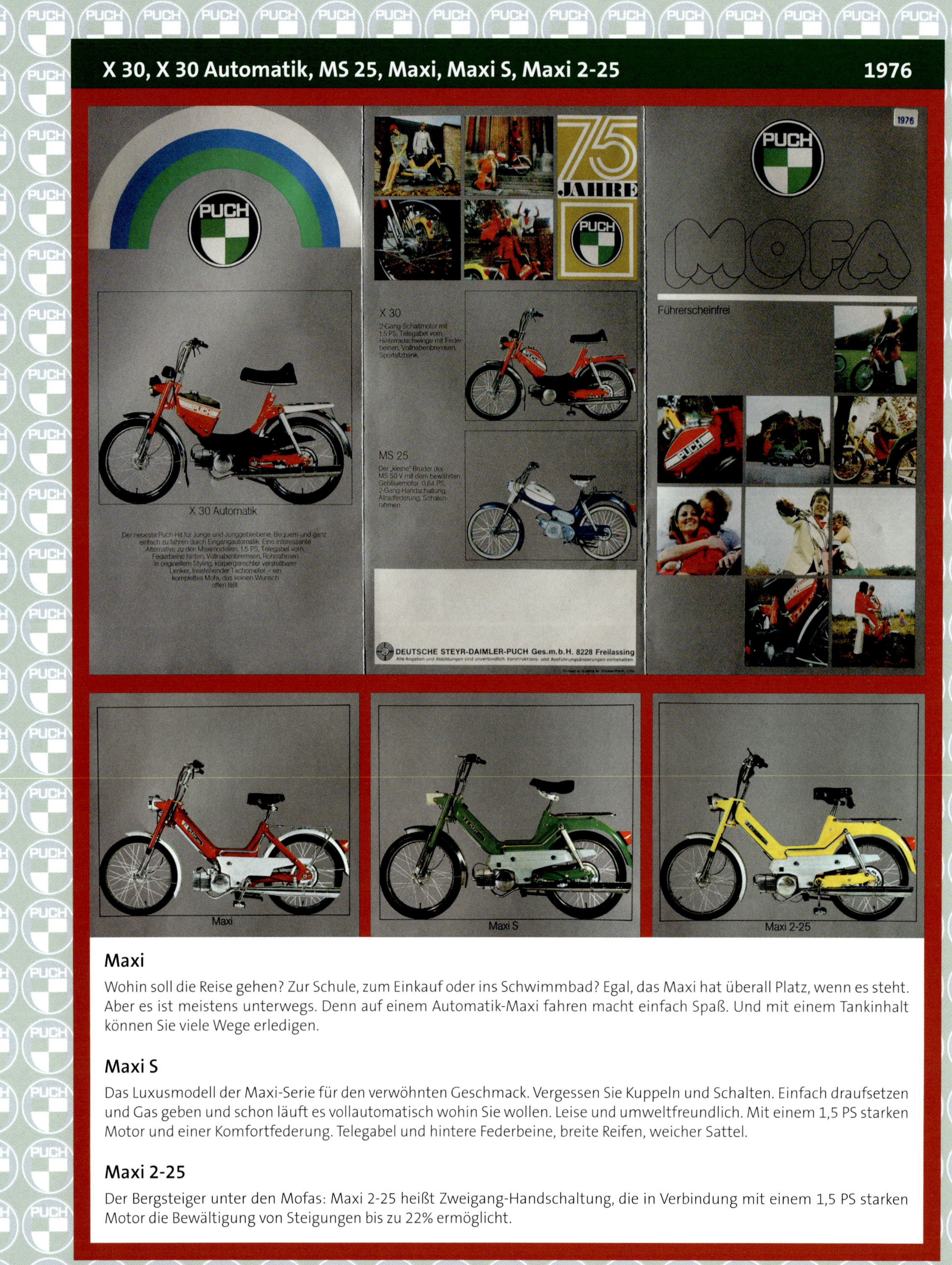

Maxi

Wohin soll die Reise gehen? Zur Schule, zum Einkauf oder ins Schwimmbad? Egal, das Maxi hat überall Platz, wenn es steht. Aber es ist meistens unterwegs. Denn auf einem Automatik-Maxi fahren macht einfach Spaß. Und mit einem Tankinhalt können Sie viele Wege erledigen.

Maxi S

Das Luxusmodell der Maxi-Serie für den verwöhnten Geschmack. Vergessen Sie Kuppeln und Schalten. Einfach draufsetzen und Gas geben und schon läuft es vollautomatisch wohin Sie wollen. Leise und umweltfreundlich. Mit einem 1,5 PS starken Motor und einer Komfortfederung. Telegabel und hintere Federbeine, breite Reifen, weicher Sattel.

Maxi 2-25

Der Bergsteiger unter den Mofas: Maxi 2-25 heißt Zweigang-Handschaltung, die in Verbindung mit einem 1,5 PS starken Motor die Bewältigung von Steigungen bis zu 22% ermöglicht.

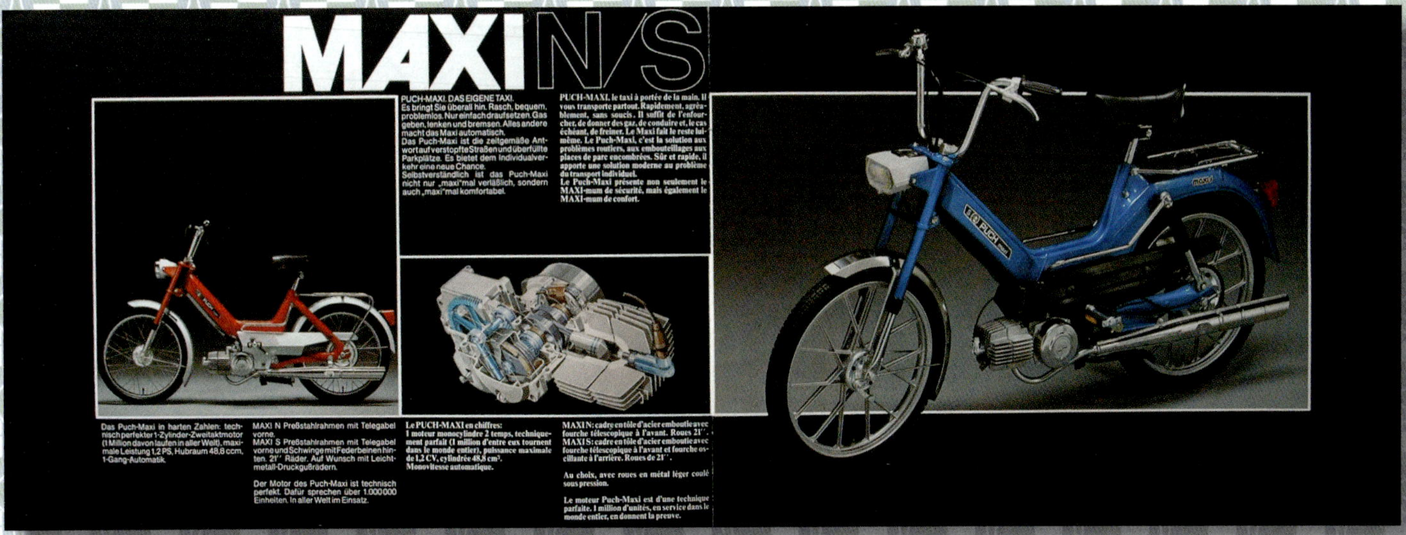
MAXI N/S
PUCH-MAXI. DAS EIGENE TAXI.
Es bringt Sie überall hin. Rasch, bequem, problemlos. Nur einfach draufsetzen. Gas geben, lenken und bremsen. Alles andere macht das Maxi automatisch.
Das Puch-Maxi ist die zeitgemäße Antwort auf verstopfte Straßen und überfüllte Parkplätze. Es bietet dem Individualverkehr eine neue Chance.
Selbstverständlich ist das Puch-Maxi nicht nur „maxi"mal verläßlich, sondern auch „maxi"mal komfortabel.
PUCH-MAXI, le taxi à portée de la main. Il vous transporte partout. Rapidement, agréablement, sans soucis. Il suffit de l'enfourcher, de donner des gaz, de conduire et, le cas échéant, de freiner. Le Maxi fait le reste lui-même. Le Puch-Maxi, c'est la solution aux problèmes routiers, aux embouteillages aux places de parc encombrées. Sûr et rapide, il apporte une solution moderne au problème du transport individuel.
Le Puch-Maxi présente non seulement le MAXI-mum de sécurité, mais également le MAXI-mum de confort.
Das Puch-Maxi in harten Zahlen: technisch perfekter 1-Zylinder-Zweitaktmotor (1 Million davon laufen in aller Welt), maximale Leistung 1,2 PS, Hubraum 48,8 ccm, 1-Gang-Automatik.
MAXI N Preßstahlrahmen mit Telegabel vorne.
MAXI S Preßstahlrahmen mit Telegabel vorne und Schwinge mit Federbeinen hinten. 21'' Räder. Auf Wunsch mit Leichtmetall-Druckgußrädern.
Der Motor des Puch-Maxi ist technisch perfekt. Dafür sprechen über 1.000 000 Einheiten. In aller Welt im Einsatz.
Le PUCH-MAXI en chiffres:
1 moteur monocylindre 2 temps, techniquement parfait (1 million d'entre eux tournent dans le monde entier), puissance maximale de 1,2 CV, cylindrée 48,8 cm³.
Monovitesse automatique.
MAXI N: cadre en tôle d'acier emboutie avec fourche télescopique à l'avant. Roues 21''.
MAXI S: cadre en tôle d'acier emboutie avec fourche télescopique à l'avant et fourche oscillante à l'arrière. Roues de 21''.
Au choix, avec roues en métal léger coulé sous pression.
Le moteur Puch-Maxi est d'une technique parfaite. 1 million d'unités, en service dans le monde entier, en donnent la preuve.

Maxi N/S, Otto Frey, Puch-Generalvertretung, Zürich, 1979.

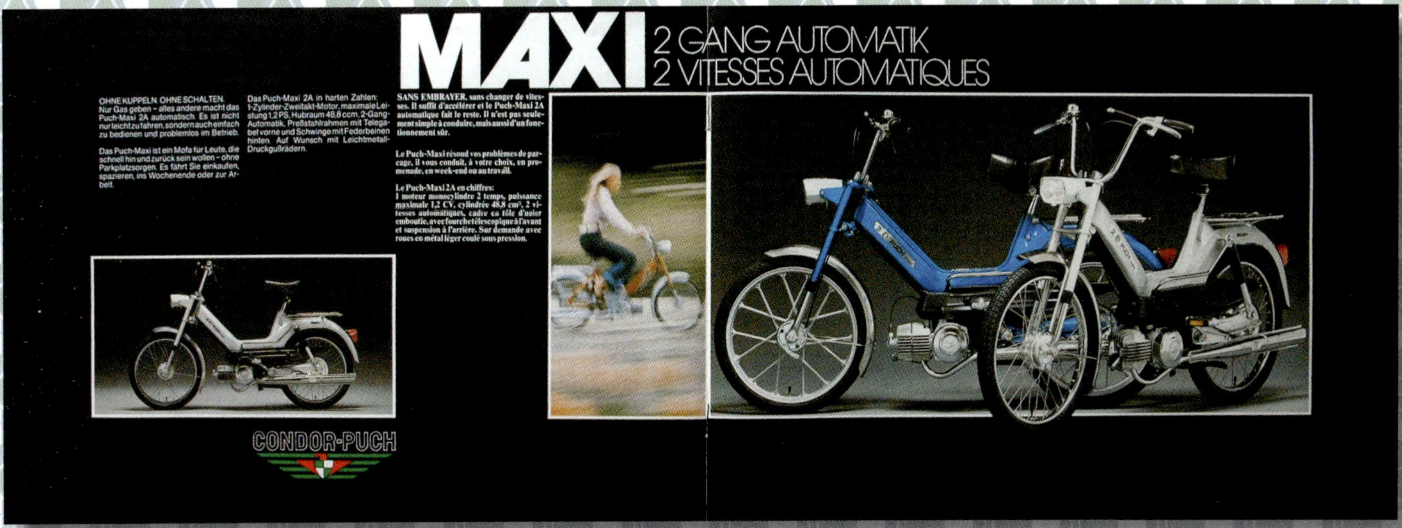
MAXI 2 GANG AUTOMATIK
2 VITESSES AUTOMATIQUES
OHNE KUPPELN. OHNE SCHALTEN.
Nur Gas geben – alles andere macht das Puch-Maxi 2A automatisch. Es ist nicht nur leicht zu fahren, sondern auch einfach zu bedienen und problemlos im Betrieb.
Das Puch-Maxi ist ein Mofa für Leute, die schnell hin und zurück sein wollen – ohne Parkplatzsorgen. Es fährt Sie einkaufen, spazieren, ins Wochenende oder zur Arbeit.
Das Puch-Maxi 2A in harten Zahlen: 1-Zylinder-Zweitakt-Motor, maximale Leistung 1,2 PS, Hubraum 48,8 ccm, 2-Gang-Automatik, Preßstahlrahmen mit Telegabel vorne und Schwinge mit Federbeinen hinten. Auf Wunsch mit Leichtmetall-Druckgußrädern.
SANS EMBRAYER, sans changer de vitesses. Il suffit d'accélérer et le Puch-Maxi 2A automatique fait le reste. Il n'est pas seulement simple à conduire, mais aussi d'un fonctionnement sûr.
Le Puch-Maxi résoud vos problèmes de parcage. Il vous conduit, à votre choix, en promenade, en week-end ou au travail.
Le Puch-Maxi 2A en chiffres:
1 moteur monocylindre 2 temps, puissance maximale 1,2 CV, cylindrée 48,8 cm³, 2 vitesses automatiques, cadre en tôle d'acier emboutie, avec fourche télescopique à l'avant et suspension à l'arrière. Sur demande avec roues en métal léger coulé sous pression.
CONDOR-PUCH

Maxi Zweigang-Automatik, 1979.

X 30 2 GANG AUTOMATIK
2 VITESSES AUTOMATIQUES
PROBLEMLOS. SPARSAM. BERGFREUDIG.
X 30, der heiße Tip für Mofa-Fans, die ihre Freude an sportlichem Fahren haben. Bis zu 24 % Steigung schafft der Motor mit der 2-Gang-Automatik. Schon von der Optik her verspricht die X 30 robuste Kraft und Zuverlässigkeit. Durchstiegsfreier Rohrrahmen mit aufgesetztem wuchtigem 3,5 l-Tank. Jetzt neu: alle X 30 Modelle mit 2-Gang-Automatik Motor auch in gebläsegekühlter Ausführung. Speziell für die Berge entwickelt. Bequem und wirtschaftlich zu fahren, in bewährter Puch-Qualität.
SUR, ECONOMIQUE, PUISSANT EN COTE
X 30, le modèle de pointe pour les adeptes qui aiment la conduite sportive. Le moteur X 30 automatique 2 vitesses vous offre jusqu'à 24 % de pouvoir en côte. A l'aspect déjà, le X 30 inspire robustesse, puissance et fiabilité. Cadre en tube d'acier d'accès facile avec réservoir rapporté d'une contenance de 3,5 lt. Une nouveauté: tous les modèles X 30 avec moteur à 2 vitesses automatiques peuvent s'obtenir avec refroidissement par ventilateur. Spécialement conçu pour la montagne, il est agréable et économique à l'emploi et vous offre la célèbre qualité Puch.
CONDOR · PUCH
CONDOR-PUCH
Die Puch X 30 in harten Zahlen:
1-Zylinder-Zweitaktmotor, maximale Leistung 1,2 PS, Hubraum 48,8 ccm. X 30 N 2A fahrtwindgekühlt, X 30 N 2AG gebläsegekühlt. Durchstiegsfreier Zentralrohrrahmen. Telegabel vorne, Schwinge mit Federbeinen hinten. Bereifung: 21 x 2,25'' Auf Wunsch mit Leichtmetall-Druckgußrädern.
Le Puch X 30 en chiffres:
Moteur monocylindre 2 temps, puissance maximale 1,2 CV, cylindrée 48,8 cm³.
X 30 N 2A – sans ventilateur
X 30 N 2AG – avec ventilateur
Cadre en tube d'acier d'accès facile. Fourche télescopique à l'avant et fourche oscillante à l'arrière. Pneumatiques: 21 x 2.25''. Sur demande avec roues en métal léger coulé.

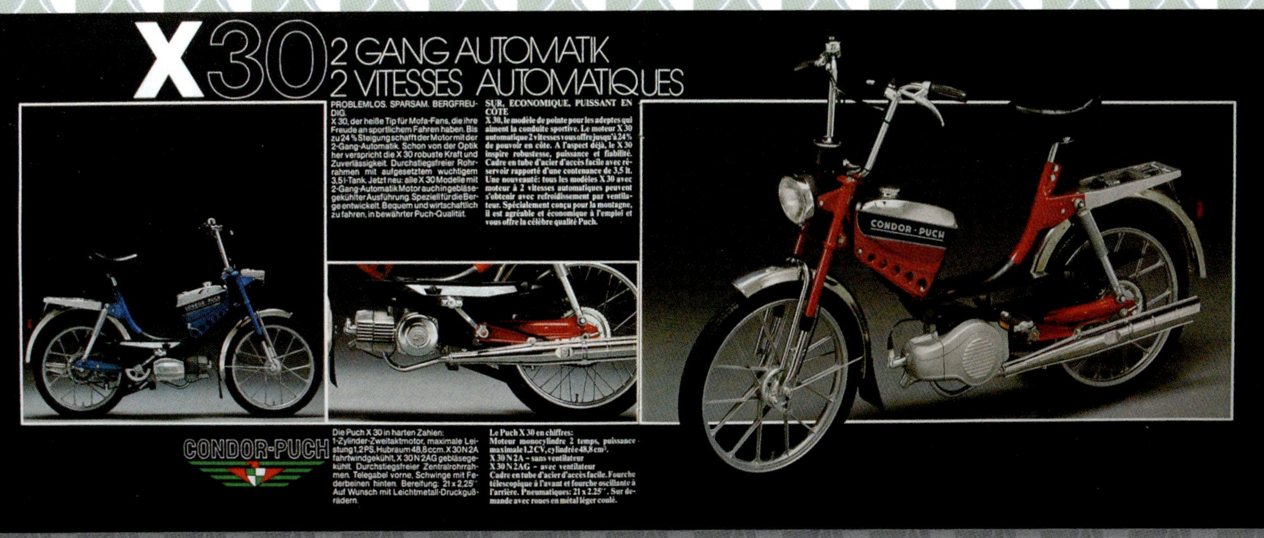

X 30 Zweigang-Automatik, 1979.

Maxi 2-25

Einzylinder-Zweitaktmotor, fahrtwindgekühlt, Bohrung 38 mm, Hub 43 mm, Hubraum 48,7 cm^3, größte Nutzleistung 1,5 PS bei 4000 U/min, Bing-Kolbenschieber-Vergaser, Zweigang-Wechselgetriebe, Mehrscheiben-Kupplung, 3,2 l Kraftstofftank, Länge 1670 mm, Leergewicht 46 kg, zulässiges Gesamtgewicht 130 kg, Höchstgeschwindigkeit 25 km/h.

M 50 Jet

Hier haben Techniker freie Hand gehabt. Daraus entstand ein kompromissloses Motorrad. Ehrliche 6,25 PS werden durch das gut abgestufte 6-Ganggetriebe optimal auf die Straße gebracht. Der stabile Doppelschleifenrahmen mit verstellbaren Federbeinen und ölgedämpfter Telegabel bürgt für Sicherheit und beste Straßenlage auch bei extremer Belastung. Dazu Vollnabenbremsen, zuverlässige Blinkanlage und übersichtliche Armaturen mit Leerlauf-Kontrollleuchte. Führerschein-Klasse 4. Höchstgeschwindigkeit 85 km/h.

M 50 Racing

Ein großer Erfolg im Puch-Mokick-Programm. Im kräftigen Doppelschleifenrahmen liegt der 2,9 PS starke Motor mit einem 4-Ganggetriebe. Für besten Fahrkomfort sorgen die ölgedämpfte Telegabel vorne, die verstellbaren Federbeine hinten sowie eine Sitzbank für zwei Personen. Führerschein-Klasse 5.

MS 50 V

Das ewig junge Puch-Erfolgsmodell. Schon mehr als 500.000 bevölkern die Straßen der Welt. Das ist ein Qualitätsbeweis. Schalenrahmen, Telegabel vorne, Federbeine hinten, 2-Gang-Motor mit 2,1 PS und 22% Steigfähigkeit, Vollnabenbremsen. Führerschein-Klasse 5.

Maxi 2 K

Ein Mokick im Maxi-Look. Einfach kickstarten und, schon ist der Motor voll da. Wohin geht die Fahrt? In die Berge – für das Maxi 2K kein Problem. Der 2,1 PS Motor mit 2-Gangschaltung schafft 22% Steigung. Und bergab verzögern die Vollnabenbremsen vorne und hinten wirkungsvoll. Telegabel und Hinterradfederung mit Federbeinen, eine sportliche Sitzbank – auch auf schlechten Straßen macht das Fahren auf einem Maxi 2 K echten Spaß. Führerschein-Klasse 5.

Maxi S

Für anspruchsvolle Mofa-Liebhaber gibt es jetzt das Luxus-Maxi. Lassen Sie sich verwöhnen von einer Eingang-Automatik, bei der Sie Kuppeln und Schalten vergessen können; oder vom Fahrkomfort, der für ein Mofa Spitze ist: Telegabel und hintere Federbeine, breite Reifen, weicher Sattel. Auch das elegante Maxi-Styling wird wieder viele Freunde finden. Führerscheinfrei ab 15 Jahre.

Maxi N

Einfach Gas geben – schon schnurrt es los. Ohne technische Probleme. Ohne Kuppeln und Schalten bringt Sie das Maxi flink und zuverlässig überall hin. Puch Maxi mit 1,5 PS und Eingang-Automatik lässt Sie vergessen, dass es einen Motor hat. Führerscheinfrei ab 15 Jahre.

Maxi 2-25

Das besonders bergfreudige Maxi-Modell. Der 1,5 PS-Motor mit 2-Gang-Handschaltung schafft 22% Steigung. Telegabel vorne und Schwinge mit Federbeinen hinten sind Garantie für Fahrkomfort auch auf schlechten Straßen. Führerscheinfrei ab 15 Jahre.

X 30

Ein beliebter Freizeitspaß auf zwei Rädern. Ein kraftvolles Mofa mit dem 2-Gang-Schaltmotor bis 22% bergauf. Die dicken Reifen schlucken in Verbindung mit der Telegabel vorne und den Sportfederbeinen hinten auch schlechte Wege. Da fahren, wo noch niemand vorher war! Führerscheinfrei ab 15 Jahre.

X 30 Automatik

Die Alternative zum Maxi. Ein originelles Mofa für Junge und Junggebliebene. Als Kraftquelle dient der bewährte Maxi-Automatikmotor mit 1,5 PS. Telegabel vorne, Federbeine hinten, Vollnabenbremsen, hochgezogener Lenker, freistehender Tachometer – ein neues Mofa, mit dem Fahren zum Vergnügen wird. Führerscheinfrei ab 15 Jahre.

MS 25

Das MS 25 wird fast unverändert seit 20 Jahren gebaut. Es hat 100.000e Freunde in aller Welt. Milliarden Kilometer kommen da zusammen. Gebläsegekühlter 2-Gang-Schaltmotor mit 0,84 PS. Allradfederung, weicher Sattel, Schalenrahmen. MS 25 – Ihr treuer, zuverlässiger Freund. Führerscheinfrei ab 15 Jahre.

Das motorisierte Zweiradprogramm 1980.

City 1982

City

Komfortables Fahren wird beim Puch-City groß geschrieben. Das City ist ein ideales Mini-Moped für den Stadtverkehr. Ein Leichtgewicht mit Eingang-Automatik. Die überbreiten Reifen und die niedrige Bauweise vermitteln dem Anfänger wie dem Routinier ein sicheres Fahrgefühl. Mit dem City fährt *er* genauso gerne wie *sie*, weil es so problemlos ist. Beim Ampelstop, bei Schienenkreuzungen – kurz im gesamten Stadtverkehr. Was aber nicht heißt, dass sich ein City nicht auch auf Landstraßen wohlfühlt.

City

Eingang-Automatik, einsitzig, mit bequemer Sitzbank. Verbundräder mit 12-Zoll-Reifen. Gepäckträger mit Seitenbügeln für Packtaschen. Seitenreflektoren vorne und hinten. Verchromte Kotflügel vorne und hinten. Cockpit mit Tacho und Fernlichtkontrolle, Vorder- und Hinterradbremse von Hand zu betätigen. Motor mit 48,8 cm^3 und einer Leistung von 2 kW (2,7 PS). Farbe: Silber.

Jeden Tag verläßlich.
PUCH
Moped
Mofa
Roller
Mokick
PUCH
X30

Maxi N, X 50-2 Standard, Maxi S, Maxi Sport, Mini Maxi 1982

Maxi N

Das zuverlässige Qualitätsmofa mit dem bewährten Eingang-Automatik-Motor, Telegabel vorne. Farben: mit Speichenrädern Silber, mit Druckgussrädern Kirschrot.

X 50-2 Standard

Das Langzeitmofa mit hoher Fahrleistung. Großer 6,4 l Tank, zwei Gänge, Farbe: Silber.

Maxi S

Eingang-Automatik-Motor, Druckgussräder, Telegabel vorne und Federbeine hinten. Farben: Inkagold und Jetblau.

Maxi Sport

Das Spitzenmodell der Maxi-Reihe. Eingang-Automatik-Motor. Wahlweise mit Blinker, Cockpit und Bremslicht. Rücklicht und Packtaschenhalterung serienmäßig. Farben: Silber, Jetblau oder Rot.

Mini Maxi

Das junge Leichtmofa in Superausstattung. Ideal für den Stadtverkehr. Kleine Räder (14˝), dadurch niedere und sichere Sitzposition, millionenfach bewährter Maxi-Motor (Eingang-Automatik). Kratzfeste Kunststoffteile, Tank aufprallgeschützt unter dem Sitz, Helmschloss. Als Sonderausstattung lieferbar: Beinschutzschild, Tragegriff, Frontgepäckträger, Blinkanlage. Farbe: Weiß/Rot.

Maxi Plus: Ein Volltreffer in Technik und Design

Schon auf den ersten Blick besticht das neue Maxi Plus durch eine formschöne und harmonische Stilistik. Überall glatte, funktionsbetonte Flächen und abgerundete Kanten als Ergebnis einer zukunftsorientierten Rahmen- und Gabelkopfkonstruktion. Eine der wesentlichen Neuerungen ist die Triebsatzschwinge. Motor und Hinterradschwinge werden zu einer stabilen Einheit verbunden. Die Triebsatzschwinge ist komplett abgedeckt und optisch perfekt in die Stilistik integriert. So gibt es keine hervorstehenden Teile und keine freilaufende Kette. Das Maxi Plus ist somit auch sicherer. Die Triebsatzschwinge bringt aber auch hervorragende Fahreigenschaften. Der Automatik-Motor hat eine erhöhte Fahrleistung durch ein verbessertes Drehmoment.

Hier wurde ein zukunftsorientiertes Konzept verwirklicht! Nicht nur die Triebsatzschwinge und die neue Rahmenform fallen auf, sondern ebenso eine Vielzahl an vorteilhaften Details:

- Einschlüsselsystem (für Lenkradsperre, Sitzbank und Zündschloss);
- hervorragender Federungskomfort durch langhubige Teleskopgabel;
- breitflächiger Scheinwerfer und große Rückleuchte;
- groß dimensionierte Bremsen mit auswechselbaren Bremsnaben;
- wartungs- und geräuscharmer Antrieb.

Diese Verbindung von zukunftsorientierter Technik und modernstem Design stellt einen Meilenstein in der Entwicklung der 50 cm^3-Klasse dar.

Maxi Plus

Das Komfort-Mofa mit der Technik der Zukunft. Hier wurde ein zukunftsorientiertes Konzept verwirklicht. Pluspunkte: neue Triebsatzschwinge, richtungsweisende Rahmenform, vollverkleideter glattflächiger Gabelkopf, Tank aufprallgeschützt unter dem Sitz, Automatikmotor mit besserem Drehmoment, Tankschloss, Helmschloss, Cockpit mit Zündschloss u. a. m.

Motor: Einzylinder-Zweitaktmotor mit 48,8 cm^3, 0,9–1,9 kW (1,2–2,6 PS) je nach Gesetz, Getriebe: Automatik.
Bremsen: Innenbackenbremsen vorne 80 mm ⌀, hinten 100 mm ⌀.
Radaufhängung: vorne Teleskopgabel mit Alu-Gleitrohren, Federweg 85 mm, hinten Triebsatzschwinge mit Federbeinen, Federweg 65 mm.
Räder: Alu-Druckgussräder mit auswechselbaren Bremsnaben, Reifengröße 2¼–16“.
Benzintank: Kunststoff, Inhalt 4 Liter.
Farben: Rot, Blau, Silber.

Maxi N, Maxi N DGR, Maxi S, Maxi S 2, 1987.

Maxi E, Maxi Super S 1987.

X 30 Turbo, X 30 Chopper, 1987.

X 50-3 Standard, X 50-3 Luxus, 1987.

PUCH X 50-3 (Moped)

Der Preis-Hit in der X-50-Baureihe von PUCH. Der günstige Preis erlaubt trotzdem die Ausstattung mit 3-Gang-Schaltung, verstärktem Motor und höherer Endgeschwindigkeit.

Technik: 3-Gang-Handschaltungs-Motor mit 48,8 cm^3 und einer Leistung von 2,1 kW/2,9 PS, Pedalrücktrittbremse, Fahrtwindkühlung. Verwindungssteifer Rohrrahmen mit niederem Durchstieg. Großer Kraftstoffbehälter, 6,4 Liter Tankinhalt. DIN-Verbrauch 1,5 Liter/100 km. Telegabel mit 75 mm Federweg, mechanisch gedämpfte Federbeine. Gepäckträger, Kunststoffkotbleche, großer runder Scheinwerfer, großer Tachometer. Große absperrbare Sitzbank (einsitzig). PUCH-Druckgußräder mit gut dosierbaren Trommelbremsen, Reifen 2½-17", Kunststoffkettenschutz, Helmschloß. Farbe: silber.

PUCH Racing 25

Das neue, rassige PUCH-Mofa mit beachtlichen Kraftreserven durch den 3-Gang-Handschaltungs-Motor. Besonders am Start, an der Ampel, in der Stadt bewährt sich der Schub im unteren Drehzahlbereich.

Technik: 3-Gang-Handschaltungs-Motor mit 48,8 cm^3, 1,1 kW/1,5 PS und hervorragender Leistung auch für Bergfahrten. Pedalrücktrittbremse, Fahrtwindkühlung, besonders verwindungssteifer Preßstahlrahmen, großer Kraftstoffbehälter mit 10 Liter Tankinhalt, DIN-Verbrauch 1,5 Liter/100 km. Hydraulisch gedämpfte Telegabel mit 100 mm Federweg vorne, mechanisch gedämpfte Federbeine hinten. Gepäckträger. Blechverbundräder mit gut dosierbaren Trommelbremsen, Reifen 2½-17" vorne, 2¾-17" hinten. Kunststoffkettenschutz. Scheinwerferverkleidung: gegen Aufpreis. Farbe: kirschrot mit gold-weißem Dekor.

X 50-3 (Moped), Racing 25, 1987.

PUCH Imola X

Das Mokick im Motorrad-Look mit mehr Kraft von unten heraus. Tank und Sitz in einem neuen Design, das Lust auf Fahrtwind macht. Das sportliche Mokick mit einer kompletten Ausstattung. In neuem PUCH-Dekor gestylt.

Technik: 48,8 cm^3-Motor mit 2,1 kW/2,9 PS, 4-Gang-Getriebe mit Fußschaltung, Sporttank, Telegabel vorne mit 100 mm Federweg, Federbeine hinten mit 75 mm Federweg (verstellbar), Tankinhalt 11,4 Liter, Bremslicht bei Hand- und Fußbremse, Helmschloß, Zündschloß, zweisitzige Sitzbank. Farbe: perlelfenbein.

PUCH Imola GX

Man sagt: Mit den Augen essen. Wir sagen: Der Appetit kommt mit dem Fahren. Das Mokick mit dem Feeling eines Motorrades. Gleiche Technik wie beim Modell Imola X jedoch mit folgender Zusatzausstattung: Scheibenbremse vorne mit 220 mm ∅, integrierte Blinker, Drehzahlmesser.

Imola X, Imola GX, 1987.

Cobra 80-6 GT, Lido Vario, 1987.

Maxi N, Maxi N DGR, Maxi Chopper, Maxi N Off road, Maxi S, Maxi Sport, Maxi Plus, Maxi S-2, X 30 Turbo, X 50-2 Standard, X 50-3 (Mofa), Ranger 25, X 50-3 (Moped), Monza 4 SL, Cobra 80-6 GT, Lido 50 SL, Lido 80 SE, Lido 125 CD.

X 30 Puch – Hit in zwei Variationen

X 30 NS

X 30 NS und X 30 NL

Motor: Fahrtwindgekühlter Puch-Zweitaktmotor mit 49 cm^3 und Umkehrspülung, 0,8 PS (DIN) bei 3700 U/min.

Getriebe: Klauengeschaltetes Zweigang-Getriebe. Schaltung durch Drehgriff am Lenker. Kupplung und Getriebe laufen im Ölbad. Kraftübertragung auf das Hinterrad durch Kette.

Vergaser: Bing-Vergaser mit Startschieber. Eingebauter Nassluftfilter im Ansauggeräuschdämpfer.

Fahrgestell: Rahmen aus verschweißtem Stahlrohr. Vorderradfederung durch Teleskopgabel.

Bremsen: vorne und hinten Vollnabenbremsen, 80 bzw. 90 mm ø.

Räder: Leichtmetallfelgen, Reifen 21 x 2,25.

Zünd- und Lichtanlage: Bosch-Schwunglicht-Magnetzünder 6 V/17 W Leistung.

Höchstgeschwindigkeit: 30 km/h (gemäß gesetzlicher Vorschrift).

Steigfähigkeit: 18% ohne Pedalhilfe.

Benzintank: 3,5 l (X 30 NS) bzw. 3,8 l (X 30 NL) Inhalt.

X 30 NS: Freistehender Tachometer, hoher Sportlenker, großer runder Scheinwerfer.

X 30 NL: Für Stadt und Land das ideale Fortbewegungsmittel.

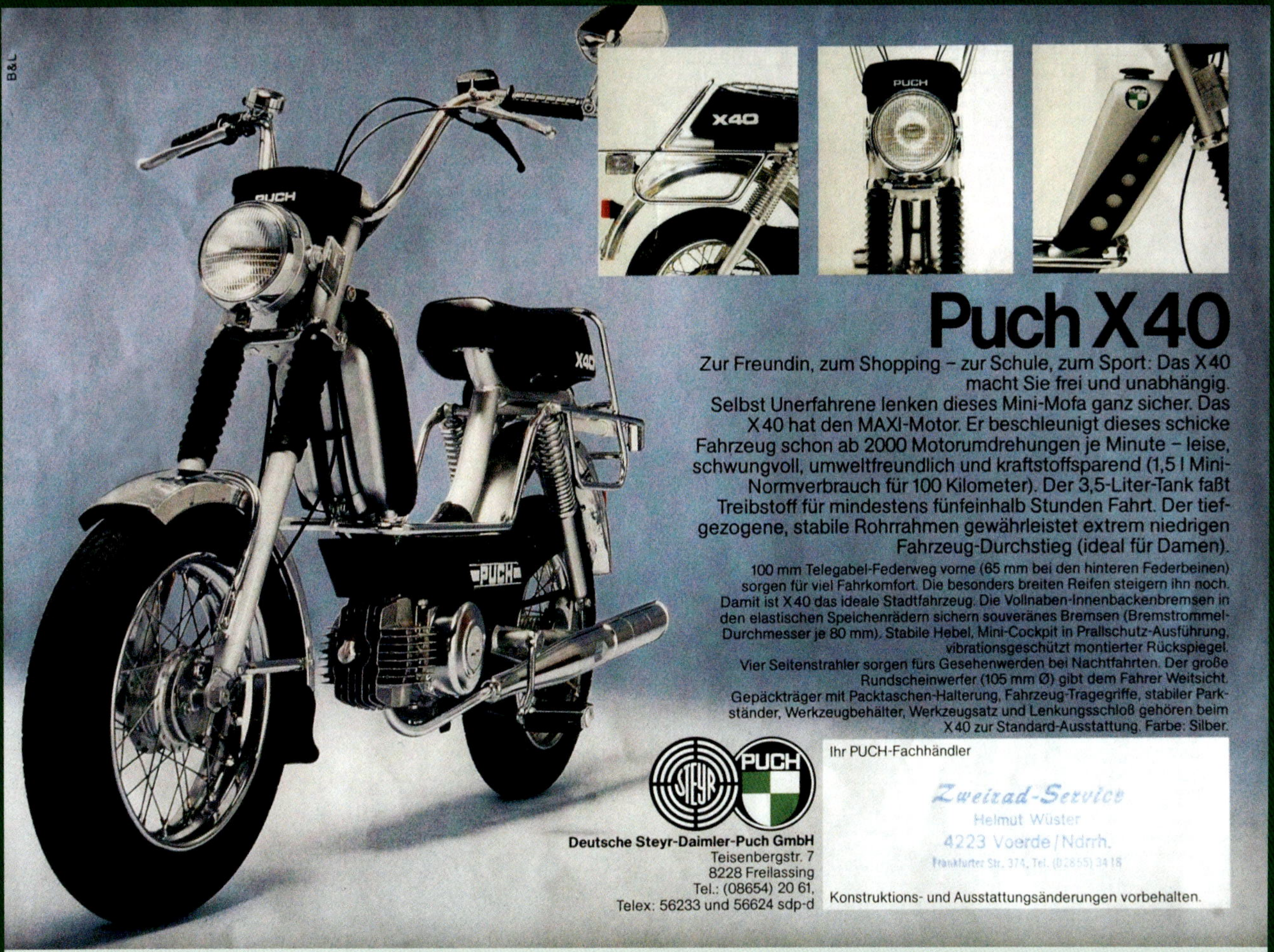
B&L
X40
PUCH
Puch X40
Zur Freundin, zum Shopping – zur Schule, zum Sport: Das X40 macht Sie frei und unabhängig.
Selbst Unerfahrene lenken dieses Mini-Mofa ganz sicher. Das X40 hat den MAXI-Motor. Er beschleunigt dieses schicke Fahrzeug schon ab 2000 Motorumdrehungen je Minute – leise, schwungvoll, umweltfreundlich und kraftstoffsparend (1,5 l Mini-Normverbrauch für 100 Kilometer). Der 3,5-Liter-Tank faßt Treibstoff für mindestens fünfeinhalb Stunden Fahrt. Der tiefgezogene, stabile Rohrrahmen gewährleistet extrem niedrigen Fahrzeug-Durchstieg (ideal für Damen).
100 mm Telegabel-Federweg vorne (65 mm bei den hinteren Federbeinen) sorgen für viel Fahrkomfort. Die besonders breiten Reifen steigern ihn noch. Damit ist X40 das ideale Stadtfahrzeug. Die Vollnaben-Innenbackenbremsen in den elastischen Speichenrädern sichern souveränes Bremsen (Bremstrommel-Durchmesser je 80 mm). Stabile Hebel, Mini-Cockpit in Prallschutz-Ausführung, vibrationsgeschützt montierter Rückspiegel.
Vier Seitenstrahler sorgen fürs Gesehenwerden bei Nachtfahrten. Der große Rundscheinwerfer (105 mm Ø) gibt dem Fahrer Weitsicht.
Gepäckträger mit Packtaschen-Halterung, Fahrzeug-Tragegriffe, stabiler Parkständer, Werkzeugbehälter, Werkzeugsatz und Lenkungsschloß gehören beim X40 zur Standard-Ausstattung. Farbe: Silber.
STEYR
PUCH
Deutsche Steyr-Daimler-Puch GmbH
Teisenbergstr. 7
8228 Freilassing
Tel.: (08654) 20 61,
Telex: 56233 und 56624 sdp-d
Ihr PUCH-Fachhändler
Zweirad-Service
Helmut Wüster
4223 Voerde/Ndrrh.
Frankfurter Str. 374, Tel. (02855) 3418
Konstruktions- und Ausstattungsänderungen vorbehalten.

PUCH
X50
Der Motor – das Fahrwerk – die Kraftübertragung:
Das X50 ist starke Technik.
Druckgußräder, Scheinwerfer mit eingebautem Tacho, Pedalkickstart-Übersetzung und ein Super-Motor.
Er entstand auf der Basis eines Antriebs, der PUCH-Konstrukteuren Expertenlob einträgt.
Das X50 ist das Langzeit-Fahrzeug von dem viele nur träumen können.
Der Langhub-Motor sorgt für beste Verbrennung (umweltfreundlich) und niedrigen Kraftstoffverbrauch.
Auch die Kraftübertragung ist mustergültig. Geräuscharm und sanft greifen die schrägverzahnten Räder der Primärübertragung.
Der Fahrer hat die Leistung im Griff. Beim X50-Mofa stehen ihm zwei handzuschaltende Gänge zur Verfügung.
Das Fahrwerk krönt die Gesamtkonstruktion. Am sportlichen Rohrrahmen der integrierte Tank. Er faßt Treibstoff für mehr als 300 Kilometer.
Gestartet wird durch Tritt aufs Pedal (keine Tretkette).
Farbe: Rot

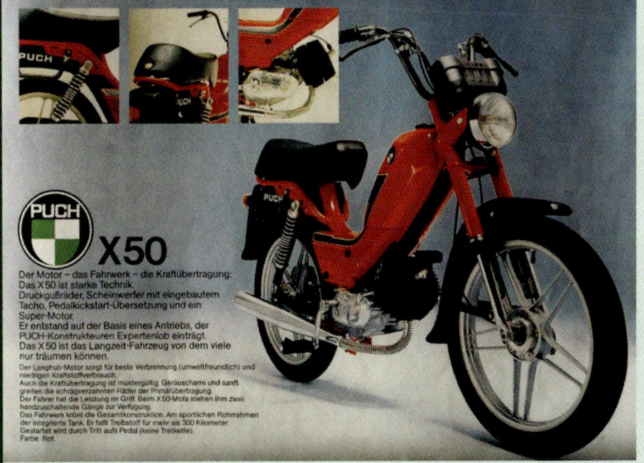

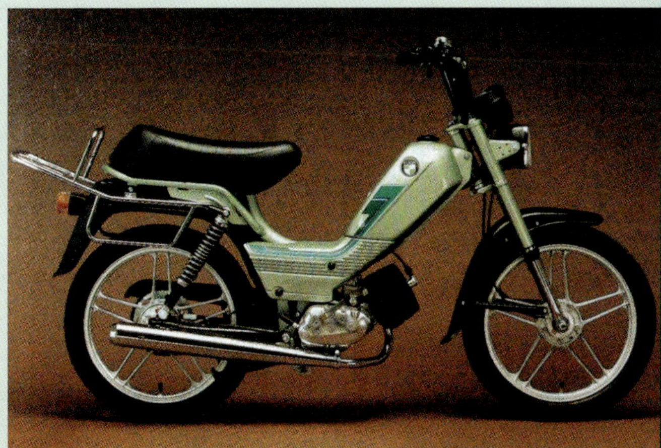

X 50-3: Das rassige Dreigang-Mofa der Spitzenklasse mit Sitzbank und Spezialgepäckträger, Super-Cockpit mit Drehzahlmesser. Farbe: Perlgrün.

Monza 4 XL

Fahrkomfort und Ausstattungselemente wie Monza 4 GP. Verbessertes Fahrverhalten durch Verstärkung der hinteren Federbeine, erhöhte Lebensdauer. Fahrtwindgekühlter Viergangmotor. Farbe: Perlblau.

Monza 6 SL

Leistung 1,91 kW (2,6 PS), hartverchromter Aluzylinder mit vier Überströmkanälen. Getriebe mit sechs Gängen und Fußschaltung, Leerlaufanzeige. Kontaktlose Tyristorzündung, Magnesium-Druckgussräder, vorne mit hydraulisch betätigter Scheibenbremse, hinten mit integrierter Innenbackenbremse, elektrischer Drehzahlmesser, Blinkanlage, Batterie.

PUCH X 50

Der Motor – die Kraftübertragung – das Fahrwerk: Das X 50 ist „Männersache".
NEU: Ab 1980 gibt es dieses Erfolgsmodell auch als preiswertes Mofa mit Druckgußrädern, rechteckigem Scheinwerfer mit eingebautem Tachometer, und noch stärkerer Pedalkickstart-Übersetzung – zu einem Preis, der nur durch die großen Stückzahlen dieses Super-Modelles möglich wurde.
Super ist der Motor. Er entstand auf der Basis eines Antriebes, der PUCH-Konstrukteuren und Technikern Expertenlob einträgt.
Das X 50 ist das Langzeit-Fahrzeug, von dem Autokäufer nur träumen können.
Der relativ langhubige Motor des X 50 sorgt für beste Verbrennung, umweltfreundliche Abgase, niedrigen Kraftstoff-Verbrauch.
Auch die Kraftübertragung ist mustergültig. Geräuscharm, schlüssig und sanft greifen die schrägverzahnten Räder der Primärübertragung.
Der Fahrer hat die Leistung im Griff. Beim X-50-Mofa stehen ihm zwei handzuschaltende Gänge zur Verfügung. Beim X-50-Moped sind es drei.
Das Fahrwerk krönt die Gesamtkonstruktion. Am sportlichen Rohrrahmen der integrierte Tank. Er faßt Treibstoff für mehr als 300 Kilometer Mofa-Fahrt!
Gestartet wird durch Tritt aufs Pedal (keine Tretkette).
Das X-50-Mofa (Grundmode
gibt es in Silber, das Top-M
dell wahlweise in Rot und Bl
das Moped in Silber. Weite
technische Einzelheiten
Schluß dieses Prospektes.

Aus dem motorisierten Zweiradprogramm von 1980: X 50 und Pionier.

PUCH Pionier

Mit diesem 3-Gang-Enduro-Mofa können Jugendliche sicheres Verkehrsverhalten abseits der Straßen trainieren und so Gefahren vorbeugen.
Der Motor springt beim ersten Tritt aufs Pedal an. Er hat eine Anlaßmechanik wie ein Mokick. Kraftvoll beschleunigt das Fahrzeug ab 2000 Touren zur Spitze – nicht nur auf Straßen, auch in unwegsamem Gelände.
Erster Gang. Zweiter Gang. Dritter Gang! Handschaltung. Optimale Übersetzung bei jeder Geschwindigkeit.
PIONIER. Das geländerobuste Mofa. Rohrrahmen mit doppeltem Unterzug – neuerdings in noch stärkerer Ausführung.
Querverstrebter Lenker. Auspuff und Schutzbleche hochgezogen. Viel Bodenfreiheit, um Sümpfe und Bäche zu durchqueren.
Starke Abfederungen. 100 mm Federweg vorne. Kräftige Federbeine hinten.
Sichere Bremsen. 52 Quadratzentimeter wirksame Gesamtbremsfläche gewährleisten hervorragende Verzögerung.
Für Fahrten bei Dunkelheit Rundscheinwerfer mit 120 mm Lichtaustritt! Reflektoren unter den Füßen und am hinteren Schutzblech.
Rücklichtblock unterm Gepäckträger. Starkes Bremslicht.
Weiße Maschine. Nicht zu übersehen. Tags nicht. Nachts nicht.
PIONIER. Allzweckfahrzeug für Straße und Gelände. Freude an allen Fahrten. Im Alltag zur Arbeit, zur Schule. In der Freizeit zum Sport, zu Freunden, ins Grüne.
Weitere technische Daten am Schluß dieses Prospektes.
PIONIER. Sicherer Start ins motorisierte Leben.

PUCH
3 SPEED

PUCH Monza

Auch in Motorrädern vereinen sich Schönheit und Intelligenz-Beweise nur selten. MONZA-MOKICKS von PUCH sind Schönheitsköniginnen mit Abitur. Optik, zukunftweisende Technik und – bei den Spitzenmodellen dieser Serie – die Super-Ausstattung als „Mitgift" machen die MONZA vollkommen.

MONZA-Motoren haben einen Grauguß-Zylinder. Er sorgt im Winter schnell für motorschonende Betriebstemperaturen. Bei „Dauerspitze" im Hochsommer gewährleisten die – mit Schwirrschutz versehenen – großen Aluminium-Kühlrippen rasche Abfuhr der Hitze.

Exklusiv die Sebring-Sportauspuff-Anlage bei den Top-Modellen. Vorteile: Motorrad-Sound, besseres Drehmoment, gesteigertes Beschleunigungsvermögen, ruhigerer Motorlauf, niedrigerer Kraftstoffverbrauch.

Das klauengeschaltete Viergang-Getriebe gilt der Branche als Vorbild. Es greift exakt und hat sportlich kurze Schaltwege. Die hydraulische Scheibenbremse und die 4-fach-Blinkanlage gehören bei den MONZA-Spitzenmodellen zu den auffälligsten der vielen Sicherheitsdetails.

Neu ist der serienmäßige Sturzhelm-Halter, bewährt der riesige Rundscheinwerfer und das kräftige Bremslicht. Scheinwerfer-Verkleidung und Windschutz geben der Maschine Signalwirkung. Sicherheit statt Schnickschnack: Die Top-MONZA bietet die Sicherheit mancher 250er.

Mehr technische Angaben am Schluß dieses Prospektes.

PUCH Ranger

RANGER 4 TL – Edel-Enduro der Mokick-Klasse. Besonders durchzugskräftiger Motor. Getriebe und Fahrwerk geländegerecht. Super-Ausstattung für Allzweck-Einsatz.

RANGER 4 TL: PUCH-Technik, die PUCH-Fahrern Siege bei „Sixdays", Europa- und Weltmeisterschaften einträgt.

Ruckfreier Anzug aus niedrigen Touren. 15er-Vergaser-Einlaß. 1:11-Verdichtung. Trialgerechte Abgasanlage. Hochgezogener Schalldämpfer mit Hitzeschild. Triebwerkabdeckung gegen Steinschlag. Klauengreifendes Wechselgetriebe. Vier Gänge. Kurze Schaltwege. Geländegerechte Abstufungen. Gesamt-Übersetzungen zwischen 47,4 und 18,1. Doppelschleifen-Rohrrahmen. Spurtreue aus 1210 mm Radstand. Trotzdem überaus handlich. Wendekreis nur 2,67 m.

280 mm Bodenfreiheit! 160 mm Federweg an der hydraulisch gedämpften Vorderrad-Teleskopgabel. Abfederung hinten: schräggestellte Schwinge, offene Federbeine mit progressiver Spannung, hydraulische Unterstützung, 95 mm Federweg.

Exakt arbeitende Trommelbremsen, 120/110 mm ø. Elastische Speichenräder. 19 Zoll vorne mit 2,50" breiten Reifen. 18" hinten mit 3"-Superbereifung. Blockprofil. Hochgezogene Schmutzfänger aus Kunststoff. Bequeme Doppelsitzbank. 4fach-Blinkanlage. Cockpit-Ausstattung für souveräne Piloten.

37% Bergsteigfähigkeit mit 70-kg-Fahrer. Fahrzeuggewicht unter 70 kg. Zuladung bis 160 kg. Mehr Technik am Schluß dieses Prospektes.

Nun auch mit Mittelständer lieferbar.

Aus dem motorisierten Zweiradprogramm von 1980: Monza und Ranger.

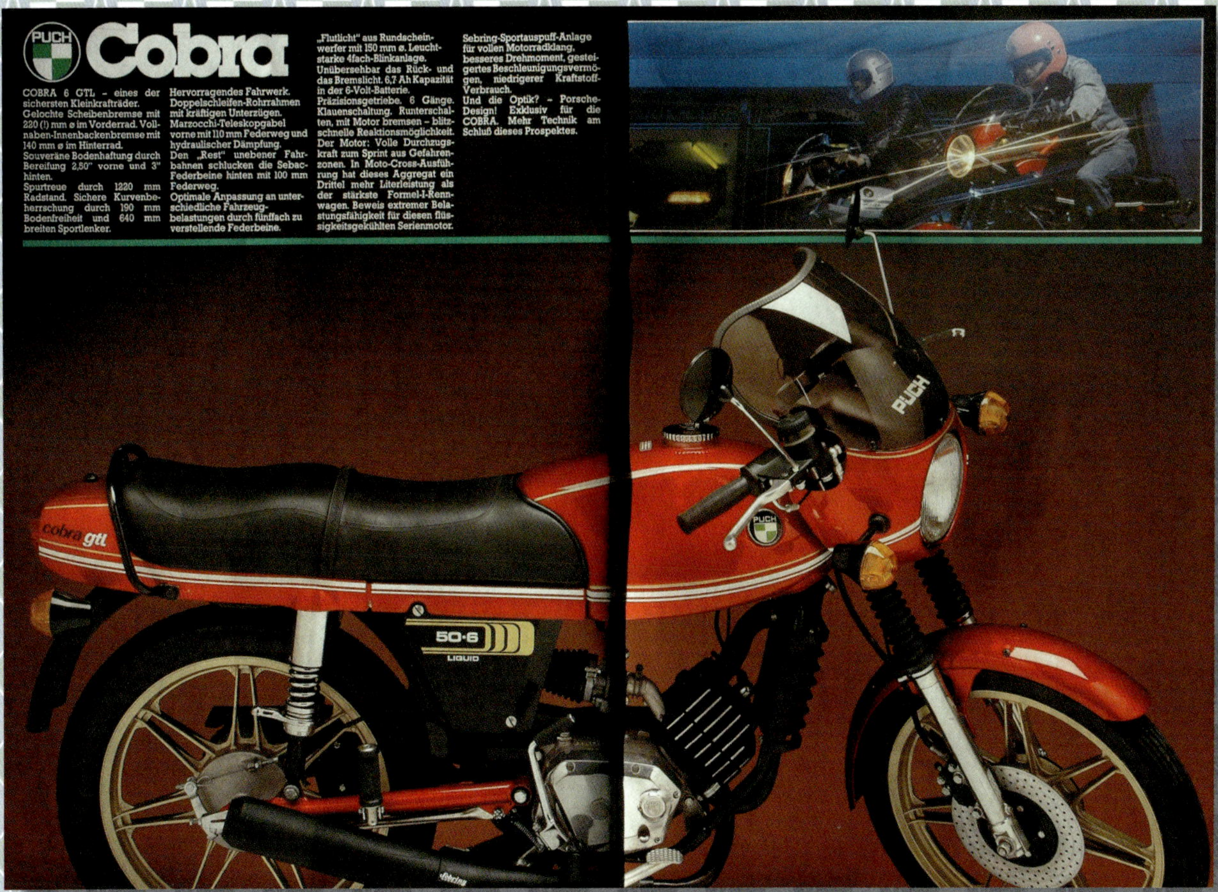

Cobra

COBRA 6 GTL – eines der sichersten Kleinkrafträder.
Gelochte Scheibenbremse mit 220 (!) mm ø im Vorderrad. Vollnaben-Innenbackenbremse mit 140 mm ø im Hinterrad.
Souveräne Bodenhaftung durch Bereifung 2,50" vorne und 3" hinten.
Spurtreue durch 1220 mm Radstand. Sichere Kurvenbeherrschung durch 190 mm Bodenfreiheit und 640 mm breiten Sportlenker.

Hervorragendes Fahrwerk.
Doppelschleifen-Rohrrahmen mit kräftigen Unterzügen.
Marzocchi-Teleskopgabel vorne mit 110 mm Federweg und hydraulischer Dämpfung.
Den „Rest" unebener Fahrbahnen schlucken die Sebac-Federbeine hinten mit 100 mm Federweg.
Optimale Anpassung an unterschiedliche Fahrzeugbelastungen durch fünffach zu verstellende Federbeine.

„Flutlicht" aus Rundscheinwerfer mit 150 mm ø. Leuchtstarke 4fach-Blinkanlage.
Unübersehbar das Rück- und das Bremslicht. 6,7 Ah Kapazität in der 6-Volt-Batterie.
Präzisionsgetriebe. 6 Gänge. Klauenschaltung. Runterschalten, mit Motor bremsen – blitzschnelle Reaktionsmöglichkeit.
Der Motor: Volle Durchzugskraft zum Sprint aus Gefahrenzonen. In Moto-Cross-Ausführung hat dieses Aggregat ein Drittel mehr Literleistung als der stärkste Formel-I-Rennwagen. Beweis extremer Belastungsfähigkeit für diesen flüssigkeitsgekühlten Serienmotor.

Sebring-Sportauspuff-Anlage für vollen Motorradklang, besseres Drehmoment, gesteigertes Beschleunigungsvermögen, niedrigerer Kraftstoff-Verbrauch.
Und die Optik? – Porsche-Design! Exklusiv für die COBRA. Mehr Technik am Schluß dieses Prospektes.

Aus dem motorisierten Zweiradprogramm von 1980: die Cobra.

„Steinschläge und kleine Kratzer können mit Steyr-Daimler-Puch-Lacksprühdosen und SPD-Lackstifte problemlos und farbtongenau ausgebessert werden."

„Um ein gutes Gemisch zu erreichen, empfehlen wir folgende Vorgangsweise: Benzinhahn schließen. Erforderliche Menge Castrol Moped 100 in den Tank leeren. Treibstoff im gewünschten Mischungsverhältnis nachtanken. Benzinhahn öffnen."

Pionier

Zweitaktmotor mit 2,6 kW (3,5 PS) bei 5500 U/min. Fahrtwindkühlung. Tankinhalt 7 l. Viergang-Getriebe mit Fußschaltung, Kickstarter. 17-Zoll-Räder. Telegabel vorne, Federbeine hinten. Federweg vorne 100 mm, hinten 60 mm. Kotflügel vorne und hinten aus Kunststoff. Geländeauspuff, Lenkschloss, Werkzeugbehälter, Sportlenker.

Pionier

Das exklusivste Modell aller Puch-Mofas. Neu: Motocross-Lenker, noch stärkere Rohrrahmen-Unterzüge, Super-Sportscheinwerfer mit 120 mm ø. Motor: wie X 50 3-Gang. Tank: 7,5 l für 438 km bei Normverbrauch! Federwege: vorne 100, hinten 75 mm. Bremsen: vorne Hand-, hinten Rücktrittbremse, je 80 mm Trommel-ø. Räder; 19", Speichen. Reifen: Blockprofil 2,50". Auspuff und Schutzbleche hochgezogen (für Geländeübungsfahrten wichtig). Tacho mit Kilometerzähler, Parkstütze, Glocke, Lenkungsschloss, Gepäckträger, Sitzbank. Farbe: Weiß.

Monza 4 S

Mokick. Das Spitzenmodell der S-Reihe bietet: Sebring-Sportauspuff-Anlage, 10-Liter-Tank; Speichenräder, Reifen vorne 2,50“ oder 2,75“, hinten 2,75“. Telegabel vorne und Federbeine hinten hydraulisch gedämpft. Federwege vorne 100 mm, hinten 70 mm. Bremstrommel vorne und hinten je 120 mm ø. Scheinwerfer-ø 130 mm. Scheinwerfer-Verkleidung und Windschutz vor dem Cockpit mit beleuchtetem Tacho. Rückspiegel, Glocke, Gepäckträger, Packtaschenhalter, Parkständer u. a. m.
Farben: 1.) Sparversion (ohne Scheinwerfer-Verkleidung, ohne Windschutz, schmälere Oberpartie) – Rotbronze. 2.) wie vorstehend, jedoch mit größerer Oberpartie – Grünmetallic. 3.) Spitzenmodell – Rot.

Monza 4 SL

Mokick. Das Spitzenmodell der SL-Reihe bietet: 4fach-Blinkanlage, Magnesium-Druckgussräder, hydraulische Vorderradscheibenbremse, 220 mm ø, Innenbackenbremse hinten, 140 mm ø, Drehzahlmesser bis 12.000, Blinkerkontrolle im Cockpit. Übrige Ausstattung wie beim Spitzenmodell der S-Reihe. Modelle und Farben: 1.) mit Druckguss-Rädern und Scheibenbremse – Schwarz oder Grünmetallic. 2.) wie vorstehend, jedoch mit größerer Oberpartie, Scheinwerfer-Verkleidung und Windschutz – Silber. 3.) wie bei 1., jedoch mit Blinkanlage. 4.) wie bei 2., jedoch mit Blinkanlage. 5.) Spitzenmodell wie auf der Abbildung oben rechts – Silber.

Monza 6 SL

Das Spitzenmodell der Monza-Baureihe in Kleinkraftrad-Ausführung. Vergaser-Einlass 20 mm ø. 10-Liter-Tank für mehr als 300 km Fahrt bei Normverbrauch. Klauengeschaltetes 6-Gang-Wechselgetriebe. Zusätzlich Fernlicht- und Leerlauf-Kontrolle im Cockpit. Alle weiteren Daten – Motor ausgenommen – wie bei der Monza 4 SL in Spitzenausführung. Farbe: Silber.

Das motorisierte Zweiradprogramm 1979: Maxi.

Das motorisierte Zweiradprogramm 1979: X 40.

Das motorisierte Zweiradprogramm 1979: X 50.

Das motorisierte Zweiradprogramm 1979: Pionier.

Das motorisierte Zweiradprogramm 1979: Monza.

PUCH Ranger

RANGER 4 TL – Edel-Enduro der Mokick-Klasse. Besonders durchzugskräftiger Motor. Getriebe und Fahrwerk geländegerecht. Super-Austattung für Allzweck-Einsatz.

RANGER 4 TL – optisch Klassen größer. In Einzelheiten konkurrenzlos. Im ganzen die überragende PUCH-Technik, die PUCH-Fahrern Siege bei „Six days", Europa- und Weltmeisterschaften einträgt.

Vielfaches Testerlob für den hochelastischen PUCH-Motor. 1:11-Verdichtung. Ruckfreier Anzug aus niedrigen Touren. Dell'-Orto-Vergaser mit automatischer Kaltstart-Regulierung. 15er-Einlaß.

Trialgerecht die Abgasanlage. Verchromter Krümmer, flacher, hochgezogener Schalldämpfer. Hitzeschild am Endstück.

Triebwerkabdeckung gegen Steinschlag. Klauengreifendes Wechselgetriebe. Vier exakt und leicht zu schaltende Gänge. Kurze Schaltwege. Geländegerechte Getriebeabstufungen. Gesamtübersetzungen zwischen 47,4 und 18,1.

Schnelles Kettenspannen über exzentrische Stellscheiben mit Rundkerben. Exklusiv auch die Kettenführungsrolle vor dem gelochten Hinterrad-Zahnkranz. Sicherung gegen abspringende Kette.

Hervorragendes Fahrwerk. Doppelschleifen-Rohrrahmen. Spurtreue aus 1210 mm Radstand. Trotzdem überaus handlich. Wendekreis nur 2,67 m.

Präzise Steuerung mit 740 mm breitem Geländelenker. Handschützer an den Griffen. Staubschutz am soliden Brems- und Kupplungshebel.

Bodenfreiheit 280 mm. 160 mm Federweg an der hydraulisch gedämpften Vorderrad-Teleskopgabel. Abfederung hinten: schräg gestellte Schwinge, offene Federbeine mit progressiver Steigung, hydraulische Unterstützung, 95 mm Federweg.

Elastische Speichenräder. 19 Zoll vorne mit 2,50" breiten Reifen, 18" hinten mit 3"-Bereifung. Blockprofil. Hochgezogene Schmutzfänger aus Kunststoff. Bequeme Doppelsitzbank.

Exakt arbeitende Trommelbremsen, 120/110 mm ∅. 7-Liter-Tank. Treibstoffmischung 1:50. Normverbrauch 1,8 l/100 km.

37% Bergsteigfähigkeit mit 70-kg-Fahrer. Fahrzeuggewicht unter 70 kg. Zuladung bis 160 kg.

Ausstattung: Tachometer mit Kilometerzähler, Drehzahlmesser, Rundscheinwerfer 130 mm ∅, 4fach-Blinkanlage, Rücklicht, Bremslicht, Rückspiegel, Zündschloß, Lenkungsschloß, Gepäckträger, Sozius-Fußrasten hochzuschwenken, Parkständer, Werkzeugbehälter unter der Sitzbank, Werkzeugsatz.

Farbe: Schwarz mit rot-goldenem Dekor.

Ein kräftig ausgebildetes Schutzblech schützt das Antriebsaggregat

Der hochgezogene Auspuff sorgt für erhöhte Geländetauglichkeit und erleichtert Wasserdurchfahrten

Klar übersichtliche Anordnung von Tachometer und Drehzahlmesser

Die Puch-Clique nach heißen Rhythmen

Das motorisierte Zweiradprogramm 1979: Ranger.

PUCH Cobra

COBRA 6 GTL. Das Kleinkraftrad mit dem begeisternden Motor. In Moto-Cross-Ausführung leistet er 8,23 kW (11,25 PS) bei 11.500/min. Dann ist seine Literleistung ein Drittel größer als bei den stärksten Formel-I-Rennwagen. Beweis extremer Belastungsfähigkeit für diesen PUCH-Serienmotor.

Straßenausführung jetzt mit Flüssigkeitskühlung nach dem störungsunanfälligen Thermosyphon-Prinzip.

Motorrad-Sound, besseres Drehmoment, gesteigertes Beschleunigungsvermögen, ruhigerer Motorlauf, niedrigerer Kraftstoffverbrauch durch klassenexklusive Sebring-Auspuffanlage.

Exklusiv auch die Formgebung der Maschine. Porsche-Design. Und einzigartig das Getriebe. 6 klauengeschaltete Gänge – der direkte als Overdrive für die Autobahn. Einigkeit im Testerlager: dieses Getriebe ist vorbildlich.

Das Fahrwerk: Doppelschleifen-Rohrrahmen. Leichte Magnesium-Druckgußräder. Breite Reifen, 2,50" vorne, 3" hinten. Gelochte Scheibenbremse 220 mm Ø im Vorderrad. Vollnaben-Innenbackenbremse 140 mm Ø im Hinterrad. 1220 mm Radstand für Spurtreue. 640 mm breiter Sportlenker. 190 mm Bodenfreiheit für Schräglagen. Kompakte Bedienungshebel für sportliches Fahren.

Marzocchi-Teleskopgabel vorne mit 110 mm Federweg. Sebac-Federbeine hinten mit 100 mm Federweg. Fünffach zu regulieren. Optimale Anpassung an unterschiedliche Fahrzeugbelastungen. Hydraulisch gedämpfte Federwege.

Sportliche Sitzbank für zwei mit vorbildlichem Übergang zum 12,5-Liter-Tank (ab Reservestellung noch mehr als 100 km Aktionsradius).

Die Beleuchtung: Rundscheinwerfer 150 mm Ø. 6,7 Ah-Batterie für serienmäßige 4fach Blinkanlage. Rücklicht, das auch im Leerlauf leuchtet.

Das Cockpit: Kühlwasser-Temperaturanzeige 40–120° C, beleuchteter Tacho bis 120 km/h, beleuchteter Drehzahlmesser bis 12.000/min, Leerlauf-Kontrolleuchte, Blinkerkontrolle, Fernlichtkontrolle. Windschutz über der Scheinwerfer-Verkleidung.

Sonstiges: massives Tankschloß, Lenkungsschloß, Zündschloß, Lichthupe, Werkzeugsatz hinter dem Beifahrer-Sitz, Rückspiegel, Kilometerzähler, Parkständer.

Farbe: transparent metallicrot. Kleinkraftrad ohne gesetzliche Geschwindigkeitsbegrenzung.

Vorschrift: Sturzhelm, Führerschein 4, Mindestalter 16.

Die Puch-Clique an der Rennstrecke

Instrumententräger mit Tachometer, Drehzahlmesser, Temperaturanzeiger und Armaturen

Blick auf den Flüssigkeitskühler und die gelochte Bremsscheibe

Blick auf das bullige Heck der Cobra 6 GTL mit Haltegriff

Das motorisierte Zweiradprogramm 1979: Cobra.

Maxi N — Mofa

Das PUCH-Mofa in MAXI-Qualität, dessen Ausstattung sich – dem Preis zuliebe – auf das Wesentlichste konzentriert: Vorderrad-Telegabel mit 50 mm Federweg, Trommelbremsen vorne/hinten 80 mm Ø, Schwingsattel, Rundscheinwerfer 85 mm Ø, Rücklicht, Tachometer mit Kilometerzähler, Gepäckträger, Parkständer, Lenkungsschloß, Kettenschutz. Farben wahlweise Rotbronze oder Silber.

Technik siehe Seiten 2 + 3.

Maxi S 2,25 — Mofa

Eingangs-Automatik-Mofa wie vorstehend beschrieben, jedoch mit einer Zusatzausstattung, die insbesondere von Damen gewünscht wird: Hinterrad-Abfederung über Langarmschwinge mit Teleskop-Federbeinen (50 mm Federweg), 2,25" breite Bereifung für noch mehr Fahrkomfort, modernerer Gepäckträger, verchromte Fahrzeug-Traggriffe, Werkzeugbehälter mit Werkzeugsatz.

Farben wahlweise Rotbronze oder Blau.

Technik siehe Seiten 2 + 3.

Maxi Sport — Mofa

Das Spitzenmodell der MAXI-Baureihe – für alle, die so sicher und komfortabel wie möglich Mofa fahren wollen. Wahlweise mit 4fach-Blinkanlage. Fahrzeug ohne Blinkanlage in Silber oder Blau, mit Blinkanlage Silber oder Rot.

Technik und Ausstattung siehe Seiten 2 + 3.

X 30 A — Mofa

Das Rohrrahmen-Mofa, für das sich auch sportliche Damen begeistern. Schaltautomatik, aufgesetzter 3,5-Liter-Tank, Speichenräder 21x2,25", Vorderrad-Teleskopgabel und Hinterrad-Federbeine je 50 mm Federweg, Innenbackenbremsen vorne und hinten je 80 mm Ø, Rücktrittbremse, Schwingsattel, Tachometer (60 mm Ø) mit Kilometerzähler, Rundscheinwerfer 105 mm Ø, Rücklicht, Gepäckträger, Parkständer, Schutzbleche (vorne Edelstahl), Werkzeugbehälter mit Werkzeugsatz, Lenkungsschloß.

Farbe: Grünmetallic.

X 40 — Mofa

City-Mofa in Mini-Ausführung. Ideal für Damen, die zu geringsten Kosten und ohne Parkprobleme zum Shopping, zur Freundin, ins Freibad fahren wollen.

Farbe: Silber.

Technik und Ausstattung siehe Seiten 4 + 5.

X 50 Zweigang — Mofa

Neuestes Super-Rohrrahmen-Mofa mit Vorzügen, die alle technisch interessierten Jugendlichen faszinieren. Nachrüstbare Sitzbank; wahlweise Druckguß- oder Speichenräder.

Farben wahlweise Rot oder Blau.

Technik und Ausstattung siehe Seiten 6 + 7.

Pionier — Mofa

Einzigartiges Enduro-Mofa. Für Jugendliche, die am liebsten den ganzen Tag fahren möchten: durchs Gelände, zur Schule, zum Sportplatz, Kino, Freund ...

Farbe: Weiß.

Technik und Ausstattung siehe Seiten 8 + 9.

MS 25 — Mofa

Der Dauerbrenner unter den bewährtesten Mofas. Mancher Arbeiter wechselt eher den Arbeitsplatz als dieses Fahrzeug. Gebläsegekühlter Motor, 2-Gang-Handschaltung, Start im Stand, verwindungssteifer Schalenrahmen, 23x2,00" Speichenräder, Allradfederung, Trommelbremsen, Schwingsattel, komplette Beleuchtungsanlage, Tank für 350 km Fahrt bei Normverbrauch, Tachometer mit Kilometerzähler, Lenkungsschloß, Luftpumpe, Gepäckträger, Parkständer.

Farbe: Blau/Weißgrau.

Das motorisierte Zweiradprogramm 1979: Maxi N, S 2,25, Sport, X 30 A, X 40, X 50 Zweigang, Pionier, MS 25.

X50 Dreigang — *Moped*

Neuestes Super-Rohrrahmen-Moped, gebaut für Berufstätige, die Jahr für Jahr mit diesem Fahrzeug pünktlich zur Arbeit kommen und das höchste Maß an technischer Perfektion erwarten. Bestes Durchzugsvermögen durch gut abgestuftes Dreigang-Getriebe.

Farbe: Silber.

Technik und Ausstattung siehe Seiten 6 + 7.

Monza 4 S — *Mokick*

Das Mokick für Jugendliche, die außergewöhnliche Technik suchen und Perfektion erwarten. Scheinwerfer-Verkleidung mit Windschutz, Sebring-Sportauspuff-Anlage, Speichenräder, Innenbackenbremsen vorne/hinten je 120 mm ∅, 10-Liter-Tank.

Farbe: Rot.

Technik und sonstige Ausstattung siehe Seiten 10 + 11.

Dieses Modell gibt es auch in einer Sparversion ohne Scheinwerfer-Verkleidung und ohne Windschutz mit schmälerer Oberpartie in der Farbe Rotbronze sowie mit vergrößerter Oberpartie in der Farbe Grünmetallic.

Monza 4 SL — *Mokick*

Das Spitzenmodell unter den MONZA-Mokicks. Für Fahrer, die in dieser Klasse technisch und in der Ausstattung alles geboten bekommen wollen.

Farbe: Silber.

Neu: Sebring-Auspuff, Farbe: Silber.

Technik und Ausstattung siehe Seiten 10 + 11.

Ranger 4 TL — *Mokick*

Edel-Enduro der Mokick-Klasse. Für Jugendliche, die in ihrer Freizeit und im Alltag auch mal im Testgelände fahren wollen.

Farbe: Schwarz mit rotgoldenem Dekor.

Technik und Ausstattung siehe Seiten 12 + 13.

M 50 Jet — *Kleinkraftrad*

Das Kleinkraftrad zum Mokick-Preis – natürlich mit der kompletten Technik der Fahrzeugklasse 4. Zugelassen für Autobahnfahrten. Luftgekühlter Motor mit 4,6 kW (6,25 PS), 6-Gang-Getriebe, Doppelrohrrahmen, Bereifung vorne 2,5" und hinten 3,00", Innenbackenbremsen je 140 mm ∅, Doppelsitzbank, Abblend- und Fernlicht, Rücklicht, Bremslicht, Blinkanlage, 7,6-Liter-Tank, Cockpit mit Tacho, Drehzahlmesser, Leerlauf-, Fernlicht- und Blinkerkontrolle, Zündschloß, Lenkungsschloß, Gepäckträger mit Packtaschen-Halterung, Parkständer.

Farbe: Blau.

Monza MONZA 6 SL — *Kleinkraftrad*

Das Kleinkraftrad der MONZA-Baureihe. Luftgekühlter Motor mit 4,6 kW (6,25 PS). Klauengeschaltetes 6-Gang-Getriebe. Verwindungssteifer Schalenrahmen. Magnesium-Druckgußräder mit 2,75"-Bereifung, Telegabel 100 mm Federweg, Federbeine 75 mm, Vorderrad-Scheibenbremse 220 mm ∅, Innenbackenbremse hinten 140 mm ∅, Doppelsitzbank, Scheinwerfer 130 mm ∅, 4fach-Blinkanlage, Rücklicht, Bremslicht, 7-Liter-Tank, Cockpit mit Tacho, Drehzahlmesser und Kontrolleuchten, Zündschloß, Lenkungsschloß, Gepäckträger mit Packtaschen-Halterung, Parkständer, Werkzeugbehälter mit Werkzeugsatz.

Farbe: Silber.

Cobra 6 GT — *Kleinkraftrad*

Porsche-Design gibt diesem Kleinkraftrad die Exklusivität, die Motorjournalisten auch der Durchzugskraft des Motors und der Funktion des klauengeschalteten 6-Gang-Getriebes nachsagen. Luftkühlung. Standardauspuff.

Farbe: Ferrarirot.

Technik und Ausstattung sonst siehe Seiten 14 + 15.

Cobra 6 GTL — *Kleinkraftrad*

Das Spitzenmodell aller Fünfziger von PUCH. Das souveräne Kleinkraftrad mit Wasserkühlung.

Farbe: Transparent-Metallicrot.

Technik und Ausstattung siehe Seiten 14 + 15.

Das motorisierte Zweiradprogramm 1979: X 50 Dreigang, Monza 4 S, Monza 4 SL, Ranger 4 TL, M 50 Jet, Monza 6 SL, Cobra 6 GT, Cobra 6 GTL.

Maxi N (Mofa), Maxi S (Mofa), Maxi Sport (Mofa), X 40 (Mofa), X 50 Standard (Mofa), X 50 (Mofa), Pionier (Mofa), X 50 (Moped), Monza 4 SL (Mokick), Ranger 4 TL (Mokick), Ranger TT (Mokick), Cobra 6 GTL (Kleinkraftrad).

Mofas, Mokicks, Kleinkrafträder für 50er-Experten, 1977.

Mofas, Mokicks, Kleinkrafträder für 50er-Experten, 1977: Maxi S, Maxi N, Maxi SL.

Mofas, Mokicks, Kleinkrafträder für 50er-Experten, 1977: X 30, X 30A neu, MS 25.

Mofas, Mokicks, Kleinkrafträder für 50er-Experten, 1977: Monza 4 SL, Monza 6 SL, Monza 4 S.

Mofas, Mokicks, Kleinkrafträder für 50er-Experten, 1977: Cobra 6-Gang gt, M 50 Jet.

Mofas, Mokicks, Kleinkrafträder für 50er-Experten, 1977: Cobra T.

Maxi S, Maxi SL, Maxi N, Maxi 2-25, Maxi 2K, Maxi 2-40.

X 30 A, X 30, MS 25, MS 50 V.

M 50 Racing mit Cockpit.

Kleinkraftrad
Führerschein
Klasse 4
M 50 Jet
Ein Optimum an Kraft, Sicherheit und Styling. Wenn alle Details top sind, muß das Ganze optimal sein.
6,25 PS-Triebwerk, bullig und voll belastbar. Präzis zu schaltendes 6-Gang-Klauengetriebe. Hervorragendes Fahrverhalten durch Doppelschleifenrahmen und Ceriani-Gabel.
Fünffach verstellbare Federbeine. Super-Cockpit mit integriertem Tachometer, Drehzahlmesser und Zündschloß. Gepäckträger serienmäßig. Jedes Detail »echt Motorrad«. Vollnabenbremsen mit 140 mm ∅ und eine zuverlässige Blinkanlage lassen Sie jede Situation meistern.
Die PUCH M 50 Jet ist die richtige Maschine für alle, die Benzin in den Adern haben.
Dreh auf - komm an. Mit Puch.
PUCH
PUCH
M50 JET 6 speed

M 50 Jet.

MS 25, Monza 4 S, Monza 4 SL, Ranger 4 TL, Ranger TT (1982).

Maxi N, Maxi S, Maxi N-DGR, Maxi Sport, Ranger 25, X 50-2 Luxus, X 50-2 Standard, X 50-3, Cobra 6 GTL (1982).

Maxi Off-Road (1983).

Mini-Maxi (1983).

Maxi Plus Prospekt, 1982.

Maxi Plus Prospekt, 1982.

Maxi Plus Prospekt, 1982.

Maxi Plus Prospekt, 1982 (Ausschnitt). Maxi Plus: Einzylinder-Zweitaktmotor mit 48,8 cm³, 0,9–1,9 kW (1,2–2,6 PS) je nach Gesetz, Automatik-Getriebe, Innenbackenbremsen vorne ø 80 mm, hinten 100 mm, Radaufhängung: vorne Teleskopgabel mit Alu-Gleitrohren, Federweg 85 mm, hinten Triebsatzschwinge mit Federbeinen, Federweg 65 mm, Alu-Druckguss mit auswechselbaren Bremsnaben, Reifen 2¼–16″, Kunststoff-Benzintank, Inhalt 4 l.

Modelle	Farben	Gänge	Schaltung	Leistung		cm³	Kühlung	Sitze	Führer-schein-frei	Kleinmo-torrad-Führer-schein	Führer-schein „A“
				kW	PS						
Maxi E	weiß	1	Automatik	1,77	2,4	48,8	Fahrtwind	1	•		
Maxi L	kirschrot	1	Automatik	1,77	2,4	48,8	Fahrtwind	1	•		
Maxi S	moccabraun	1	Automatik	1,77	2,4	48,8	Fahrtwind	1	•		
Maxi SL	azurblau	1	Automatik	1,77	2,4	48,8	Fahrtwind	1	•		
Maxi Plus	perlblau	1	Automatik	2	2,72	48,8	Fahrtwind	1	•		
Mini Maxi	weiß-rot	1	Automatik	2	2,72	48,8	Fahrtwind	1	•		
City	silber	1	Automatik	2	2,72	48,8	Fahrtwind	1	•		
Maxi S2	perlblau	2	Automatik	1,77	2,4	48,8	Fahrtwind	1	•		
Maxi SL2	moccabraun	2	Automatik	1,77	2,4	48,8	Fahrtwind	1	•		
Turbo	weiß	2	Hand	2	2,72	48,8	Fahrtwind	2	•		
Silber Speed	silber	4	Fuß	2	2,72	48,8	Fahrtwind	2	•		
MV 50 X	silber	2	Hand	1,86	2,53	48,8	Gebläse	1	•		
Monza 4 SL	silber	4	Fuß	2	2,72	48,8	Fahrtwind	2	•		
Monza 4 GP	silber	4	Fuß	2	2,72	48,8	Fahrtwind	2	•		
Ranger TT	gelb	4	Fuß	2	2,72	48,8	Fahrtwind	2	•		
Ranger 4 TL	schwarz	4	Fuß	2	2,72	48,8	Fahrtwind	2	•		
Minicross	weiß	1	Automatik	2,58	3,5	48,8	Fahrtwind	1	•		
Cobra GS	silber	6	Fuß	4,78	6,5	49,9	Fahrtwind	2		•	
Cobra GTL	inkagold	6	Fuß	4,78	6,5	49,9	Wasser	2		•	
Lido SL	weiß, blau	3	Automatik	1,85	2,51	49,4	Gebläse	2	•		
Lido CD Viertakt	weiß, rot	3	Automatik	5,9	8	124,5	Gebläse	2			•

Modellübersicht 1983.

Moped-Programm 1984:
Maxi E, Maxi L, Maxi SE, Maxi SE 2, Maxi Plus de Luxe, Modell Turbo, Mini-Maxi, Magnum X Minicross.

Moped-Programm 1984:
City, MV 50 X, Silver Speed, Lido SL, Lido CD, Ranger 4 TT, Ranger 4 TL, Cobra GS, Cobra GTL.

Freiheit,
enden.
Puch
für die
Puch

PUCH
PUCH
RANGER
T.
PUCH
PUCH
PUCH
MAXI·SL
t.

Modellübersicht 1986: Maxi E, Maxi L, Maxi SE, Maxi SE 2.

Modellübersicht 1986: Maxi SE 2H, Rider, Maxi Pearly, Mini Maxi.

Modellübersicht 1986: MV 50 X-3, Racing, White Speed.

Modellübersicht 1986: Turbo, Turbo-Sport.

PUCH Imola GX

Der Hit unter den führerscheinfreien Sportmopeds. Ausstattung wie bei einer großen Maschine. Bewährter PUCH-Motor mit 48,8 cm³; Leistung 2 kW/2,72 PS; Fahrtwindkühlung. 4-Gang-Getriebe mit Fußschaltung, großer Sporttank mit 11,4 Liter Inhalt. Hydraulisch gedämpfte Telegabel vorne mit 100 mm Federweg, hydraulisch gedämpfte Federbeine mit offenen Spiralfedern hinten, Federweg 75 mm. Vorspannung der hinteren Federung verstellbar. Scheibenbremse vorne 220 mm ∅; Trommelbremse hinten 120 mm ∅. Bremslicht leuchtet bei Betätigung der Hand- und Fußbremse; Sebring-Auspuff, Blinker serienmäßig. Aerodynamische Cockpitverkleidung. Cockpit mit Zündschloß, Fernlichtkontrolle, Drehzahlmesser, Tachometer und Blinkerkontrolle. Helm- und Lenkerschloß, Tankschloß; zweisitzig. Führerscheinfrei. Farbe: perlelfenbein, perlweiß.

PUCH Daytona

Das neue Kleinmotorrad mit dem sportlichen Design. 49,9-cm³-Motor mit 4,8 kW/6,5 PS. Fahrtwindkühlung. 6-Gang-Getriebe (Fußschaltung): Tankinhalt 11,4 Liter. Hydraulisch gedämpfte Telegabel vorne mit 100 mm Federweg; hinten hydraulisch gedämpfte Federbeine mit Spiralfedern, 75 mm Federweg. Vorne gelochte Scheibenbremse mit 220 mm ∅; hinten Trommelbremse 125 mm ∅. Sebring-Auspuff, Blinker serienmäßig, aerodynamische Cockpit- und Motorverkleidung, Cockpit mit: Zündschloß, Fernlichtkontrolle, Drehzahlmesser und Tachometer. Helm- und Lenkerschloß, zweisitzig. Kleinmotorrad-Führerschein (ab 16 Jahre zu fahren). Farbe: weiß.

Modellübersicht 1986: Imola GX, Daytona.

PUCH Condor

Kaum zu glauben — diese Vollblut-Enduro ist führerscheinfrei. Robuster PUCH-Motor; 48,8 cm³ mit 2 kW/2,72 PS. Fahrtwindkühlung. Ausgestattet wie eine große Motocross-Maschine. 4-Gang-Getriebe mit Fußschaltung, Kickstarter, Kunststofftank mit 6,8 Liter, Kunststoffkotflügel, hydraulisch gedämpfte Telegabel vorne mit 180 mm Federweg, hydraulisch gedämpftes Zentralfederbein hinten mit 170 mm Federweg; große Trommelbremsen vorne 120 mm ∅, hinten 110 mm ∅; Bremslicht leuchtet bei Betätigung der Hand- und Fußbremse, Sitzbank für zwei, serienmäßig Blinker, hochgezogener Spezialauspuff, Gepäckträger, Motocross-Scheinwerferverkleidung aus Kunststoff. Zweisitzig. Führerscheinfrei. Farbe: rot-weiß.

PUCH Minicross

Das Modell Minicross wurde speziell für den Sportnachwuchs von 6—10 Jahren entwickelt — ausschließlich fürs Gelände und abseits öffentlicher Straßen. Sie ist mit der 1-Gang-Automatik wirklich kinderleicht zu fahren und besitzt ausreichend Kraft auch für steilere Strecken. Natürlich ist bei der Minicross alles auf die Jugend abgestimmt und somit besonders sicher konstruiert. Robuster PUCH-Motor mit 48,8 cm³; Leistung 2,58 kW/3,5 PS. Kickstarter, Tankinhalt 3,5 Liter, Kunststoffkotflügel; Speichenräder vorne 14", hinten 12". Telegabel vorne mit 80 mm Federweg, mechanisch gedämpfte Federbeine hinten — Federweg 55 mm. Große Trommelbremsen vorne und hinten 90 mm ∅. Vordere und hintere Bremse von Hand zu betätigen. Bequeme Sitzbank, Stollenreifen, hochgezogener Auspuff, geräuscharm. Farbe: blau mit weißem Tank.

Modellübersicht 1986: Condor, Minicross.

Modellübersicht 1986: Cobra GTL, Lido Vario.

Imola GX, X 50-3 Standard, Lido Vario, X 30 Turbo, Maxi N DGR.

Modell	Fahrzeugklasse Mofa	Moped	Mokick	KKR/LKR	Motor Hubraum cm³	Verfahren	Leistung kW/PS bei U/min	Kühlung Fahrtwind	Kühlung Gebläse	Getriebe Zahl der Gänge	Schaltung	Tank Inhalt/Liter/Reserve	Reichweite in km bei DIN-Verbrauch	Reifen vorne/hinten
Maxi N	•				48,8	2 T	1,1/1,5 4 000	•		1	Autom.	3,2/1	210	2,25–17 2,25–17
Maxi S	•				48,8	2 T	1,1/1,5 4 000	•		1	Autom.	3,2/1	210	2,25–17 2,25–17
Maxi Sport	•				48,8	2 T	1,1/1,5 4 000	•		1	Autom.	3,2/1	210	2,25–17 2,25–17
Maxi S 2	•				48,8	2 T	1,1/1,5 4 000	•		2	Hand	3,2/1	210	2,25–17 2,25–17
Mini Maxi	•				48,8	2 T	1,1/1,5 4 200	•		1	Autom.	3,5/1	230	2,50–14 2,50–14
Maxi Plus	•				48,8	2 T	1,1/1,5 4 000	•		1	Autom.	3,7/0,5	200	2,25–16 2,25–16
X 50-2 Standard	•				48,8	2 T	1,1/1,5 4 000	•		2	Hand	6,4/1	420	2,25–17 2,50–17
X 50-3 M		•			48,8	2 T	2,0/2,72 5 500	•		3	Hand	6,4/1	420	2,50–17 2,50–17
Monza 4 SL			•		48,8	2 T	2,13/2,9 5 500	•		4	Fuß	10/1	550	2,50–17 2,75–17
Cobra 80				•	77	2 T	6,2/8,4 5 900	•		6	Fuß	12,5/1	500	2,50–17 3,00–17
Ranger 25	•				48,8	2 T	1,1/1,5 4 150	•		3	Hand	6,8/1	420	2,25–19 3,00–17 R
Ranger TT			•		48,8	2 T	2,0/2,72 5 500	•		4	Fuß	7/1	390	2,50–19 3,00–18
Lido 50			•		49	2 T	1,77/2,4 5 000		•	3	Autom.	4,0/1 Öl 1,1	160	3,00–10 4 PR 3,00–10 4 PR
Lido 80					79,2	2 T	4,42/6,0 6 000		•	3	Autom.	4,0/1 Öl 1,1	k. A.	3,50–10 4 PR 3,50–10 4 PR

Maxi Plus.

Bremsen vorne	Bremsen hinten	Federung vorne/ Federweg in cm	Federung hinten/ Federweg in cm	Sitze Schwingsattel	Sitzbank 1-sitzig	Sitzbank 2-sitzig	Ausstattung Zündschloss	Lenkschloss	Helmschloss	Tankschloss	Werkzeugsatz	Blinker	E-Starter	Gepäckfach
Trommel 80 ø	Trommel 80 ø	Telegabel 50	starr	•				•	•		•			
Trommel 80 ø	Trommel 80 ø	Telegabel 50	Federbeine 50	•				•	•		•			
Trommel 80 ø	Trommel 80 ø	Telegabel 50	Federbeine 50		•		•	•	•		•	W		
Trommel 80 ø	Trommel 80 ø	Telegabel 50	Federbeine 50	•				•	•		•			
Trommel 80 ø	Trommel 80 ø	Telegabel 50	Federbeine 50		•			•	•		•	W		
Trommel 80 ø	Trommel 100 ø	Telegabel 80	Federbeine 50		•		W	•	•	•	•	W		•
Trommel 80 ø	Trommel 100 ø	Telegabel 75	Federbeine 60	•				•	•		•			
Trommel 80 ø	Trommel 100 ø	Telegabel 75	Federbeine 60		•		•	•	•		•			
Scheibe 220 ø	Trommel 140 ø	Telegabel 100	Federbeine 75			•	•	•	•		•	•		
Scheibe 220 ø	Trommel 140 ø	Telegabel 110	Federbeine 100			•	•	•	•	•	•	•		
Trommel 110 ø	Trommel 110 ø	Telegabel 100	Federbeine 75		•			•			•			
Trommel 120 ø	Trommel 110 ø	Telegabel 160	Federbeine 95			•		•			•			
Trommel k. A.	Trommel k. A.	Kurzschwinge mit 1 Federbein 60	Triebsatzschwinge mit 1 Federbein 80			•	•	•	•	•	•	•	•	•
Trommel k. A.	Trommel k. A.	Kurzschwinge mit 1 Federbein 60	Triebsatzschwinge mit 1 Federbein 80			•	•	•	•	•	•	•	•	•

Maxi N, Mofa-Prospekt, 1990.

Maxi Super S, Maxi S, Maxi 2-Gang, Mofa-Prospekt, 1990.

Grand Prix Supreme (1975).

GRAND PRIX
SUPREME
PUCH
Instrument console
Steyr Daimler Puch
PUCH
Mag-alloy wheels
Sports suspension
Powerful disc brake
Kick start
One down, three up gearshift
SPECIFICATION
ENGINE
Type: Single-cylinder, two-stroke with loop scavenging
Bore: 38 mm
Stroke: 43 mm
Capacity: 48.8 cc
Compression ratio: 11 to 1
Max. power: 5.0 bhp at 7.400 rpm
Max. torque: 0.38 mkp at 5.000 rpm
Cooling: Ambient air
Cylinder: Aluminium alloy with cast-iron liner
Cylinder head: Aluminium alloy
Piston: Aluminium alloy
Main bearings: 3 ball bearings
Connecting rod: Needle bearing big end; bronze bush for gudgeon pin
Lubrication: Petrol-oil mixture 25 to 1 (with special two-stroke oils 50 to 1)
WEIGHT AND DIMENSIONS
Wheelbase: 47.4 in
Overall length: 72.1 in
Overall height (handlebars): 35.1 in
Overall width (handlebars): 24.1 in
Seat height: 30.4 in (unloaded)
Ground clearance: 7.5 in
Kerb weight: 163 lb
PERFORMANCE
Max. speed: 45-50 mph
CLUTCH
Type: Wet, multi-disc
Location: Crankshaft
FRAME
Main frame: Pressed steel
Front suspension: Telescopic forks with hydraulic damping
Rear suspension: Swinging arm with hydraulic suspension units
Wheel travel (front): 4 in
Wheel travel (rear): 3 in
Brakes: Hydraulically operated single disc (front) and 4.7 in diameter drum (rear)
Tyres: 21 x 2.75 in front and rear
Fuel tank capacity: 1.4 gallons
Seat: Dual
TRANSMISSION
Primary drive: Helical gears
Ratio: 18:72
Gear box: 4-speed
Ratios
1st: 11:39
2nd: 17:33
3rd: 18:25
4th: 18:20
Secondary drive ratio: 13:38
Starting system: Kickstart
Pedalling system: Left crank foldable, can be fixed as footrest
CARBURETTER
Type: Needle jet, centre float
Size: 17 mm choke
Model: Bing 1/17/150
Air cleaner: Paper element
ELECTRICAL SYSTEM
Generator: Flywheel magneto
Voltage: 6 volt
Output: 17/5 watts
Ignition: Contact breaker
Ignition timing: 0.7 mm - 1.0 mm (see manual)
Sparking plug: Champion L78
Battery: 6 volt, 4-5 Ah

Puch Skytrack

De Puch met 'n speciaal trackje. Let maar eens op die ellenlange knalpijp. Eén meter dertig lang. Van voor tot achter dik verchroomd. Demperinzetstuk met twee expansiekamers. Kijk, je moet er natuurlijk wél van houden. Dat geldt trouwens ook voor de voetschakeling. Sommigen schakelen graag „los uit de pols". Anderen weer niet. Verdere bijzonderheden! „Zweeds" stuur. Easy zweefzadel. 2 versnellingen. Tank van 5,5 liter (transparant rood gelakt).

Bagagedrager met „klemvast" beugel. Voltrommelremnaven in voor- en achterwiel. Versterkte banden met terreinprofiel. Zware telescoopvering op beide wielen. Gesloten kettingkast. Kleur: zwart met rode tank. Prijs: ƒ925,–

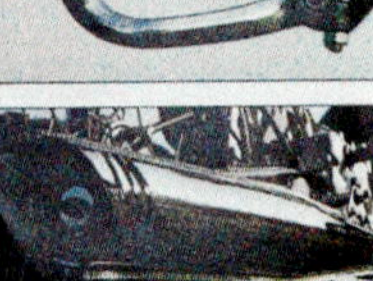

Puch Skyhunter

Tweelingbroer van de Skytrack. Maar dan met „potje" en handschakeling. 2 versnellingen. Kleur: zwart met magenta tank. Prijs: ƒ890,–

Puch Skyway

De Puch zonder opsmuk. Maar met alle elementaire voorzieningen, die een Puch eigen zijn. Zoals een oersterk frame, een betrouwbaar remsysteem en een Puch-goeie trekkracht. Het zijn de luxe extraas, die de Skyway niet heeft. Geen bavoletten aan de spatborden. Geen gesloten kettingkast. Geen ingebouwde telleraandrijving. Maar wel met een „Zweeds" stuur. Easy zweefzadel. Kilometerteller. Kettingrand. Voor en achter trommelremnaven. Voor en achter telescoopvering. Versterkte banden met terreinprofiel (23" x 2,25"). 2 versnellingen. Kleur: zwart. Prijs: ƒ845,–

Skytrack, Skyhunter und Skyway, 1971.

Maxi S MKII Sport, Maxi N, Maxi S AH, Maxi S AHG, Maxi S 2AHG, X 30 NG 2AHG, X 30 Racing, 1971.

PUCH
Condor
UN DEPORTIVO CON GARRA
MOTO VESPA
GILERA
BIANCHI
PUCH

Condor.

CONDOR NO HAY MAS QUE UNA

PUCH SUZUKI

Condor, 1987.

Maxi, Monza, Condor III, 1987.

Mini Maxi, Steyr-Daimler-Puch (GB) Ltd.

EXTRA STYLE FOR MAXI

There are four great ways you can make Maxi look even better. Maxi extras.

Brand new on the scene are Maxi leg-shields and windscreens. Custom-made for Maxi. They make Maxi-riding even more fun, even more comfortable. And they look good too.

Wherever you and your Maxi go, you'll probably have things you want to take with you. And that's where Maxi's panniers come in. Neat and compact, yet big enough for shopping, books, food for a day out. You name it.

And last, but by no means least, there's the Maxi cub top-box. A big, lockable box, made of tough, good-looking fibreglass. Ideal for your helmet and gloves. Valuables or shopping.

Maxi extras. Designed with the same stylish practicability as your Maxi.

Your local Maxi dealer is:

Steyr-Daimler-Puch (GB) Ltd
Steyr-Puch House 211 Lower Parliament Street Nottingham Tel: Nottingham (0602) 56521
The Puch Policy is one of continuous improvement. We therefore reserve the right to change specifications and prices without notice.

What makes Maxi Britain's favourite moped?
Is it that famous Maxi reliability?
Or Maxi's amazing economy?
A thrifty hundred and twenty miles or more to every gallon. And insurance premiums so small you'll hardly notice them.
Could it be the Maxi range?
There are four models to choose from so there's sure to be one for you.
Maybe it's Maxi service.
Behind every Maxi is a dealer you can trust.
Or Maxi's guarantee?
It's for a full twelve months.
Perhaps it's that Maxi's as easy to ride as a bicycle: most models are fully automatic!
It could be that Maxi sets you free. Free from queues, free from jams, free from waiting.
But what really makes Maxi Britain's favourite moped is you.
A staggering 120,000 of you who've bought Maxi over the years.
That's a lot of people, a lot of confidence.
But then Maxi's a lot of moped.
Test ride a Maxi soon – you can ride it on a car licence.

Maxi Super D

A Maxi with not one, but three, big differences. An extra-long seat for superb comfort. A stainless-steel front mudguard. And wider tyres for extra grip, excellent roadholding.
Finished in Brilliant Race Red.

Maxi Sport

As the name suggests, this is the sportiest Maxi you can buy.
It look great, rides great. And makes your money go further.
Because, underneath those sporty looks there's an economical, reliable engine.
Finished in Flamboyant Blue.

TAKE A CLOSER LOOK AT MAXI

NO FARES
NO QUEUES
NO JAMS
NO WAITING

PUCH

Maxi Super D, Maxi Sport, Steyr-Daimler-Puch (GB) Ltd.

KEEP RIGHT

GAS PRICES SOARING

SUB-SANDWICHES

THE WORLD IS TURNING TO US

PUCH

Steyr-Daimler-Puch (GB) Ltd.

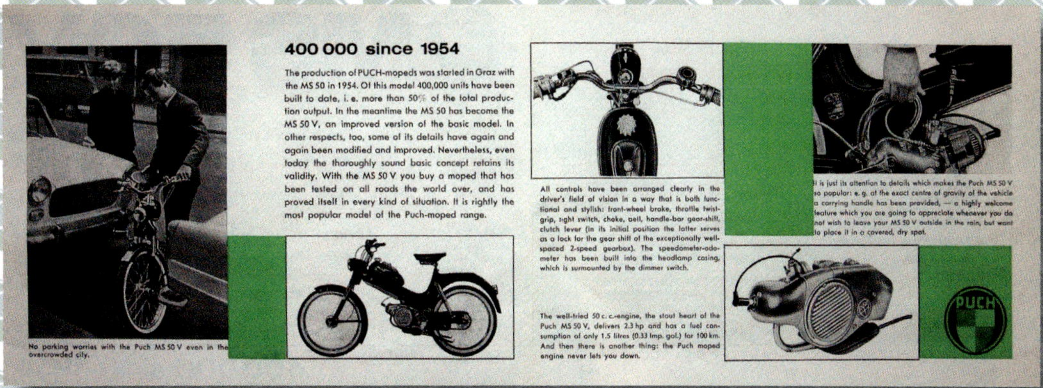

400 000 since 1954

The production of PUCH-mopeds was started in Graz with the MS 50 in 1954. Of this model 400,000 units have been built to date, i. e. more than 50% of the total production output. In the meantime the MS 50 has become the MS 50 V, an improved version of the basic model. In other respects, too, some of its details have again and again been modified and improved. Nevertheless, even today the thoroughly sound basic concept retains its validity. With the MS 50 V you buy a moped that has been tested on all roads the world over, and has proved itself in every kind of situation. It is rightly the most popular model of the Puch-moped range.

No parking worries with the Puch MS 50 V even in the overcrowded city.

All controls have been arranged clearly in the driver's field of vision in a way that is both functional and stylish: front-wheel brake, throttle twist-grip, light switch, choke, bell, handle-bar gear-shift, clutch lever (in its initial position the latter serves as a lock for the gear shift of the exceptionally well-spaced 2-speed gearbox). The speedometer-odometer has been built into the headlamp casing, which is surmounted by the dimmer switch.

The well-tried 50 c. c.-engine, the stout heart of the Puch MS 50 V, delivers 2.3 hp and has a fuel consumption of only 1.5 litres (0.33 Imp. gal.) for 100 km. And then there is another thing: the Puch moped engine never lets you down.

It is just its attention to details which makes the Puch MS 50 V so popular: e. g. at the exact centre of gravity of the vehicle a carrying handle has been provided, — a highly welcome feature which you are going to appreciate whenever you do not wish to leave your MS 50 V outside in the rain, but want to place it in a covered, dry spot.

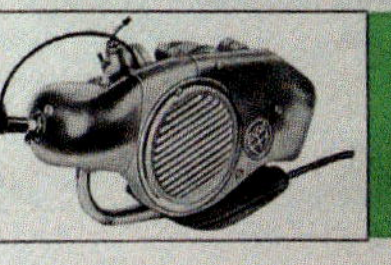

PUCH

MS 50 V, 1966.

Ranger, Steyr-Daimler-Puch (GB) Ltd.

City, Steyr-Daimler-Puch (GB) Ltd.

Maxi.

Maxi Quickly, Maxi Zippy, Maxi SKW, Maxi Super DK, Maxi Executive, Maxi Two-Speed Auto.

Newport, Steyr Daimler Puch of America Corporation, 1978.

GN, Steyr Daimler Puch of America Corporation, 1978.

Maxi, Steyr Daimler Puch of America Corporation, 1978.

Maxi Luxe, Steyr Daimler Puch of America Corporation, 1978.

Sport, Steyr Daimler Puch of America Corporation, 1978.

Magnum MK II, Steyr Daimler Puch of America Corporation.

MS 50 D, Steyr-Daimler-Puch (Great Britain) Ltd.

Steyr-Daimler-Puch of America Corporation, Greenwich, Conn.

THE WORLD IS TURNING TO US

MAXI

MAXI

Steyr Daimler Puch of America Corporation

Puch Austro-Daimler, 1984.

What is transportation today?

TO **bombardier**

PUCH

Go your own way . . .

Free to go when you want, where you want, quickly and inexpensively . . .

That's what AUTONOMY is all about . . .

That's what the BOMBARDIER PUCH MOPED gives you.

On a happy machine.

You don't have to be a mechanic to see that the BOMBARDIER PUCH MOPED is built with care.

Besides its fabulous good looks, the moped is justly reputed as the most RELIABLE and ECONOMICAL motorized transport today.

The BOMBARDIER PUCH MOPED is a colorful, sporting two-wheeler that lets you go your own way, HAPPILY.

Beat traffic jams.

One thing is sure . . . traveling by car, bus or subway is a frustrating experience . . . waiting . . . pushing . . . jostling . . . is your daily lot. The BOMBARDIER PUCH MOPED uses little space and uses it well. It lets you maneuver in tight spots or park between cars. AUTONOMY at all times, in all places.

Think in terms of pennies . . up to 147 MPG.

Try as you might, you'll find it difficult to run up a gas bill with the BOMBARDIER PUCH MOPED . . .

While you're laughing at all the money you're saving, you'll also be enjoying yourself.

Bombardier Puch Mopeds: The Answer.

Safe to ride and simple to handle. 16,000,000 housewives, students and workers around the world have discovered the moped as the answer to their basic transportation needs.

Discover today that the BOMBARDIER PUCH MOPED is the sensible way to enjoy your transportation. Be the first in your crowd to join "the beautiful set".

Bombardier Puch, 1975.

les nouveautés 1981

Tous les nouveaux cyclomoteurs PUCH sont conçus suivant la tradition PUCH. A la pointe de la technique, ils vous permettent d'apprécier le sérieux et la qualité. C'est le résultat d'une longue expérience.

MAXI SLM

Dans la tradition PUCH, le MAXI SLM apporte la robustesse. C'est la sécurité. C'est l'assurance d'une bonne route.

MAXI SLMC

Mêmes caractéristiques que le MAXI SLM avec encore plus de standing (clignotants, porte-bagages) : c'est la perfection.

X40

C'est un mini au profil agréable ; moderne : le X 40 a tout pour plaire.

X30VE

De conception nouvelle, avec son cadre ouvert, il est fait pour ceux qui aiment l'évasion : c'est un tout-terrain.

COBRA 2V

Le dernier né de la grande famille PUCH. C'est un sportif, fait pour rouler partout en toute sécurité.

MAGNUM X

Un 48,8 cm³, non homologué. Malgré sa petite taille c'est un vrai cyclo pour les 6 à 12 ans. Le conduire est un jeu d'enfant.

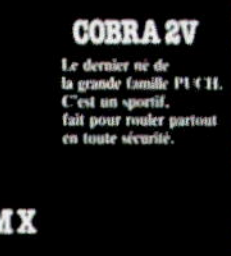

COBRA 80 TT

Un moteur souple. 6 vitesses, il correspond au nouveau permis A1. Le Cobra TT … de grandes performances. C'est un "super" …

Maxi SLM, Maxi SLMC, X 40, X 30 VE, Magnum X, Cobra 2 V, Cobra 80 TT, Steyr-Daimler-Puch France S.A.

Maxi 1P, Maxi 2A, Magnum X, Maxi 1K, Maxi 2, Monza, Maxi 1KL, Pionier, Steyr-Puch (Danmark) A/S.

Maxi SLM, Steyr-Daimler-Puch France S.A.

X 40, Steyr-Daimler-Puch France S.A.

X 30, Avello S.A., Gijon, Spanien.

X 30 VE, Steyr-Daimler-Puch France S.A.

Maxi Luxe, Steyr-Daimler-Puch France S.A.

Maxi N, Steyr-Daimler-Puch France S.A.

Monza N 50, Monza GL, Monza C 4.

Cobra 4 T, Steyr-Daimler-Puch France S.A.

Maxi S, Steyr-Daimler-Puch France S.A.

Cobra 2 V, Steyr-Daimler-Puch France S.A.

Cobra 80 TT, Steyr-Daimler-Puch France S.A.

Monza 4 SL, Steyr-Daimler-Puch France S.A.

Monza 4 C, Steyr-Daimler-Puch France S.A.

Monza GP, Steyr-Daimler-Puch France S.A.

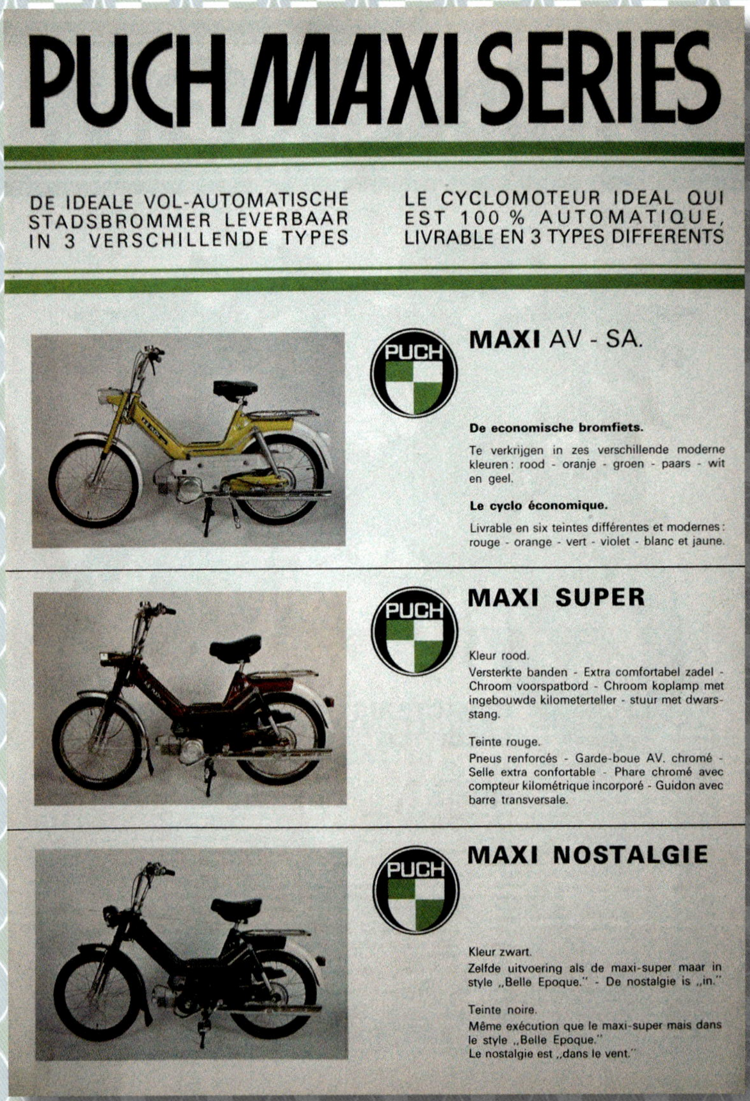

PUCH MAXI SERIES

DE IDEALE VOL-AUTOMATISCHE STADSBROMMER LEVERBAAR IN 3 VERSCHILLENDE TYPES

LE CYCLOMOTEUR IDEAL QUI EST 100 % AUTOMATIQUE, LIVRABLE EN 3 TYPES DIFFERENTS

MAXI AV - SA.

De economische bromfiets.

Te verkrijgen in zes verschillende moderne kleuren: rood - oranje - groen - paars - wit en geel.

Le cyclo économique.

Livrable en six teintes différentes et modernes: rouge - orange - vert - violet - blanc et jaune.

MAXI SUPER

Kleur rood.
Versterkte banden - Extra comfortabel zadel - Chroom voorspatbord - Chroom koplamp met ingebouwde kilometerteller - stuur met dwarsstang.

Teinte rouge.
Pneus renforcés - Garde-boue AV. chromé - Selle extra confortable - Phare chromé avec compteur kilométrique incorporé - Guidon avec barre transversale.

MAXI NOSTALGIE

Kleur zwart.
Zelfde uitvoering als de maxi-super maar in style „Belle Epoque." - De nostalgie is „in."

Teinte noire.
Même exécution que le maxi-super mais dans le style „Belle Epoque."
Le nostalgie est „dans le vent."

Maxi, Maxi Super, Maxi-Nostalgie.

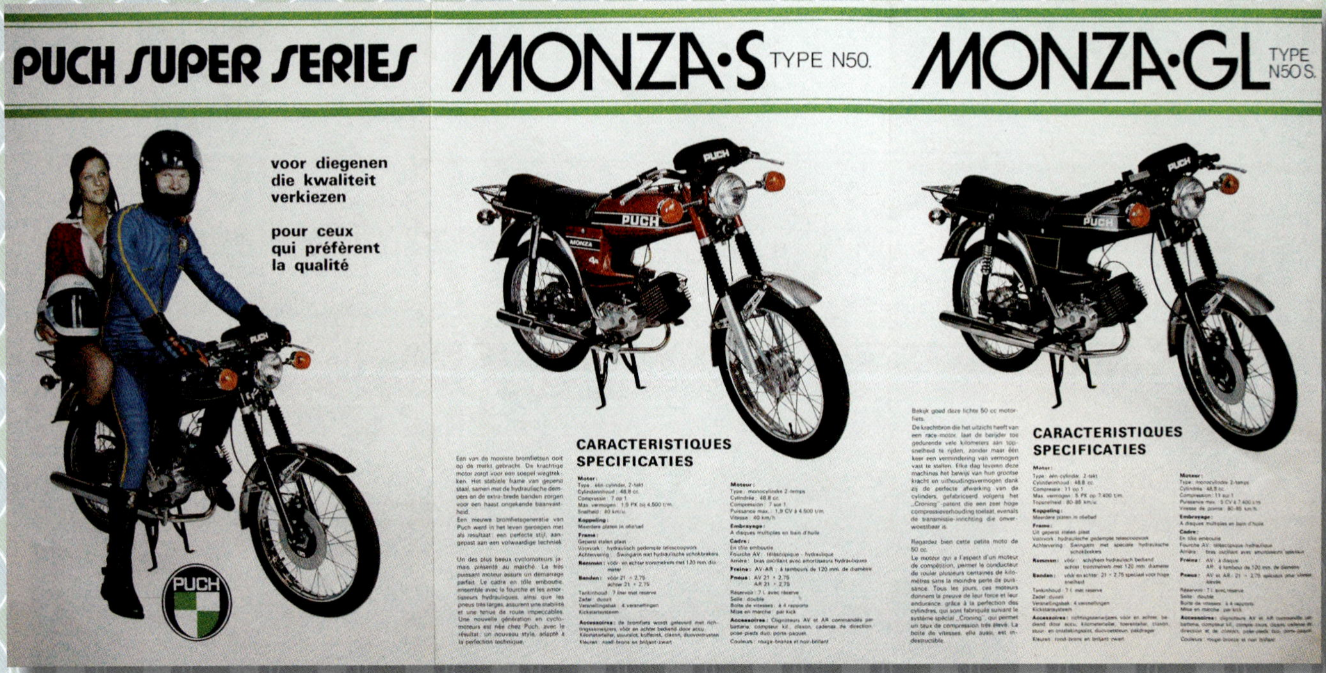

PUCH SUPER SERIES

voor diegenen die kwaliteit verkiezen

pour ceux qui préfèrent la qualité

MONZA·S TYPE N50.

CARACTERISTIQUES
SPECIFICATIES

MONZA·GL TYPE N50 S.

CARACTERISTIQUES
SPECIFICATIES

Monza S Type N 50, Monza GL Type N 50 S.

Maxi 2, MS 50 P, MS 50 K2T, O.E. Motor A/S, Glostrup.

MS 50 K3T, VZ 50 B, VZ 50 F, O.E. Motor A/S, Glostrup.

Maxi 1 P, Maxi 1 K, O.E. Motor A/S, Glostrup.

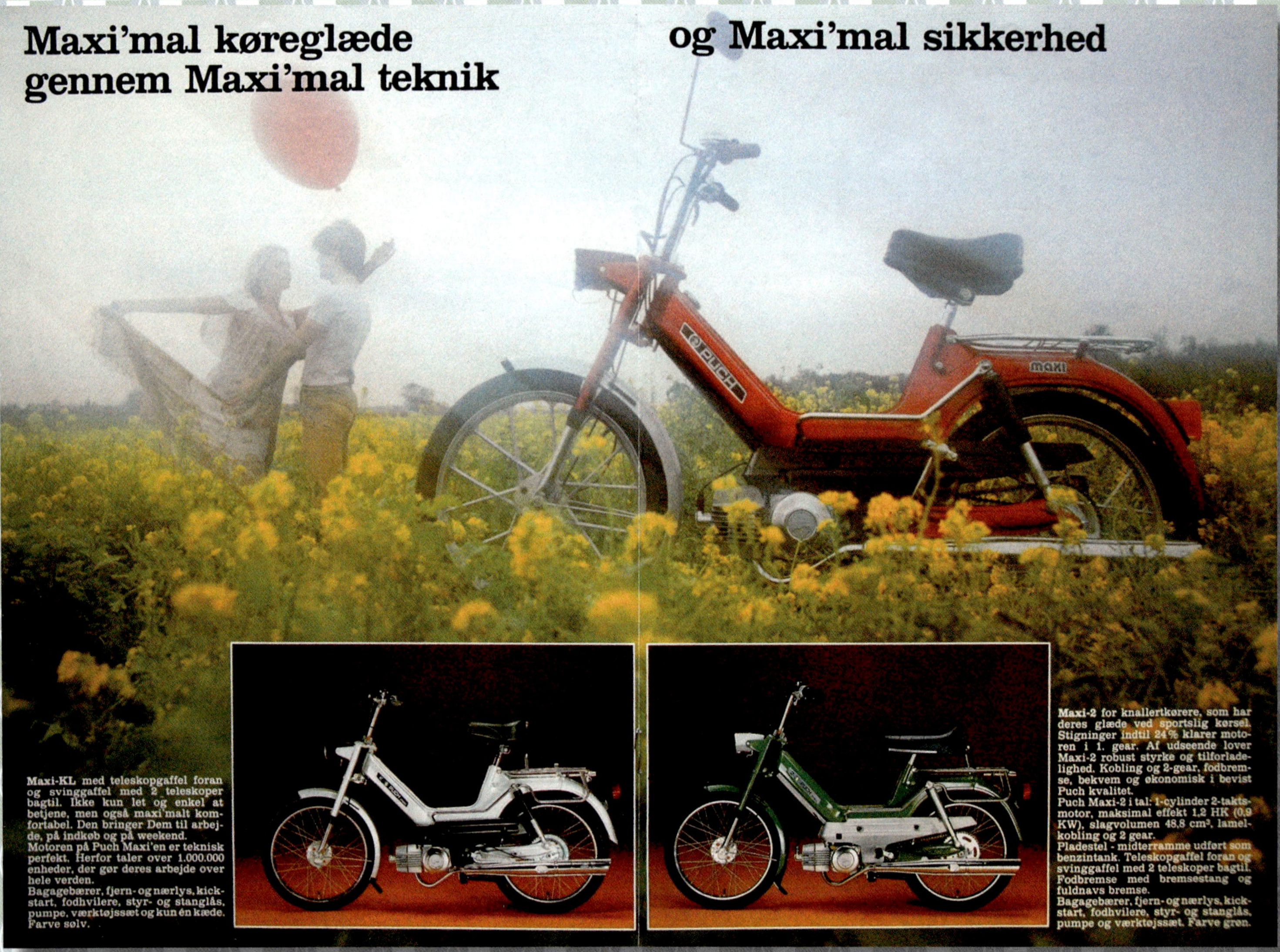
Maxi'mal køreglæde
gennem Maxi'mal teknik
og Maxi'mal sikkerhed
Maxi-KL med teleskopgaffel foran og svinggaffel med 2 teleskoper bagtil. Ikke kun let og enkel at betjene, men også maxi'malt komfortabel. Den bringer Dem til arbejde, på indkøb og på weekend.
Motoren på Puch Maxi'en er teknisk perfekt. Herfor taler over 1.000.000 enheder, der gør deres arbejde over hele verden.
Bagagebærer, fjern- og nærlys, kickstart, fodhvilere, styr- og stanglås, pumpe, værktøjssæt og kun én kæde. Farve sølv.
Maxi-2 for knallertkørere, som har deres glæde ved sportslig kørsel. Stigninger indtil 24 % klarer motoren i 1. gear. Af udseende lover Maxi-2 robust styrke og tilforladelighed. Kobling og 2-gear, fodbremse, bekvem og økonomisk i bevist Puch kvalitet.
Puch Maxi-2 i tal: 1-cylinder 2-taktsmotor, maksimal effekt 1,2 HK (0,9 KW), slagvolumen 48,8 cm³, lamelkobling og 2 gear.
Pladestel - midterramme udført som benzintank. Teleskopgaffel foran og svinggaffel med 2 teleskoper bagtil. Fodbremse med bremsestang og fuldnavs bremse.
Bagagebærer, fjern- og nærlys, kickstart, fodhvilere, styr- og stanglås, pumpe og værktøjssæt. Farve grøn.

Maxi KL, Maxi 2, Steyr-Daimler-Puch Danmark A/S, 1980.

MAXI-1P
Hjulstørrelsen på MAXI'erne er af en tilpas dimension, anbefalet af 2-hjulsteknikere, og må ikke være mindre for at sikre tilstrækkelig egenstabilitet, sikkerhed ved overkørsel af forhindring, såsom fra- og tilkørsel ved cykelstier. Desuden er friktionen mindre end ved små hjul og giver samtidig knallerten en nødvendig højde, således at man bliver set i trafikken. Alt sammen faktorer, der tæller for sikkerhed og økonomi.
MAXI-1P - den traditionelle model med pedaler. Økonomisk, bekvem og problemfri. Man sætter sig bare på den, giver gas, styrer og bremser. Alt det øvrige klarer knallerten selv.
Den løser transportbehovet på en billig måde, og der er ingen parkeringsproblemer.
Komforten sikres ved hjælp af teleskopforgaflen og en velpolstret sadel.
MAXI'en leveres i sædvanlig PUCH kvalitet og med komplet udstyr omfattende bagagebærer, styr- og stanglås, værktøj og pumpe.
Der findes et stort udvalg i ekstra tilbehør som trådkurv, benskjold, sidestøtteben o.s.v.
Farve: Rød og grøn.
MAXI-1K
MAXI-1K - modellen, der har kickstarter, fodhvilere og kun én kæde til forskel fra MAXI-1P.
MAXI-1K har ellers de samme gode egenskaber og tilbehørsudvalg som MAXI-1P, men dens vedligeholdelse er yderligere reduceret ved anvendelse af kickstarterkonstruktionen. Den ubetingede vedligeholdelse af en pedalkæde og en friløbskrans falder helt bort, og skal baghjulet demonteres, er også dette arbejde reduceret til et minimum.
Kørestillingen er meget afslappende, idet begge fødder hviler på indstillelige fodhvilere.
Som på alle øvrige MAXI-modeller kan sadel og styr indstilles og giver netop den kørestilling, ens krop har behov for.
Farve: Rød, grøn og mahogny.

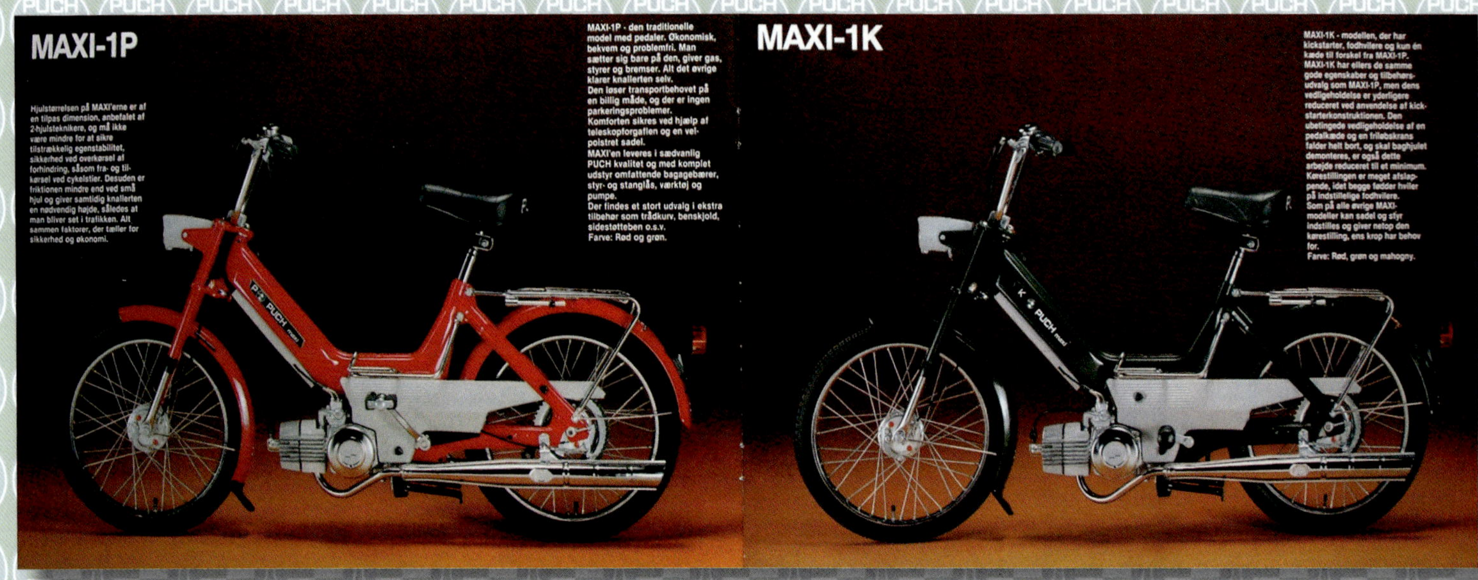

Maxi 1P, Maxi 1K, Steyr-Daimler-Puch Danmark A/S.

Maxi 1KL, Maxi 2, Steyr-Daimler-Puch Danmark A/S.

Maxi 2A, Magnum X, Steyr-Daimler-Puch Danmark A/S.

Monza, Pionier, Steyr-Daimler-Puch Danmark A/S.

Steyr-Daimler-Puch Danmark, 1978.

M 50 Racing, MV 50 V3 Florida, VZ 50 V3 Dakota, DS 50 V3 Alabama, X 30 N Kansas, Svenska Steyr-Puch AB, Malmö, 1975.

Everything points to a simply better moped.

Maxi Super Executive

Our handlebar fairing, tinted windscreen and legshields add that extra touch of style.

Our new ball-end levers are safer, more positive to operate. You have to hand it to Maxi.

The speedo and mileage recorder is just part of Maxi's complete specifications.

Most moped seats are a pain in the neck. Maxi's cantilever saddle is a deal more comfortable than most.

Our steering-head lock secures your Maxi. So you can love it and leave it.

Executive panniers are lockable, quickly detachable and every bit as good as a built-in briefcase.

Suspension front and rear makes for a smooth ride.

These are our new cast-alloy wheels. They're amazingly strong and very good-looking. Just like the rest of Maxi.

Suspension front and rear makes for a smooth ride.

This is Maxi with kick-start and footrests. Other Maxis have pedals. The choice is yours.

Maxi's ignition equipment is made by Bosch. To say that Bosch is also chosen by BMW, Mercedes and Porsche is to say everything.

Maxi's amazingly economical 49cc engine. If it had fewer moving parts it wouldn't move at all. Because there's so little to go wrong, it hardly ever does.

Automatic transmission means no gears, no clutch to operate. Open the throttle and you're riding Maxi. Simple!

Maxi SW

Maxi SKW

Maxi Super D

Maxi N

Puch Maxi SW.
Britain's best-selling moped with a wider wheel for extra grip and comfort. Other bright ideas include a Chrominox front guard and spring-loaded rear carrier. They're just as smart as the finish – silver lustre or flamboyant red.

Puch Maxi SKW.
The SKW is Britain's first no-ped. Automatic with an easy kick-start and no-ped footrests. Just get on and go.

Puch Maxi Super 'D'.
Similar to the SW and SKW but with an extra-long seat for extra-long comfort. Choose from the kick-start or pedal version.

Puch Maxi N.
The simplest and least expensive Maxi of all. The 49cc two-stroke engine will let you zip into town or pop to the shops. And save you money every time.

Puch Maxi (SKA) Executive.
This bike means business. There's a kick-start, cast-alloy wheels and pressed-steel frame to make it a really solid investment. And it's smart too.

Puch Maxi Two-Speed.
Still an automatic machine but with a two-speed transmission unit to give extra acceleration and make hill-climbing much easier.

Puch Maxi Super Sport.
A racy-looking model with strong loop tubular frame and high-rise handlebars. The sporty round headlight, chrome fuel tank, kick-start, alloy wheels and full suspension make it a winner all the way.

PUCH

PUCH MAXI–miles more for your money.

Maxi Super Executive, Maxi SW, Maxi SKW, Maxi Super D, Maxi N, Maxi SKA Executive, Maxi Two-Speed, Maxi Super Sport.

Maxi N, Maxi S.

Maxi Super D, Maxi Super, Maxi Sport.

VS 50/4M, DS 50/4M, M 50 Cross, Maxi 2 gear, Maskinhuset A/S, Stavanger.

N-4X Monza Juvel, N-4L Monza Grand Prix, N-4SL Monza Grand Prix Luxe, N-4SSL Monza Flagskib, Steyr-Daimler-Puch ApS, Glostrup.

MS 50 Super, O.E. Andersen A/S, Glostrup.

Maxi K2, Maxi KK, Montana Silver, Svenska Steyr-Puch AB., Malmö, 1981.

Nevada Guld, Montana Blå, Nevada Röd, Dakota, Svenska Steyr-Puch AB., Malmö, 1981.

Maxi S, Otto Frey, Puch-Generalvertretung, Zürich, 1982.

X 30 NS, X 30 NL, Otto Frey, Puch-Generalvertretung, Zürich.

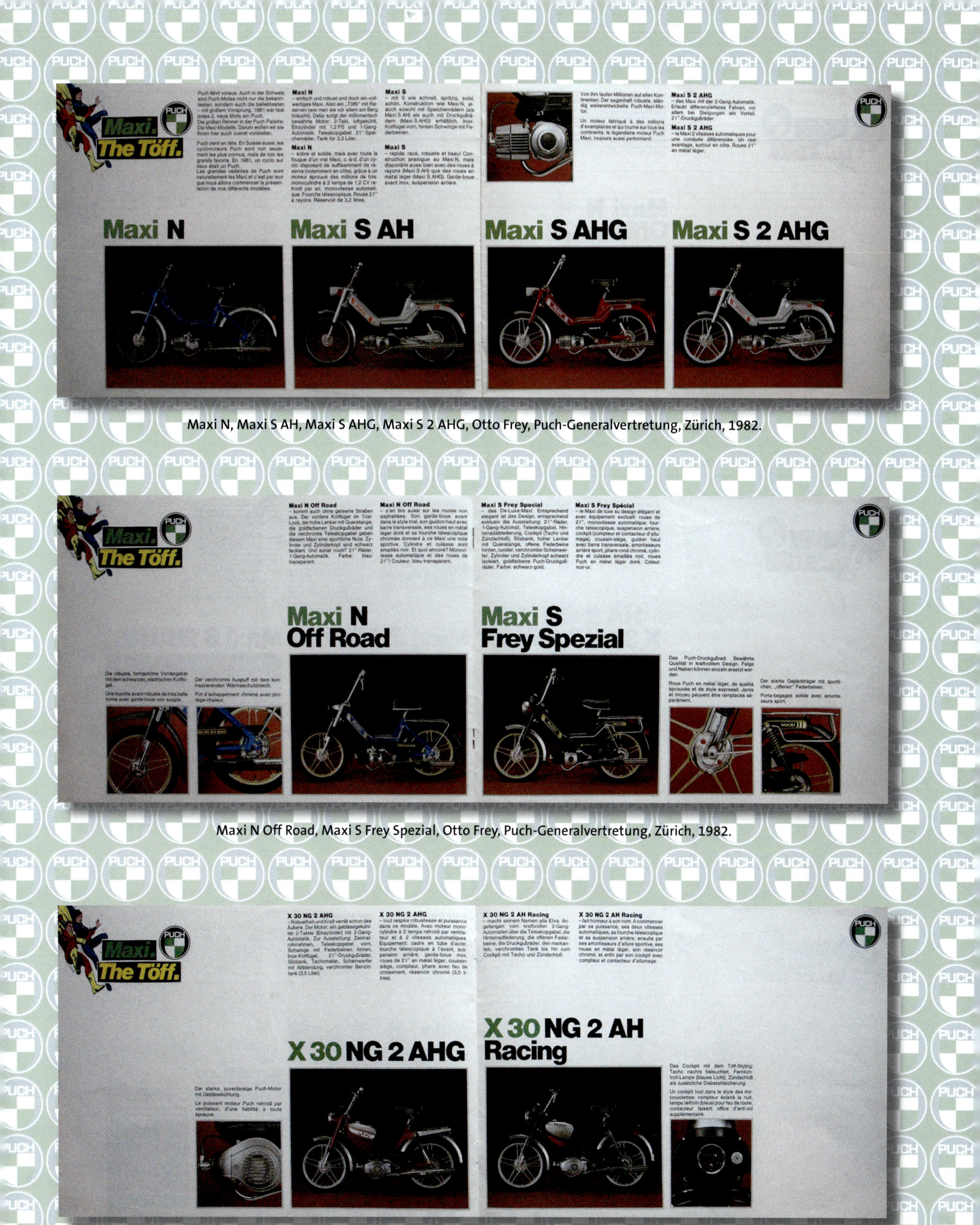

Maxi N, Maxi S AH, Maxi S AHG, Maxi S 2 AHG, Otto Frey, Puch-Generalvertretung, Zürich, 1982.

Maxi N Off Road, Maxi S Frey Spezial, Otto Frey, Puch-Generalvertretung, Zürich, 1982.

X 30 NG 2 AHG, X 30 NG 2 AH Racing, Otto Frey, Puch-Generalvertretung, Zürich, 1982.

Super Maxi „Frey Special", Otto Frey, Puch-Generalvertretung, Zürich.

Super Maxi „Frey Special", Otto Frey, Puch-Generalvertretung, Zürich.

Maxi starr 1 APL, Maxi 1 APL Spezial, Condor SA, Courfaivre.

Maxi 1 APL, Maxi 1 APLG, Maxi 1 APLG Condor Spezial, Condor SA, Courfaivre.

Maxi 2 APLG, X 30 2 APZG, X 30 2 APZG Racing, Condor SA, Courfaivre.

Caribe.

Nuevo Coronado, Avello S.A., Gijon, Spanien.

X 30, Avello S.A., Gijon, Spanien.

Gacela, Avello S.A., Gijon, Spanien.

Carabela Super, Avello S.A., Gijon, Spanien.

Trivel Plus „Terral", Trivel „Superborrasca", Avello S.A., Gijon, Spanien.

Minicross TT, Minicross Super II, Minicross, Borrasca II, Monza I, Monza II, Caribe S, X 30 Cross, X 40, Magnum II, Cobra TT, Cobra 6 C, Avello S.A., Gijon, Spanien.

LA MONZA, UNA BUENA MONTURA

Hoy en día la conducción de motos es una de las experiencias más estimulantes para el tiempo libre. El modelo Monza de Puch nos depara todo tipo de satisfacciones motorísticas ya que conjuga perfectamente su clásica robustez mecánica con un singular diseño vanguardista.

Estas características y los numerosos ensayos en pruebas y kilómetros realizados por nuestros probadores antes de lanzarla al mercado, han logrado posicionar al modelo Monza como el primer vehículo de su categoría con auténtico nivel tecnológico y de acabado que le permiten equipararse con las llamadas "motos de gran cilindrada" de carretera.

La Monza dispone de un completo cuadro de instrumentación, llantas integrales, perfecta racionalización de sus componentes, carenado, freno de disco (Monza L), así como de un sin fin de detalles que garantizan su fiabilidad y confort.

Este modelo se fabrica en tres versiones distintas, para cubrir todo tipo de necesidades.

Estas son sólo algunas de las razones por las que la Monza es una buena montura.

FRENO DE DISCO SUSPENSION DELANTERA
Freno de disco de fundición de 120 mm. Ø con mando directo hidráulico. Las dos pastillas son de 1.160 mm². de superficie de frenado. Suspensión hidráulica de 100 mm. de recorrido útil, con barras de acero tratado a 120 Kg./mm² y punteras de aluminio, con soporte para la Pinza del freno de disco.

COCK-PIT
Soporte de instrumentos de gran visibilidad, con llave de contacto, tacómetro, cuentarrevoluciones y testigo de luz de carretera.

COLIN-ASIENTO
Base de asiento y colín en una sola pieza construída en poliéster reforzado con fibra de vidrio. Lleva incorporado el faro piloto, portapaquetes y asiento de poliuretano expandido.

CARENADO
Carenado aerodinámico con faro integrado construído en poliéster reforzado con fibra de vidrio, con Reflex de seguridad y Cúpula de gran transparencia de metacrilato inyectado.

CARACTERISTICAS GENERALES

PUCH, 14 POSIBILIDADES

Monza, Minicross TT, Caribe, Minicross Super II, Caribe S, Minicross, X 30 Cross, Borrasca II, X 40, Monza I, Magnum II, Monza II, Cobra TT, Monza L, Cobra 6 C, Avello S.A., Gijon, Spanien.

Dakota, Avello S.A., Gijon, Spanien.

Borrasca, Avello S.A., Gijon, Spanien.

Carabela Especial, Avello S.A., Gijon, Spanien.

Cobra, Avello S.A., Gijon, Spanien.

Puch Maxi Nostalgie

Dat er met louter schommelen in een schommelstoel geld is te verdienen, moet veel mensen deugd doen. Deze twee Engelse meisjes hielden het meer dan 120 uur vol om geld te verzamelen voor een goed doel. De opbrengst schommelde rond de 800 pond.

Stuntman Evel Knievel heeft een wel heel opmerkelijk record op z'n naam staan. Hij brak in één seizoen maar liefst 433 botten. Daarbij dan nog niet eens de botten meegerekend van enigszins ongelukkig opgesteld publiek.

Maffe marathons:
- 432 uur in een schommelstoel;
- 257 rookkringen van één trekje aan een sigaret;
- 224 uur onder de douche;
- 7 uur en 29 minuten jodelen;
- 18 dagen en 17 uur niet slapen;
- 185 seconden voor de langste filmkus;
- 130 uur en 2 minuten kussen;
- 3225 meisjes gekust in 8 uur (8,93 sec. per stuk);
- 48 uur modeshow (elke mannequin liep zo'n 70 km).

Beknopte Inhoud

Wijzigingen van technische specifikaties voorbehouden

Dr. Rossi wasn't guilty
Rodney H.

'n Voorloper van de Maxi? Dit "hulpmotorrijwiel" van Puch werd geïntroduceerd op de Amsterdamse RAI van 1953. Tweetakt en 48 cc. En dit alles voor slechts ƒ 575,–, inclusief fietspompje.

Het wereldrecord non-stop wippen staat op 1101 uur en 40 minuten. Zover kwamen deze twee Amerikanen echter niet, ondanks een ingenieuze konstruktie. Terwijl de een sliep, kon de ander de wip met een touw in beweging houden.

Er zijn heel wat manieren om geld voor een Puch Maxi bij elkaar te krijgen. 'n Vierde krantenwijk bijvoorbeeld. Gewoon een keertje overgaan. Of je opvallend nuttig maken in het huishouden. Wie daar allemaal niets voor voelt, rest slechts één alternatief: bouw er zelf één. Het spreekt, dat op deze manier veel van het comfort verloren gaat.

Meteen bij de introduktie bleek de Maxi een succesformule. Ook niet zo verwonderlijk. De gedegen Puch-techniek maakt van de Maxi een handige en bijzonder betrouwbare automaat. Ideaal voor het kruip door sluip door stadswerk. Maar dankzij comfortabele voorzieningen als dubbele vering en zweefzadel ook uitstekend geschikt voor de langere ritten. Of je nu kiest voor de Nostalgie, Super of Ster. Puch Maxi Klasse die zichzelf ruimschoots heeft bewezen. Met technische specifikaties waar eigenlijk niets aan hoeft te worden toegevoegd.

Technische specificatie
- 48,8 cc tweetakt 1 cylindermotor
- automatische koppeling
- voorvering met telescoopvork, achtervering zweefarm met gedempte schokbrekers
- remmen: volnaafremmen
- handrem voor en achter
- gewicht ± 46 kg
- tankinhoud 3,2 liter
- 90 cm lange verchroomde uitlaat
- verstelbaar verchroomd stuur
- verchroomde bagagedrager
- stuurslot • gelakt voorspatbord
- semperit-banden vóór en achter extra breed, 2¼ x 2,25
- extra breed zweefzadel
- koplamp 6V15/15W
- achterlicht 6V 5W
- kleuren: zwart en bruin met gouden en rode biezen

3

Puch Maxi Nostalgie.

Puch Maxi Super

Enige Belangwekkende Stromingen.

Praktische anti-diefstaltips.

'n Puch Maxi is en blijft een begerenswaardig bezit. Dat zijn ongetwijfeld heel wat brommerdieven met je eens. Daarom is elke Maxi uitgerust met een solide stuurslot. Dit maakt diefstal tot een knap staaltje. Neem je liever helemaal het zekere voor het onzekere, pas dan één van de beveiligingsmethoden toe, zoals op pagina 4 en de volgende pagina's te vinden is. Stuk voor stuk uiterst praktisch, met weinig hulpmiddelen te realiseren en bijzonder eenvoudig toe te passen. Doe er je voordeel mee.

5

Maxi Super.

Maxi Ster.

Puch Skytrack Crazy Horse.

Brom Alternatieven.
Zolang er brommers bestaan, is er gezocht naar alternatieven. Verder dan ronduit deerniswekkende pogingen is het echter nooit gekomen. Oordeel zelf.

PUCH WAS HERE.

Slechts 26 cm lang en een topsnelheid van 30 km per uur. Eventuele bagage zoals bijvoorbeeld een schooltas diende tussen het gebit geklemd te worden, wat de berijder (in tegenstelling tot deze zorgeloze weggebrulker) een verbeten trek rond de mondhoeken verschafte.

Een waakhond is uiterst afdoende. Zorg er wel voor dat je op goede voet blijft staan met je viervoeter. Dat voorkomt lopen. TIP 4

Na de film "Easy Rider" was het plotseling een rage: de chopper. Dit exemplaar kostte een kleine twintigduizend dollar en kende behalve de nodige parkeerproblemen een hoogst nukkig bochtengedrag. Mooi is ie wel natuurlijk.

Was volgens de uitvinder tot hoge snelheden in staat. Sturen geschiedde door het lichaam naar links of rechts te hellen, hetgeen bij scherpe bochten minstens een gescheurde achterzak opleverde. Bij een rood stoplicht geraakte het voertuig uit balans om vervolgens om te vallen.

Wie liever poetst dan rijdt, doet er verstandig aan zich iets dergelijks aan te schaffen. De kosten: ongeveer tien duizend gulden, een jaarsalaris aan poetsmiddelen en al je vrije tijd.

Surfen is een oude polynesische sport die wij voor het eerst vermeld vinden bij de Engelse ontdekkingsreiziger James Cook op een reis naar Tahiti in december 1771.

Op Hawaii woont Miss Dawn Lee (13) die luistert naar de naam Napuamahalaonaone-kawehiwehionakuahiweanena-wawakehoonkakahooalekkee-aonanainananiakeao-Hawaiikawo. Dat betekent zoveel als: 'de rijk bloeiende bloesems die de heuvels en dalen van Hawaii wijd en zijd vervullen met zoete geuren.

IF The river were whisky
And I were a duck
I would dive to the bottom
And never come up

Twintig jaar geleden was de zogenaamde "zware brommer" onverbrekelijk verbonden aan de vetkuif. Dit was niet toevallig. Tengevolge van de vrij hoge snelheid en het ontbreken van de toen nog niet verplichte valhelm, stond het kapsel namelijk voortdurend bloot aan hevige tegenwind. De coupe werd dan ook volledig ondergeschikt gemaakt aan zaken als stroomlijn en windgevoeligheid. Met de invoering van de helm verdween de vetkuif uit ons straatbeeld.

De overtreffende trap van recycling: eetbaar ondergoed. De naam is 'Candypants' en ze zijn er in drie smaken: banaan, wilde kers en (hoe kan het ook anders) chocolade. Over de voedingswaarde is nog niets bekend.

10

PUCH MONZA

Wie kans ziet sportiviteit, komfort en optimale techniek te koppelen aan een betaalbare prijs, heeft een begerenswaardige brommer gekonstrueerd. De Puch Monza is zo'n brommer. Ontworpen door first class specialisten. Jonge, inventieve wetenschappers in samenwerking met ervaren ontwerpers. Het resultaat is er naar. 'n Sportief ogend stuk toptechniek. Om op slag voor te kiezen. Zeker na kennismaking met de technische specifikaties. 'n Uiterst komplete brommer met alles er op en er aan voor 'n redelijke prijs.

Technische specifikatie
- 4 versnellingen voetschakeling
- bandenmaat Semperit vóór 21 x 2.50 achter 21 x 2.75
- tankinhoud 10 liter
- buddyseat
- duo-voetsteunen
- INOX spatborden
- gewicht 80 kg
- racekuip
- stuurslot
- gereedschapset

11

Monza.

Puch-Journalen 7, November/Dezember 1974, Seite 1, von Svenska Steyr-Puch AB, Malmö.

Så här vill de flesta ha sin Dakota.

(Beställ bilden i affischformat! Se Puchbutiken sid 3!)

Därför byter vi ut styret på 75 an!

Tittar man på gamla Dakotor som rullar omkring på gator och vägar, så märker man snart att väldigt många inte riktigt stämmer med originalutförandet.

Massor av Dakotor har fått nytt styre av sina ägare!

Många grabbar har också skrivit till oss med synpunkter på det här.

— Varför kan ni inte sätta ett lite modernare styre på Dakotan, frågar dom.

Nu har vi gjort det.

Det nya styret är högre än det gamla, men naturligtvis inte så högt att det är trafikfarligt.

Nu slipper du alltså lägga ut extra pengar på ett nytt styre, om du tänker köpa en Dakota!

Varför köper så många Dakota?

Dakota har ett mycket gott rykte bland mopedförare. Sen många år tillbaka är Dakotan den överlägset mest köpta Puchmopeden. Du undrar kanske varför. De andra Pucharna är ju inte dåliga de heller!

Och vi vet kanske inte hela svaret själva. Vi vet att Dakota är en suverän produkt. Den krånglar inte. Köper man en Dakota, då vet man att man får något som man kan lita på.

1972 testade t ex Teknikens Värld sju av marknadens populäraste moppar. Det var Crescent SM-50, Tomos TS-50, Suzuki K-50-2, Rex Comet Cross, Zündapp KS-50, Mustang Cross Special och Puch Dakota.

Det var en hård test. Varje moped skulle betygsättas på 18 punkter. Varje moped skulle köras runt, oavbrutet, på en crossbana i sex timmar!

Dakotan slog ut alla dom andra. En enda moped klarade hela provkörningen utan att tas in för reparation — Puch Dakota! Dakotan hann med 191 varv på banan, tvåan klarade bara 172! Puch Dakota samlade ihop 1020 poäng, den näst bästa 969!

Vi har berättat om testet i Puch-Journalen förut och många kritiska mopedköpare läser förmodligen också Teknikens Värld. Och vi tror att en sån hårdtest bevisar en hel del om en mopeds kvalitet.

Kvalitén, andrahandsvärdet, utseendet.

Man kan inte lura folk när det gäller kvalitet. Vi tror inte att Puch Dakota skulle köpas av så många, om vi fuskade med kvalitén. Därför har vi hela tiden ögonen på fabriken.

Bästa kvalitet ger också bästa andrahandsvärde. En begagnad Dakota är sällan billig, det har du kanske redan märkt.

Och så spelar naturligtvis utseendet in. Där avgör bara du själv. Vi kan bara hoppas att du tycker om den.

Tusentals andra gillar Dakotan. Lika många vet att den är bra.

Det måste vara därför den köps av så många, år ut och år in.

4

Nu kommer en av Puchs populäraste modeller med en nyhet som många har väntat på. Maxi har fått kickstart och riktiga fotpinnar! Det betyder att Maxin har blivit lite mer fullvuxen. Och kanske ett nytt alternativ för dig, som tyckte att den var lite för "tantig" innan!

Annars är faktiskt Maxi en moped som säljs ganska brett på marknaden. Många flickor köper den och många lite äldre mopedförare. Men också massor av grabbar, som tycker att de tunga, dyra mopederna är utrustade med för mycket onödigt lyx.

Och tycker man att det viktigaste med en moped är att den går bra, att den är driftsäker, pålitlig och skön att köra, så kan Maxi ställa upp mot vilken som helst. Motorn är lika pigg som på någon annan Puch och "automatlådan" ger Maxin ett riv i accelerationen som många andra mopeder saknar.

Därtill kommer ju att priset är hyfsat. Vem som helst förstår att en Maxi, som är relativt enkelt utrustad, kostar betydligt mindre än Dakota och Racing.

Nya Maxi K är alltså ett vettigt alternativ ur många olika synvinklar.

Vill man sen betala ännu mindre, kan man fortfarande skaffa den ursprungliga Puch Maxi. Den har varken kickstart eller fjädring på bakhjulen och är det verkliga lågprisäket.

Puch-kvalitén får man ju ändå.

Maxi K.

K som i Kickstart!

Puch-Journalen 7, November/Dezember 1974, Seite 4/5, von Svenska Steyr-Puch AB, Malmö; Dakota.

DAKOTA 3000. UTMANAREN.

När man släpper ut en ny modell på mopedmarknaden måste den vara stark. Den måste klara motståndet från de redan etablerade modellerna.

Dakota 3000 är en jätte i många avseende. Du förstår nog att Puchs tekniker och produktutvecklare har lagt ner all möda i världen för att åstadkomma underverk.

Därför slår 3000 knock på de flesta. Men det finns en match som är svårare än alla andra och det är att klara den "gamla" Dakotan!

Tekniskt sett måste 3000 leva upp till sin föregångare i varje detalj. Annars hade det inte varit någon idé att ens ta fram det första provexemplaret. Och att den gör det, det kan du se på det här uppslaget. Studera det noga!

Vad som sen återstår det är hur Puchs designers har klarat sitt jobb. De har varit djärva, det medges.

Men så vitt vi förstår är du och dina kompisar lika djärva i smaken. Det märks på 3000:s framgångar under det första året.

Det är därför vi tror på en poängseger för Dakota 3000 i den svåra matchen mot gamla Dakotan.

Alla andra slår den med knock, som sagt var.

1. Reglage av ny typ med separata funktioner och fästen för backspegel.
2. Instrumentbräda med påbyggnadsmöjligheter.
3. Strålkastare av grund typ och stor ljusöppning.
4. Ny oljedämpad framgaffel med kromade holmrör för bättre tätning.
5. Broms av ny typ med större diameter.
6. Förberedd för blinkers med draget kabelknippe.
7. Varje wire försedd med smörjnippel.
8. Samma fulländade motor som på gamla Dakotan.
9. Högeffektiv luftrenare med pappersfilter som onödiggör rengörning. Filtret lätt utbytbart.
10. Delbar ljuddämpare med delbar, lättsotad insats.
11. Bakljus väl skyddat under pakethållaren.
12. Dubbla stöldlås som standard fyller försäkringsvillkoren.
13. Tank/sadel organiskt utformade.
14. Praktiska lyfthandtag.
15. All krom och lack långt över normal standard.
16. Demonterbar bakskärm möjliggör lätt byte.
17. Framskärmfästen i nytt stabilare utförande.

6

7

Puch-Journalen 11, Dezember 1976, Seite 6/7, von Svenska Steyr-Puch AB, Malmö; Dakota 3000.

HÅLL I DIG – HÄR KOMMER MONZA 3C!

10 11

Puch-Journalen 11, Dezember 1976, Seite 10/11, von Svenska Steyr-Puch AB, Malmö; Monza 3C.

Puch Super Show

PUCH MONZA 3C.

Motor	Fartvindskyld 1-cyl. 2-takt	Växellåda	3-växlad fotmanövrerad
Cylindervolym	49 cc	Belysning	Bosch RB1 6V 15-3/5 W
Kompressionsförh.	6,8:1	Däckdimension	21×2,75
Effekt	1 hk (0,74 kW) vid 3500 v/min	Fjädring	Teleskopgaffel fram, svängarm bak med fjäderben
Vridmoment	0,24 kpm vid 3000 v/mm		
Förtändning	2,0 mm f.ö.d.	Bromsar	Fullnav. Total bromsarea: 88 cm^2
Bränsleblandning	1:25 = 4% olja	Vikt med full tank	71 kg
Koppling	Flerskiviglamellkoppling i oljebad		

PUCH MONZA.

Motor	Fartvindskyld 1-cyl. 2-takt	Växellåda	3-växlad fotmanövrerad
Cylindervolym	49 cc	Belysning	Bosch RB1 6V 15-3/5 W
Kompressionsförh.	6,8:1	Däckdimension	21×2,75
Effekt	1 hk (0,74 kW) vid 3500 v/min	Fjädring	Teleskopgaffel fram, svängarm bak med fjäderben
Vridmoment	0,24 kpm vid 3000 v/mm		
Förtändning	2,0 mm f.ö.d.	Bromsar	Fullnav. Total bromsarea: 88 cm^2
Bränsleblandning	1:25 = 4% olja	Vikt med full tank	71 kg
Koppling	Flerskiviglamellkoppling i oljebad		

14

Puch Super Show

PUCH ARIZONA.

Motor	Fartvindskyld 1-cyl. 2-takt	Belysning	Bosch RB1 6V 15-3/5 W
Cylindervolym	49 cc	Däckdimension	21×2,75
Kompressionsförh.	6,8:1	Fjädring	Teleskopgaffel fram, svängarm bak med fjäderben
Effekt	1 hk (0,74 kW) vid 3500 v/min		
Vridmoment	0,24 kpm vid 3000 v/min	Bromsar	Fram: hydraulisk skivbroms
Förtändning	2,0 mm f.ö.d.		Bak: fullnav
Bränsleblandning	1:25 = 4% olja		Total bromsarea: 60,2 cm^2
Koppling	Flerskivig lamellkoppling i oljebad	Vikt med full tank	72,8 kg
Växellåda	3-växlad fotmanövrerad		

PUCH DAKOTA 3000.

Motor	Fläktkyld 1-cyl. 2-takt	Växellåda	3-växlad fotmanövrerad
Cylindervolym	49 cc	Belysning	Bosch RB1 6V 15-3/5 W
Kompressionsförh.	6,5:1	Däckdimension	21×2,75
Effekt	1 hk (0,74 kW) vid 3750 v/min	Fjädring	Teleskopgaffel fram, svängarm bak med fjäderben
Vridmoment	0,24 kpm vid 2500 v/min		
Förtändning	2 mm f.ö.d.	Bromsar	Fullnav. Total bromsarea: 88 cm^2
Bränsleblandning	1:25 = 4% olja	Vikt med full tank	69 kg
Koppling	Flerskivig lamellkoppling i oljebad		

15

Puch-Journalen 11, Dezember 1976, Seite 14/15, von Svenska Steyr-Puch AB, Malmö; Monza 3C, Monza, Arizona, Dakota 3000.

Puch-Journalen 19, Jänner 1981, Seite 16, von Svenska Steyr-Puch AB, Malmö.

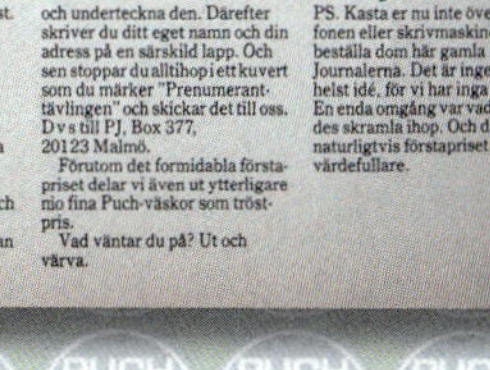
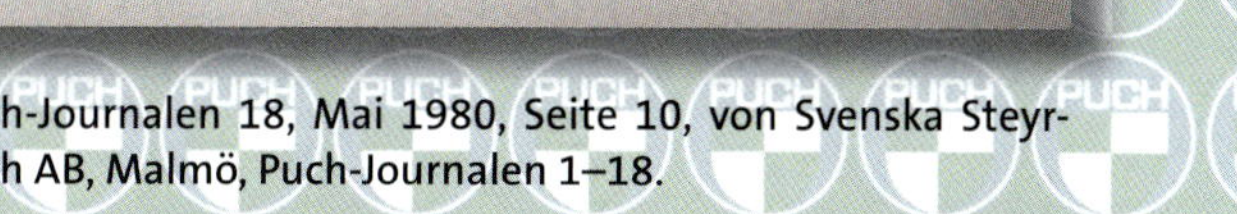

Världens värvartävling!

Nu får du allt ta och gnugga dig riktigt ordentligt i ögonen.

Det du ser på den här sidan – dvs en komplett samling av samtliga Puch-Journaler som är utgivna genom årens lopp – är nämligen ingenting annat än första pris i vår nya, fenomenala prenumerant-värvartävling.

Alla dom här tidningarna plus vår tuffa Puch-väska får alltså den som lyckas värva flest nya läsare till PJ. Och att hitta nya läsare kan ju inte vara någon konst. För det första är PJ världens bästa mopedtidning och för det andra kostar den ingenting.

Men för att du nu inte skall skriva upp namnet på varenda kotte du känner utan att dom själva vet om det måste du göra så här:

Varje ny prenumerant skall själv skriva sitt namn, adress och ålder – kom ihåg att vi bara skickar PJ till dom som är mellan 13–16 år gamla – på en lapp och underteckna den. Därefter skriver du ditt eget namn och din adress på en särskild lapp. Och sen stoppar du alltihop i ett kuvert som du märker "Prenumeranttävlingen" och skickar det till oss. Dvs till PJ, Box 377, 20123 Malmö.

Förutom det formidabla förstapriset delar vi även ut ytterligare nio fina Puch-väskor som tröstpris.

Vad väntar du på? Ut och värva.

PS. Kasta er nu inte över telefonen eller skrivmaskinen för att beställa dom här gamla Puch-Journalerna. Det är ingen som helst idé, för vi har inga fler. En enda omgång var vad vi lyckades skramla ihop. Och det gör naturligtvis förstapriset ännu värdefullare.

10

Puch-Journalen 18, Mai 1980, Seite 10, von Svenska Steyr-Puch AB, Malmö, Puch-Journalen 1–18.

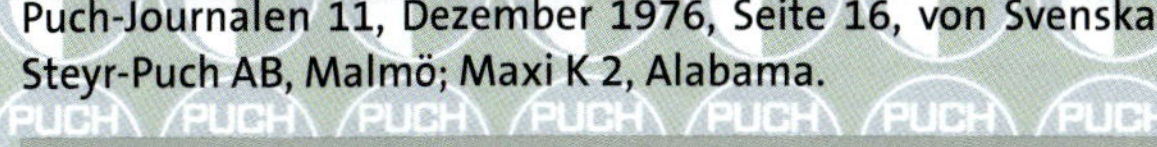

Puch-Journalen 11, Dezember 1976, Seite 16, von Svenska Steyr-Puch AB, Malmö; Maxi K 2, Alabama.

Puch-Journalen 11, Dezember 1976, Seite 20, von Svenska Steyr-Puch AB, Malmö; VS 50 L.

Puch-Journalen 18, Mai 1980, Seite 5, von Svenska Steyr-Puch AB, Malmö; Nevada.

Puch-Journalen 18, Mai 1980, Seite 16, von Svenska Steyr-Puch AB, Malmö.

Puch-Journalen 18, Mai 1980, Seite 6/7, von Svenska Steyr-Puch AB, Malmö; Dakota, Montana, Florida, Maxi.

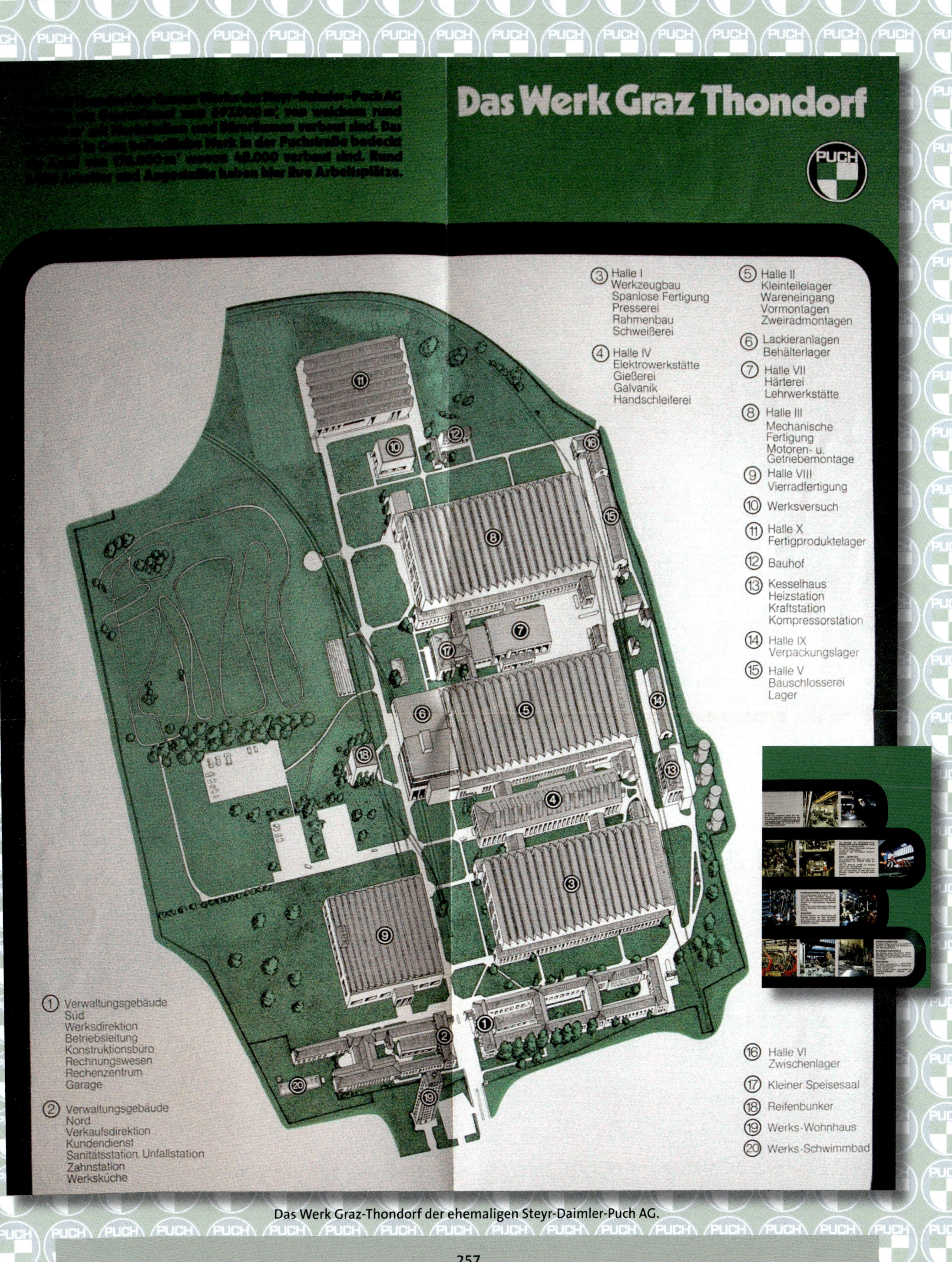

Das Werk Graz-Thondorf der ehemaligen Steyr-Daimler-Puch AG.

Dreirad-Moped G5, Fahrzeugbau Ing. Hans Meister

Für alle, die Fahrkomfort und Sicherheit lieben
das führerscheinfreie 3-Rad Moped
G5

Steuerfrei
Bequemer
Einstieg
Einfache Bedienung
Wahlweise
Getriebeautomatik
Kein Kuppeln
Kein Schalten
Nur:
Fahren - Gasgeben
oder
Halten - Bremsen

Ein außergewöhnliches Moped, mit dem man sich sehen lassen kann.
Das „G 5" bringt Sie sicher von der Arbeit nachhause (Reserverad).

Hausfrauen haben mehr Zeit für ihre Familie, wenn ihnen ein „G 5" für ihre Besorgungen zur Verfügung steht.

Ideal für Urlaubsfahrten. Das „G 5" trägt noch leicht 100 kg Gepäck.

Eine wirklich vortreffliche Freizeitgestaltung, mit dem „G 5" über schlechte Wege, bequem durch die schöne Natur zu fahren.

Noch eine Besonderheit: Das „G 5" ist so konstruiert, daß auch schwer körperbehinderte Personen damit fahren können. Sogar die Bedienung mit nur einer Hand ist möglich!

Ein erstklassiges Erzeugnis aus Graz.

Technische Beschreibung:

Anordnung: Dreirad-Fahrzeug mit gelenktem Vorderrad, tiefliegendem Schwerpunkt, optimaler Radlastverteilung, alle Räder einzeln abgefedert. Daraus erklärt sich der hohe Fahrkomfort, der dieses Fahrzeug auszeichnet.

Rahmen: Ein stoßabweisender Sicherheitsrahmen aus Präzisionsstahlrohren mit hoher Knickfestigkeit, bietet den besten Schutz für den Fahrer.

Räder: 3,50 x 8,00; jedes Rad ist ohne Weiteres gegen das Reserverad austauschbar, Schneeketten möglich.

Radaufhängung: vorne und hinten Kurbelschwingarme, Lagerungen aus wartungsfreiem, verschleißfestem Kunststoff.

Federung: unzerbrechliche progressiv wirkende Gummidruckfederelemente mit innerer Schwingungsdämpfung. Große Federwege.

Bremsen: In allen drei Rädern überdimensionierte Innenbackenbremsen mit 150 mm Trommeldurchmesser!

Motor: Mopedmotor der Steyr-Daimler-Puch AG, 49 cm^3, 2-Takt-System, Gebläsekühlung, 2-Gang-Getriebe, oder auch mit automatischem Getriebe oder mit 3-Gang-Getriebe lieferbar.

Antrieb: eine Triebsatzschwinge vereinigt den Motor mit dem rechten Hinterrad zu einem perfekten Antriebselement. Kettentrieb zum Hinterrad.

Lichtanlage: 6 Volt / 17 Watt, zwei Scheinwerfer, zwei Positionsrücklichter, Lichtschalter und Zündschalter seitlich vom Sitz.

Bedienungsorgane: An der Lenkstange Schaltdrehgriff und Gasdrehgriff mit Vorderradbremshebel, wie beim Moped, Fußbremse auf beide Hinterräder wirkend, leichtgängiger Seilzuganlasser.

Polsterung: Kunstleder schwarz.

Lackierung: rot-silber.

Sitz: Der Fahrersitz ist nach vor oder rückwärts verstellbar, außerdem ist die Neigung des Sitzpolsters und die Form der Rückenlehne einstellbar. Wahlweise mit einem breiten Beifahrersitz mit Fußkasten und seitlichen Abdeckflächen ausgerüstet.

Ausstattung: Korrosionssicherer Kunststofftank, Glocke, Taschenhaken, Lenkersperre, Werkzeug.

Daten:

Größte Länge 2,1 m, größte Breite 1,1 m, größte Höhe 1,1 m, Wendekreis 3 m! Eigengewicht, fahrbereit ca. 90 kg. Maximal zul. Gesamtgewicht 400 kg. Steigfähigkeit bis zu 28% (je nach Motor und Übersetzung). Höchstgeschwindigkeit 40 km/h, Verbrauch ca. 2,5 l pro 100 km.

Transportmoped T 5, Fahrzeugbau Ing. Hans Meister

Technische Beschreibung:

Anordnung: Dreirad-Fahrzeug mit gelenktem Vorderrad, tiefliegendem Schwerpunkt, optimaler Radlastverteilung, alle Räder einzeln abgefedert. Daraus erklärt sich der hohe Fahrkomfort, der dieses Fahrzeug auszeichnet.

Rahmen: Ein stoßabweisender Sicherheitsrahmen aus Präzisionsstahlrohren mit hoher Knickfestigkeit bietet den besten Schutz für den Fahrer.

Räder: 3,50 x 8,00; jedes Rad ist ohne Weiteres gegen das Reserverad austauschbar, Schneeketten möglich.

Radaufhängung: vorne und hinten Kurbelschwingarme, Lagerungen aus wartungsfreiem, verschleißfestem Kunststoff. Federung: unzerbrechliche, progressiv wirkende Gummidruckfederelemente mit innerer Schwingungsdämpfung, große Federwege.

Bremsen: in allen drei Rädern überdimensionierte Innenbackenbremsen mit 150 mm Trommeldurchmesser.

Motor: Hochleistungsmotor von Steyr-Daimler-Puch, Type E 50 RU, 49 cm^3, 3,5 PS, 2-Takt-System, Gebläsekühlung, Dreigang-Getriebe, auf Wunsch auch mit automatischem Getriebe lieferbar, dabei beschränkt sich die Bedienung auf das Lenken, Gasgeben und Bremsen.

Antrieb: Eine Triebsatzschwinge vereinigt den Motor mit dem rechten Hinterrad zu einem perfekten Antriebselement. Kettenantrieb zum Hinterrad.

Lichtanlage: 6 Volt / 17 Watt, zwei Scheinwerfer, zwei Positionsrücklichter, Lichtschalter und Zündschalter seitlich vom Sitz.

TRANSPORTMOPED T5

Führerscheinfrei!

Steuerfrei, Benützung ab 16 Jahren möglich. Ist es unrecht, mehr Gewinn haben zu wollen? Ein wirksames Mittel, um Ihren Fuhrpark zu rationalisieren; Unternehmer, die wissen wie teuer die Arbeitszeit wirklich ist, geben Ihren Mitarbeitern dieses Hochleistungsfahrzeug in die Hand.

Jährliche Kostenersparnis von S 40.000.–
gegenüber Zustellung per Rad oder gegenüber Zustellung per PKW.

Keine Parkplatzsorgen, kein Schleppen der Waren vom und zum Parkplatz.

Hoher Fahrkomfort, ausgezeichnete Federung, gute Straßenlage und Wartungsfreiheit sind die Merkmale dieser grundsoliden Konstruktion.

Durch den **Hochleistungsmotor** mit 3,5 PS von Steyr-Daimler-Puch AG, größte Geschwindigkeit und Steigfähigkeit. Bester Kundendienst.

Ein **österreichisches Erzeugnis** aus Graz. Ihr Händler wird Sie gerne beraten.

Fahrzeugbau **ING. HANS MEISTER**
Elisabethinergasse 8, Tel. 84502, 8020 Graz, Austria

Bedienungsorgane: an der Lenkstange links: Schaltdrehgriff, rechts Gasdrehgriff und Feststellbremse für das Vorderrad. Fußbremse auf beide Hinterräder wirkend; leichtgängiger Seilzuganlasser.

Ausstattung: Korrosionssicherer Kunststofftank, Lenkersperre, Taschenhaken, Glocke, Rückspiegel, Werkzeug.

Lackierung: rot-silber.

Daten:

Größte Länge 2,32 m, größte Breite 1,10 m, größte Höhe ohne Dach 0,94 m, größte Höhe mit Dach 1,58 m. Wendekreis: 3,00 m! Maximale Nutzlast 150 kg, Eigengewicht fahrbereit mit Dach und Pritsche 125 kg, maximales Gesamtgewicht 400 kg, Höchstgeschwindigkeit 40 km/h, Steigfähigkeit leer ca. 28% (ca. 14% mit 150 kg); Verbrauch ca. 4 l pro 100 km.

Aufbauten: Pritsche aus Stahlblech: Innenbreite 1,00 m, Innenhöhe 0,23 m, Innenlänge 1,00 m, die hintere Bordwand lässt sich abklappen und horizontal befestigen, so dass Stückgüter in einer Länge von 2,50 m transportiert werden können. Für den Transport von Leitern bis zu 4 m Länge sind seitlich montierbare Leiterträger lieferbar. Zur Pritsche kann auch ein Planenverdeck geliefert werden, das einen spritzwasserdicht verschließbaren Laderaum von ca. 1 m^3 umschließt. Die Rückwand dieser Plane ist aufklappbar.

MOPETTA

Führerscheinfreies Stadt-Auto

mit 3,5-PS-Puch-Motor

Österreichisches Fabrikat

Typgeprüft

Mopetta

Die „Mopetta" ist ein führerscheinfreies, stabiles Dreirad-Auto mit einem guten Wetterschutz für zwei Personen, auf Grund seiner Abmessungen leicht einzuparken und sehr wirtschaftlich.

Technische Daten:
Motor: 3,5 PS Puch-Zweitaktmotor mit Gebläsekühlung, 49 cm^3, gedrosselt auf 40 km/h, Bohrung 38 mm, Hub 43 mm.
Starter: Handzug-Schwungradanlasser.
Verbrauch: 4 l / 100 km (Benzin).
Fahrgestell: Stahlprofilrahmen, Vorderachs- und Hinterradschwinge gummigefedert.
Räder: Auf Kugellagern laufend, Felgen für Reifen 3,50 x 8.
Bremsen: Auf allen drei Rädern stark dimensionierte Innenbackenbremsen.
Karosserie: Zweisitzige Kunststoff-Karosserie, nach vorne aufklappbar, daher leichte Einstiegsmöglichkeit.
Tragkraft: zwei Personen mit Handgepäck oder 1 Person und 100 kg.
Maße: Länge 2,20 m, Breite 0,96 m, Höhe 1,45 m, Eigengewicht 140 kg.
Sonderzubehör: Cabrio-Verdeck.

SICHER UND WENDIG IM STADTVERKEHR

Mopetta mit Cabrio-Verdeck

- in jeder Familie
- für Fahrten zur Arbeitsstätte
- für Schule und Universität
- für Einkaufsfahrten der Hausfrau
- für Freizeit und Erholung
- für Kleinlieferungen und Kundendienst

„MEGU" Metall- und Gußwarenhandels-Ges. m. b. H.
Wien VII, Neustiftgasse 40, Telefon 93 17 58
in Zusammenarbeit mit
Wilhelm Gesierich, Mechanische Werkstätte
Wien X, Karmarschgasse 17, Telefon 6 44 04 73
Dr. Mathey, Fahrzeugbau
3834 Haslau, Post Pfaffenschlag, N. Ö.

MOPETTA
Transportmoped
100 kg Tragkraft
Führerscheinfrei

Seit 13 Jahren als Boy-Transportmoped von uns hergestellt und bei Gewerbetreibenden (Reinigungsunternehmen, Lesezirkeln, Bäckern, Installateuren etc.) sehr beliebt.

Fahrgestell-Preis S 12 800.-

Register

Register

Klinger / Winter
101 Jahre österr. Motorradhersteller 1899–2000
ISBN 978-3-7059-0093-6
22,5 x 26,5 cm, 248 Seiten, ca. 300 teils farb. Abb., Hardcover mit Schutzumschlag, € 49,90

Friedrich F. Ehn
KTM – Weltmeistermarke aus Österreich
ISBN 978-3-7059-0034-9
2. Aufl., 22,5 x 26,5 cm, 328 Seiten, über 500 teils farbige Abb., Hardcover mit Schutzumschlag, € 49,90

Friedrich F. Ehn
Lohner – Roller und Mopeds
ISBN 978-3-7059-0070-7
22,5 x 26,5 cm, 272 Seiten, 500 großteils farb. Abb., Hardcover mit Schutzumschlag, € 49,90

Erich Mayer
PUCH, Werk II – im Wandel der Zeit
ISBN 978-3-7059-0505-4
2. Aufl., 20,5 cm x 28,5 cm, 288 Seiten, 330 großteils farbige Abb., Hardcover, € 39,90

Friedrich F. Ehn
Das neue PUCH-Buch
Die Zweiräder von 1890–1987
ISBN 978-3-7059-0501-6
22,5 x 26,5 cm, 648 Seiten, über 1.000 Abb., durchgehender Farbdruck, Hardcover, Coverfoto & Coverdesign: Gottfried Frais, € 59,–

Walter Ulreich / Wolfgang Wehap
Die Geschichte der PUCH-Fahrräder
ISBN 978-3-7059-0381-4
2. Aufl., 22,5 x 26,5 cm, 400 Seiten mit ca. 500 farbigen Abb., Hardcover mit Schutzumschlag, € 48,–

Wolfgang Wehap
Der Löwe mit dem Sportlerherz
Die Geschichte der Junior-Fahrradwerke
ISBN 978-3-7059-0399-9
22,5 x 26,5 cm, 256 Seiten mit 455 farbigen Abb., Hardcover mit Schutzumschlag, € 45,–

Walter Ulreich
Das Steyr-Waffenrad
ISBN 978-3-900310-83-7
22,5 x 26,5 cm, 264 Seiten, 180 z. T. farbige Abb., mit drei faksimilierten Waffenrad-Katalogen, Hardcover mit Schutzumschlag, With an English Summary, € 61,80

Karl-Heinz Rauscher / Franz Knogler
LKW aus Steyr
ISBN 978-3-7059-0089-9
2. Aufl., 20,5 x 28,5 cm, 240 Seiten und ca. 400 großteils farb. Abb., Hardcover mit Schutzumschlag, € 39,90

Karl-Heinz Rauscher / Franz Knogler
Das Steyr-Baby und seine Verwandten
PKW aus Steyr
ISBN 978-3-7059-0382-1
2., völlig überarbeitete und erweiterte Auflage, 20,5 cm x 28,5 cm, 304 Seiten, 495 teils farbige Abb., Hardcover mit Schutzumschlag, € 49,90

Karl-Heinz Rauscher
Der König von Steyr
Anmerkungen zu Josef Werndl
ISBN 978-3-7059-0299-2
28,5 x 20,5 cm, 208 Seiten, 100 Abb., Hardcover mit Schutzumschlag, € 49,90

Weishaupt Verlag, A-8342 Gnas 27
T +43-3151-8487 | F +43-3151-84874
e-mail: verlag@weishaupt.at | Internet: www.weishaupt.at